浙江省“十一五”重点教材建设

MATLAB版大学物理

马 涛◎著

浙江工商大学出版社

图书在版编目(CIP)数据

MATLAB 版大学物理 / 马涛著. — 杭州：浙江工商大学出版社，2011.12

ISBN 978-7-81140-437-1

Ⅰ. ①M… Ⅱ. ①马… Ⅲ. ①物理学—高等学校—教材 Ⅳ. ①04

中国版本图书馆 CIP 数据核字(2011)第 254605 号

MATLAB 版大学物理

马 涛 著

责任编辑 陈维君 孙一凡

封面设计 陈思思

责任印制 汪 俊

出版发行 浙江工商大学出版社

(杭州市教工路 198 号 邮政编码 310012)

(E-mail：zjgsupress@163.com)

(网址：http://www.zjgsupress.com)

电话：0571-88904980,88831806(传真)

排 版 杭州朝曦图文设计有限公司

印 刷 杭州嘉业印务有限公司

开 本 787mm×1092mm 1/16

印 张 12.75

字 数 300 千

版 印 次 2011 年 12 月第 1 版 2012年6月第2次印刷

书 号 ISBN 978-7-81140-437-1

定 价 29.00 元

前言

在人类上下求索的漫漫历史过程中,如果说自然科学的诞生是一缕让人们摆脱了蒙昧的曙光,那物理学则是一颗冉冉升起的璀璨智慧之星,照亮了人类的前行之路。

物理学发展至今,其展现出的科学世界观和方法论,深刻影响着人类对物质世界的基本认识,影响着人类的思维方式和社会生活,其基本理论渗透在自然科学的各个领域,应用于生产技术的许多部门,是自然科学和工程技术的基础。物理学以其严谨的逻辑、精确的数学表述、自洽的理论体系,令人感叹。

基于上述共识,物理学成为国内外当代理工科大学本科教育中最重要和最经典的一门基础课程。但是,一旦奉为经典,在让人肃然起敬的同时,也会让人敬而远之。教师不敢摆脱束缚,学生视其为畏途。物理学的教与学要么陷入应试教育的过度学习,使学生迷失在细枝末节而不能自拔,要么就是毕恭毕敬地复制“经典”,而僵化了其中蕴含的创造性。

从5000年人类文明史的历程来看,自然科学如果从哥白尼1543年发表的《天体运行论》算起至今还不到500年,物理学即使从伽利略1623年发表《关于两大世界体系的对话》算起,也不到400年的历史。物理学发展的历史就是一个不断创新、探索的历史,自然科学的秘密是无限的,人类探求知识的能力也是无止境的。经典物理学优美大厦的建立就是基于不断的除旧布新,而从经典物理到相对论和量子物理的嬗变,无不是破茧而出、羽化成蝶的过程。从使用的工具上看,物理学初创时和几何学有着紧密的联系,牛顿和莱布尼茨发明的微积分,使物理学产生了一个质的飞跃,而现代计算机技术又使物理学的发展如虎添翼。尽管接受大学教育后,更多的人并不从事科学研究事业,但是培养一种探究的思维方式,训练一种严密的逻辑分析能力,掌握一种研究自然科学的现代工具,应该是物理学这门课程责无旁贷的责任。众所周知,实验研究、理论演算和计算机模拟是目前科学研究的三种主要方法,作为大学物理理论课,如何将经典物理学中严谨的逻辑、精确的数学表述和当代的计算机技术有效地结合起来?如何在这些经典的领域中找到创新点?对此,我们经过多年的探索和实践,在并不尽如人意的大环境下,无论如何我们也不愿放弃一直秉承的理念:学校最基本的、最重要的功能就是育人,培养创新型人才是我们的天职。我们一直做最耐心、最努力、最不懈的坚持。一门课程可能改变不了什么,但是,执著和放弃却有云泥之别。

为了降低使用计算机的门槛,我们选择了高校中比较流行的MATLAB语言。MATLAB有“数字化演算草稿纸”的美称,其语言简单,函数库丰富,图形化功能强,容易自学,上手简单。基于数学上的考虑,通常在大学物理中,只能通过微积分求出特定点的物理值,数学这个利器往往又反过来变成束缚人们的枷锁,但是利用MATLAB语言的计算机数值计算技术,我们不仅可以求出经典的电场、磁场的空间分布,还可以将其直观地图示出来;我们不仅可以重复开普勒的计算,还可以通过计算机动态设计同步卫星轨道、规划飞行器登月的轨迹;你可以模拟分子热运动直接“观察”其微观运动规律,也可以亲耳“聆听”多普勒效应;你可以动态演示干涉图样的变化，也可以深入原子内部，探究电子的分布规律。计算机技术的引入突破了大学物理教学中单向、静态的模式，使其恢复立体、动态的原貌，恢复其研究、探索的本质。当然任何工具都只能是人脑思考的延伸，工具可以解决复杂问题，解决一些手算无法解决的问题，但电脑代替不了人脑的分析，我们引入计算机的原则可视为与实验探索一样，与物理研究的基本精髓是一致的。

一部精炼的、将计算机MATLAB语言与大学物理紧密结合的专著尚不多见，我们的工作具有创新性，本书以大学物理为先修课程，可作为数学建模参考教材，也可作为单独的选修课教材，书中的程序仅供参考，对于书中选择的物理范例，及编制的每一个MATLAB程序都不一定是最佳的，希望得到专家和同行的批评指正，也希望有老师和同学能加入其中，编制出更优秀的程序来。书中如有疏漏或错误请专家不吝指正，作者的邮箱地址是matao@zjgsu. edu. cn。如需要书中程序，可用e-mail与作者联系，也可登录本课程网站www. ejpkc. com/physics下载。

若使用本书作为选修课教材，作者建议设为32课时，教师可用6课时左右讲解上篇中有关MATLAB的基础知识；下篇中每章可设定3课时左右，每章教师仅讲解一个选题，其他问题由学生自由选择。如下篇第六章教师可以只讲解平抛小球跳跃问题，其他内容让学生根据兴趣自主选择、独立研究，学生既可对书中程序进行修改甚至重新编程，也可利用所学知识解决教科书中其他类似问题，这样本课程就可以认为达到教学基本要求了。

本书获得浙江省教育厅重点教材项目资助，获得浙江省精品课程资助，写作期间得到浙江省教育厅新世纪教改项目《整合式、探究型大学物理TEC教学方法研究与实践》经费和浙江省自然科学基金经费(项目号Y1080264)的资助，在此一并深表感谢。感谢浙江工商大学信息与电子工程学院领导对大学物理教学工作的支持，感谢教研室全体同事在课程建设上的共同努力和在相关问题上的有益讨论。

最后，作者还要感谢浙江工商大学出版社对本书出版的支持，感谢责任编辑为本书付出的辛勤劳动。

马　涛

2011. 11. 6 于杭州

目　　录

上篇　MATLAB 应用基础

下篇 MATLAB 大学物理应用范例

上 篇

MATLAB 应用基础

第 1 章　MATLAB 简介

1.1　MATLAB 操作界面

MATLAB 是由 Matrix(矩阵)和 Laboratory(实验室)两个单词的前三个字母组成的，是一款用于科学和工程计算的交互式计算机软件包。关于该软件的最新信息，读者可以登录 MathWorks 公司的网站进行了解。MATLAB 随着版本的不断升级，功能也不断加强，但本书基本定位在大学一、二年级具有高等数学和大学物理基础的入门者，因而只涉及各个版本都通用的基本语法，不涉及那些专门的工具箱，目的是指给读者一条独特的路径，希望读者能沿着这条路径尽快走进数字世界的大门。

1.1.1　命令窗口

在 Windows 操作系统的桌面上，用鼠标双击 MATLAB 图标，即可进入 MATLAB 的工作环境，如图 1.1.1 所示。

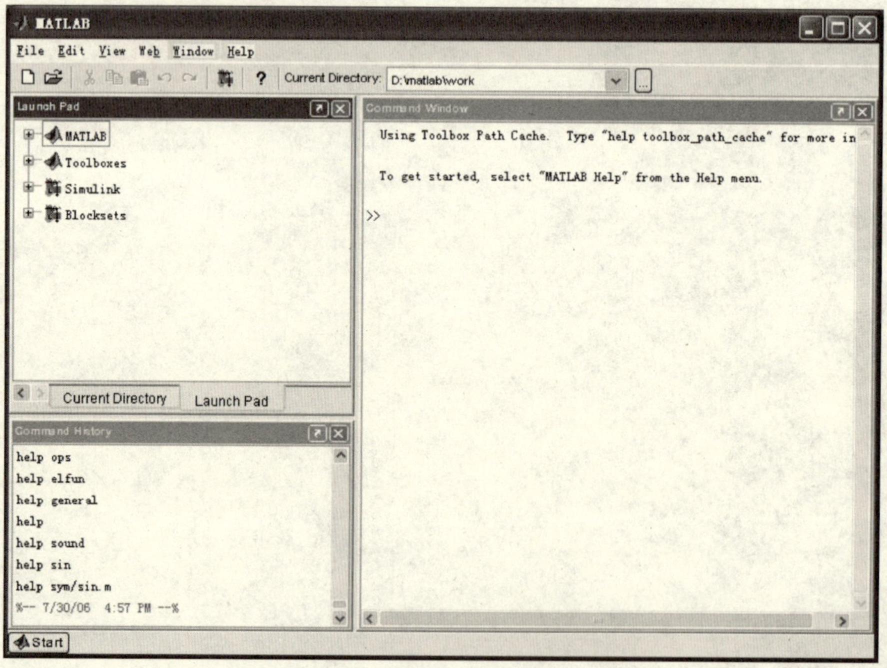

图 1.1.1　MATLAB 工作窗口

MATLAB 默认的设置是显示三个窗口。左侧分割为上下两个子窗口，左上为资源目录窗口(Launch Pad)，左下为历史命令窗口(Command History)，右侧为命令窗口(Command Window)。命令窗口是人机对话的主要环境，在提示符"〉〉"后键入有关的命令即可得出相应的结果。窗口的布局可以通过点击菜单：View\Desktop Layout 来改变，读者可按照各自的使用习惯做出相应的选择。

为了使用方便，MATLAB 内部只有一种数据格式，即双精度的格式(64 位二进制，对应十进制 16 位有效数字和±308 次幂)。MATLAB 采用这种唯一的双精度数据格式进行存储和运算，但数字显示格式却可以根据使用习惯来设定，不同的数字显示格式并不影响内部的计算。数字显示格式有 8 种，缺省的是 5 位数字的定点表示(Numeric format short)，在此缺省的显示下，如圆周率 π 显示为

```
>> pi

ans=

   3.1416
```

若选择了 Numeric format long 的数字显示方式，则圆周率 π 显示为

```
>> pi

ans=

   3.14159265358979
```

另外，在不同数字显示格式下，屏幕的数字显示形式还有两种选择，默认显示形式是稀疏形式(Numeric display loose)，屏幕上显示的每行之间有空行，若以紧凑显示形式(Numeric display compact)，则屏幕上显示的每行之间便没有空行了。

若想改变这些显示格式，可通过点击菜单：File\Preferences，然后在对话窗口 Command Window Preferences 中，通过 Text display 的选项做出相应选择。

在命令窗口中，初学者应注意如下几点：

(1)所有的输入需按下回车键才能执行。

(2)用 Esc 键可以清除当前的输入，↑键可调出上一行命令，↓键可调出下一行命令。

(3)命令、变量区分大小写。

(4)若不需要在屏幕上显示计算结果，可在命令后加上分号“;”。

(5)在命令窗口有一些常用命令：

clc	清除工作窗口中的显示内容	clf	清除图形窗口中的显示内容
clear	清除内存	cd	改变当前工作目录
dir	列出指定目录下的文件	who	列出内存中的变量名等

(6)退出命令窗口可通过点击菜单 File\Exit MATLAB，或在命令窗口键入 quit 来实现。

1.1.2 图形窗口

若想建立一个图形窗口，可在命令窗口键入：figure，每次键入该命令 MATLAB 会产生一个空白的图形窗口并自动编号，键入绘图指令便可在该图形窗口上绘制计算结果了。若要人为规定或调用第 i 个新图形窗口，则可键入 figure(i)。图形窗口上相应的菜单和按钮可对图形进行相应的处理。如图 1.1.2 所示，是键入 logo 命令后显示的图形。

图 1.1.2　Logo 命令显示图形

1.1.3　文本编辑窗口

MATLAB 有两种操作方式，一种是在命令窗口中一行一行地输入命令，计算机对每一行命令作出反应，这种方式只能解决较简单的问题。当要利用 MATLAB 处理较为复杂的问题时，如既要进行数值计算，同时又要绘制计算结果，这类包含很多命令的综合问题就要通过文本编辑器编制扩展名为.m 的文本文件来解决。启动 MATLAB 后，文本编辑窗口可以通过点击 MATLAB 命令窗口工具栏上相应按钮来打开，命令窗口工具栏第一个按钮是用 MATLAB 建立一个空白的文本文件，第二个按钮是用来打开原有的程序文件。编辑有关 M 文件时，也可以不启动 MATLAB，在 Windows 桌面上，通过点击：开始\程序\MATLAB 6. x\M-file editor来启动文本编辑窗口，M-file editor 是 MATLAB 自带的文本编辑工具，是一个独立的可执行文件。打开了一个 M 文件的文本编辑窗口如图 1.1.3 所示。

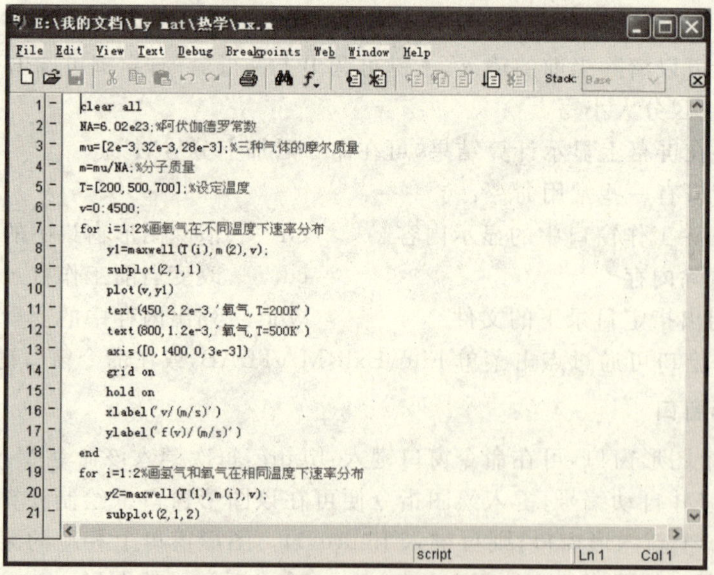

图 1.1.3　M 文件文本编辑窗口

1.2 基本演算功能

每个人在开始使用一款较为复杂的软件时，多少都会有无从下手的感觉。MATLAB 是一个标准 Windows 下的软件，与其他 Windows 下的软件有相仿的使用方法，在做较为复杂的应用前，可以先把它当成一个万能的计算器。使用 MATLAB 进行数学计算，就像在草稿纸上演算数学题一样方便，一样随心所欲，故有"科学计算演算草稿纸"的美称。

在 MATLAB 的命令窗口中可以执行与科学计算器非常相似的计算。大多数的语法甚至是相同的。

例如要计算 4 的 3 次方，输入命令

```
>> 4^3
```

显示的输出结果是

```
ans=

    64
```

计算 5 的平方根，输入命令

```
>> sqrt(5)
```

显示输出结果是

```
ans=

    2.2361
```

计算 4 的自然对数，输入命令

```
>> log(4)
```

则显示结果

```
ans=

    1.3863
```

MATLAB 将对数、指数、三角函数等初等函数，作为内建函数工具箱，放在安装盘的目录 matlab\toolbox\matlab\elfun 下，现将其主要内容列于表 1.2.1。

表 1.2.1 MATLAB 内建函数列表

函数名	含义	函数名	含义
sin/cos	正弦/余弦函数	exp	指数函数
tan/cot	正切/余切函数	log	自然对数函数
sec/csc	正割/余割函数	log10	常用对数函数
sinh/cosh	双曲正弦/双曲余弦函数	log2	以 2 为底的对数函数
tanh/coth	双曲正切/双曲余切函数	sqrt	平方根函数

续表

函数名	含义	函数名	含义
sech/csch	双曲正割/双曲余割函数	pow2	2 的幂函数
asin/acos	反正弦/反余弦函数	fix	朝零方向取整
atan/acot	反正切/反余切函数	floor	朝负无穷方向取整
asec/acsc	反正割/反余割函数	ceil	朝正无穷方向取整
asinh/acosh	反双曲正弦/反双曲余弦函数	mod(a,b)	取余,与 b 同号
atanh/acoth	反双曲正切/反双曲余切函数	rem(a,b)	取余,与 a 同号
asech/acsch	反双曲正割/反双曲余割函数	round	四舍五入
abs	绝对值函数	sign	符号函数
angle	相位角函数	perms	排列
conj	共轭复数函数	nchoosek	组合
real	复数实部函数	lcm	最小公倍数
imag	复数虚部函数	gcd	最大公约数

MATLAB 的运算次序与标准的代数规则相同,这在进行混合运算时非常重要。

初学时我们往往会发现,必须正确地输入一条命令,然后执行该命令,而当发现输入错误命令不能执行时,却无法"撤消"进行修改。这时,通常可用键盘右侧的"↑"键在已经执行过的命令列表中向上移动,一旦找到合适的命令,则可以对该命令重新编辑,然后敲回车执行新的正确命令。另外,当退出 MATLAB 或执行了 clc 命令后,命令窗口将被清空。但是,历史命令子窗口(Command History)会保留所有使用过的命令列表(除非当使用一台公用计算机,出于安全的考虑,在菜单 file\preferences 下将 Command History 设置为:Don't save history file)。历史命令窗口非常有用,它可以重现以前在 MATLAB 中执行过的命令,并且可将其复制到命令窗口。复制的方法有两种:一种是双击历史窗口某命令,即可直接在命令窗口执行;另一种是单击并拖动相应的代码行到命令窗口,回车执行或重新编辑再执行。当命令窗口中进行的计算越来越复杂时,利用上述历史命令窗口的方法将非常有效。

在熟悉了 MATLAB 的演算纸功能后,读者可能会不满足这些基本的计算,能不能求一些自定义函数的函数值呢?在后面的章节我们会专门介绍用编程的方法来构造函数,这里先介绍一个非常实用的内联函数指令 inline 构造函数的方法。

如要建立一个函数

$$fy = v_0 \sin\alpha t - \frac{1}{2} g t^2$$

使用 inline 指令的操作方法如下

```
>> fy=inline('v0*sin(alpha)*t-0.5*g*t^2','v0','alpha','g','t')
fy=
    Inline function:
    fy(v0,alpha,g,t)=v0*sin(alpha)*t-0.5*g*t^2
```

若要求 $v_0=5$，$\alpha=\frac{\pi}{2}$，$g=9.8$，$t=0.5$ 时的函数值，做如下输入

```
>> y=fy(5,pi/2,9.8,0.5)
y=
    1.2750
```

读者可以仿照上述方法，随意构造自己所需的函数。

1.3 在线帮助(help)功能

MATLAB 的指令繁多，要把这些指令全部掌握才开始使用 MATLAB 是不可能也是完全没有必要的，MATLAB 这样的科学软件要在使用中学习，边学边用，熟能生巧。即使是在熟悉了 MATLAB 的一些基本功能后，读者还会发现一些函数的深入用法及功能。另外，MATLAB 版本不断更新，功能不断加强，不断有新的指令及新的工具箱推出，因此借助 MATLAB 的在线帮助系统，读者可以方便地找到自己想要的信息。充分利用在线帮助功能，是学习这款有数千条指令且不断更新的科学软件的捷径。

在命令窗口直接键入 help，屏幕上将显示系统中已经装入的指令函数库的名称。

键入 help＋函数库名字，如 help ops，即显示出 ops 函数库，也就是"运算符和特殊字符函数库"中各函数名。

键入 help＋指令函数名，就能把该指令函数的语法和功能等基本信息在命令窗口中显示出来。读者在阅读本书或学习 MATLAB 时，如若遇到对某指令函数用法不清楚时，用上述方法就可以最快捷地获得 MATLAB 的在线帮助。

如想查询指令 ode23 的用法，可做如下操作

```
>> help ode23
```

由此可在命令窗口得到如下显示

```
ODE23  Solve non-stiff differential equations, low order method.
    [T,Y]=ODE23(ODEFUN,TSPAN,Y0) with TSPAN=[T0 TFINAL] integrates the
    system of differential equations y'=f(t,y) from time T0 to TFINAL with
    initial conditions Y0. Function ODEFUN(T,Y) must return a column vector
    corresponding to f(t,y). Each row in the solution array Y corresponds to
    a time returned in the column vector T. To obtain solutions at specific
    times T0,T1,...,TFINAL (all increasing or all decreasing), use
    TSPAN=[T0 T1 ... TFINAL].
```

帮助系统会告诉我们，这个指令函数是用于求解非刚性微分方程的，是低阶的一种方法，帮助系统同时给出了详细的参数用法，并且举了一个例子，最后还列出与此相关的其他微分方程求解函数，如 ode45、ode113、ode15s 等。

除了用上述方法获得帮助外，还可以在主菜单中点击 Help\MATLAB help，由此打开一个帮助窗口从中获得所需的帮助，另外，还可以在安装目录 matlab\help\pdf_doc\matlab 文件夹中找到一个 PDF 格式的说明书，从中获得所需内容。

第 2 章 数值的运算

MATLAB 语言是由早期专门用于矩阵运算的计算机语言发展而来的，它最基本也最重要的功能是进行实数和复数的矩阵运算。因矢量(vector)可作为矩阵的一列或一行，标量(scalar)可作为只含一个元素的矩阵，故矢量和标量都可以作为特殊的矩阵来处理。

2.1 矩阵的构造

矩阵可以用不同的方式在 MATLAB 中构造，如直接列出矩阵元素的方法和通过 MATLAB 构造矩阵指令函数的方法等，其中最基本的方法是以直接列出元素的形式输入。

输入小矩阵通常使用直接排列元素的形式，把矩阵的元素直接排列到方括号中。每行内的元素间用空格或逗号分开，矩阵行与行之间用分号隔开。在定义矩阵的方括号后，用回车就会立即显示运算结果，如果不希望显示结果，就在方括号后以分号结尾。此时运算仍然执行，只是不作显示。定义矩阵不需要说明维数，可以直接使用复数。

例如在指令窗口输入

```
>> A=[1 3 5;2 4 6;7 8 9]
```

或输入

```
>> A=[1,3,5;2,4,6;7,8,9]
```

也可以分行输入，用回车键代替分号(或分号后回车)。这样的输入形式更接近我们平时使用矩阵的数学格式

```
>> A=[1,3,5
2,4,6
7,8,9]
```

都可得出输出结果

```
A=

    1    3    5
    2    4    6
    7    8    9
```

输入后的 **A** 矩阵将一直保存在工作空间中，除非被替代或用 clear 指令清除，**A** 矩阵可以随时调出来备用。

如果矩阵一行的元素太多需要换行时，在换行处使用一个省略号"…"，回车后在下一行继续输入。注意省略号要放在表示矩阵元素间隔的空格(逗号)或表示行分隔的分号后。

可定义 ***F*** 矩阵

```
>> F=[16,2,3,13;5,11,10,8;9,7,6,12;...
4,14,15,1]
F=

    16     2     3    13
     5    11    10     8
     9     7     6    12
     4    14    15     1
```

为了构造含有大量元素的矩阵，MATLAB 提供了一些基本矩阵的生成函数及运算符：

zeros	零矩阵	ones	么矩阵
eye	单位矩阵	rend	随机数矩阵
rendn	正态随机数矩阵	cell	空矩阵
meshgrid	画三维曲面时的 X,Y 网格	magic	魔方矩阵
linspace	等间距矢量	logspace	对数均分矢量
:	冒号运算符	……	

这些函数及运算符的有关用法试举例如下。

零矩阵 zeros 是 $m\times n$ 维矩阵，矩阵中所有元素均为 0。

```
>> T=zeros(3,2)

T=

    0    0
    0    0
    0    0
```

么矩阵 ones 是 $m\times n$ 维矩阵，矩阵中所有元素均为 1。

```
>> U=ones(3,2)

U=

    1    1
    1    1
    1    1
```

单位矩阵 eye 是 $n\times n$ 元方阵，其对角线上的元素为 1，其余元素均等于 0。

```
>> V=eye(3)

V=

    1    0    0
    0    1    0
    0    0    1
```

魔方矩阵 magic 是 $n\times n$ 元方阵，其元素由 1 到 $n\times n$ 的自然数组成，每行、每列及两对角线上的元素之和均等于 $(n^3+n)/2$。

```
>> W=magic(3)

W=

   8   1   6
   3   5   7
   4   9   2
```

等间距矢量函数 linspace(a,b,n)，在 a 与 b 之间均分地产生 n 个点值，形成 $1\times n$ 元矢量。

```
>> L=linspace(1,25,5)

L=

   1   7   13   19   25
```

冒号运算符是一个功能强大的运算符，可用于定义新矩阵和修改现有矩阵。当冒号分隔两个数时，可定义一个等间距矩阵，其间距为 1，如

```
>> H=1:8

H=

   1   2   3   4   5   6   7   8
```

当冒号分隔三个数时，则中间一个数成为间距，即步长，如

```
>> S=0:pi/3:pi

S=

   0   1.0472   2.0944   3.1416
```

MATLAB 还允许用若干已经定义的小矩阵来定义一个大矩阵，但必须保证行列数正确，恰好填满全部元素。例如，以下语句

```
>> M=[U,V;W,T]

M=

   1   1   1   0   0
   1   1   0   1   0
   1   1   0   0   1
   8   1   6   0   0
   3   5   7   0   0
   4   9   2   0   0
```

还可将 **M** 与 **L** 组成更大的矩阵。如在命令窗口键入

```
>> N=[M;L]

N=

    1    1    1    0    0
    1    1    0    1    0
    1    1    0    0    1
    8    1    6    0    0
    3    5    7    0    0
    4    9    2    0    0
    1    7   13   19   25
```

2.2　矩阵元素的操作

2.2.1　矩阵元素的提取

在 MATLAB 中，矩阵元素 A_{ij} 表示成 $A(i,j)$，矢量元素 B_i 表示成 $B(i)$，圆括号中的数字称为下标。矩阵元素也可以只用一个下标来表示，这种标识又称为索引号，这是把整个矩阵看成一个列矢量，元素下标计数的顺序按列进行，从第一列第一个元素开始直到最后一列的最后一个元素。如对 2.1 节定义的 **A** 矩阵，矩阵元素 A(1,3)，也可用索引号表示为 A(7)，即在命令窗口键入 A(1,3)或 A(7)，都会返回元素值 5。

用 end 可以表示最后一个元素，如 $A(i,\text{end})$ 表示第 i 行的最后一个元素，$A(\text{end},j)$ 表示第 j 列最后一个元素。

在查找矩阵元素 $A(i,j)$ 时，如果 i,j 超出了矩阵的行数或列数的范围，则 MATLAB 将给出出错提示。

对矩阵整行或整列元素的提取可以用冒号运算符处理，这在数据分析中非常有用，如对 2.1 节定义的 **A** 矩阵，使用以下命令可以从矩阵中提取其第二行。

```
>> A(2,:)

ans=

    2    4    6
```

类似的方法可以提取 **A** 矩阵的第三列。

```
>> A(:,3)

ans=

    5
    6
    9
```

在这种提取元素的方法中，冒号的含义是“某行的所有元素”或“某列的所有元素”。冒号运算符还用于“从…行到…列”或“从…列到…列”的元素提取，如要提取 **A** 矩阵 2、3 两行，可键入

```
>> A(2:3,:)
```

返回

```
ans=

    2    4    6
    7    8    9
```

若要提取矩阵左下角的四个数据，可键入

```
>> A(2:3,1:2)
```

返回

```
ans=

    2    4
    7    8
```

另外，MATLAB 还提供了一些函数用于矩阵元素的提取，如 tril 提取矩阵左下角部分，triu 提取矩阵右上角部分，diag 提取或建立对角矩阵等。

2.2.2 矩阵元素的扩充和修改

若是给某个单独元素赋值，当赋值元素的下标超出原矩阵的大小，矩阵的行列会自动扩充，跳空的元素会被自动地赋值 0。仍对 2.1 节定义的 **A** 矩阵，如键入

```
>> A(4,3)=10
```

则返回

```
A=

    1    3    5
    2    4    6
    7    8    9
    0    0   10
```

其中的元素 $A(4,1)$ 和 $A(4,2)$ 被自动地赋值 0。

若要删除矩阵某行或某列元素，可利用空矩阵[ ]的概念。对前述已经扩充了的 **A** 矩阵，若要删除第四行，则可键入

```
>> A(4,:)=[ ]
```

返回

```
A=

    1    3    5
    2    4    6
    7    8    9
```

再删除其第二列，则可键入

```
>> A(:,2)=[ ]
```

返回

```
A=

    1    5
    2    6
    7    9
```

这些都是矩阵元素最基本的操作方法，其他很多操作技巧，请读者多做练习，熟能生巧。

2.3　矩阵的基本计算

矩阵的基本算术运算书写格式与普通算术运算相同，包括加、减、乘、除。矩阵的乘法定义与普通数的乘法不同，因此作为乘法逆运算的除法也与普通除法不同，分为左除和右除。

2.3.1　矩阵的加减法

矩阵的加减运算使用的是"＋"和"－"运算符，参与运算的矩阵相加减，是对其对应元素相加减，因此参与运算的矩阵必须具有相同的阶数才可以进行加、减运算。检查矩阵阶数的 MATLAB 语句是 size，例如对 2.1 节定义的 ***F*** 矩阵，若键入

```
>> [n,m]=size(F)
```

则返回

```
n=

    4
m=

    4
```

即 ***F*** 矩阵为 4 行 4 列。

对于一个一维矩阵，也可以用语句 length 来求其长度，length 不区分该一维矩阵是行矩阵还是列矩阵，只返回一个表示矩阵长度的数值。例如 2.1 节中定义

```
S=0:pi/3:pi
```

若键入

```
>> length(S)
```

则返回

```
ans=

    4
```

表示该一维行矩阵的长度为 4。

当要进行加、减计算时，确认两矩阵阶数相同后即可进行相应计算。如 $\boldsymbol{A}$=[1 3 5;2 4 6;7 8 9]，$\boldsymbol{B}$=[1 4 7;2 5 8;3 6 9]，则键入

```
>> C=A+B
```

命令窗口返回

```
C=

     2     7    12
     4     9    14
    10    14    18
```

键入

```
>> D=B-A
```

命令窗口返回

```
D=

     0     1     2
     0     1     2
    -4    -2     0
```

可见矩阵的加减运算是其对应元素的加减运算。

如果运算其中之一是标量，即 1×1 矩阵，则它可以和不同阶数的矩阵进行加减运算，MATLAB 自动把该标量扩展成同阶等元素矩阵，然后与另一个矩阵相加减。例如键入

```
>> Y=4+D
```

则命令窗口返回

```
Y=

     4     5     6
     4     5     6
     0     2     4
```

2.3.2 矩阵的乘法

在 MATLAB 中，是用 * 号表示矩阵乘法的，矩阵的乘法不是矩阵对应元素进行相乘。在做矩阵 $\boldsymbol{A}$ 和 $\boldsymbol{B}$ 的乘法时，其积 $\boldsymbol{C}$ 中的元素 $C(i,j)$ 的值是 $\boldsymbol{A}$ 矩阵第 i 行和 $\boldsymbol{B}$ 矩阵第 j 列对应元素乘积的和

$$C(i,j)=\sum_{k=1}^{N}A(i,k)*B(k,j)$$

这样就要求在做矩阵乘法时，第一个矩阵的列数必须与第二个矩阵的行数相同。如定义：$\boldsymbol{X}$=[2 5 3; 6 -2 7]，$\boldsymbol{Y}$=[4 3 2;4 3 2;8 6 4]，在命令窗口键入

```
>> X*Y
```

可得

```
ans=

    52    39    26
    72    54    36
```

如果乘数中有一个是标量，则 MATLAB 用该标量遍乘另一个矩阵的每一个元素。例如键入

```
>> pi * X
```

命令窗口返回

```
ans=

    6.2832   15.7080    9.4248
   18.8496   -6.2832   21.9911
```

2.3.3　矩阵的除法

矩阵除法是 MATLAB 从线性代数的逆矩阵概念引申而来的，对于任意 $n\times n$ 阶方阵 $\boldsymbol{D}$，如果能找到一个同阶的方阵 $\boldsymbol{S}$，使

$$\boldsymbol{D}*\boldsymbol{S}=\boldsymbol{I}$$

其中 $\boldsymbol{I}$ 为 n 阶单位矩阵 eye(n)，则 $\boldsymbol{S}$ 就是 $\boldsymbol{D}$ 的逆矩阵，即 $\boldsymbol{S}=\boldsymbol{D}^{-1}$。

逆矩阵存在的条件是 $\boldsymbol{D}$ 的行列式 det($\boldsymbol{D}$)不等于零，逆矩阵的求解在 MATLAB 中使用其内部函数 inv，键入 S=inv(D)，即可得到 $\boldsymbol{D}$ 的逆矩阵 $\boldsymbol{S}$。

设 $\boldsymbol{X}$ 为未知矩阵，且 $\boldsymbol{D}*\boldsymbol{X}=\boldsymbol{B}$，在等式两端同时左乘 inv($\boldsymbol{D}$)，即

$$\mathrm{inv}(\boldsymbol{D})*\boldsymbol{D}*\boldsymbol{X}=\mathrm{inv}(\boldsymbol{D})*\boldsymbol{B}$$

由逆矩阵的概念，上式可表示为

$$\boldsymbol{X}=\mathrm{inv}(\boldsymbol{D})*\boldsymbol{B}$$

在 MATLAB 中，把 $\boldsymbol{D}$ 的逆矩阵左乘 $\boldsymbol{B}$ 矩阵记作 $\boldsymbol{D}\backslash$，称为“左除”，则上式可表示为

$$\boldsymbol{X}=\boldsymbol{D}\backslash\boldsymbol{B}$$

由矩阵乘法的规则可知，**左除时两矩阵的行数必须相等。**

如果未知矩阵 $\boldsymbol{X}$ 满足 $\boldsymbol{X}*\boldsymbol{D}=\boldsymbol{B}$，按上述方法，在等式两端同时右乘 inv($\boldsymbol{D}$)，即

$$\boldsymbol{X}*\boldsymbol{D}*\mathrm{inv}(\boldsymbol{D})=\boldsymbol{B}*\mathrm{inv}(\boldsymbol{D})$$

由逆矩阵的概念，上式可表示为

$$\boldsymbol{X}=\boldsymbol{B}*\mathrm{inv}(\boldsymbol{D})$$

同样，在 MATLAB 中，把 $\boldsymbol{D}$ 的逆矩阵右乘 $\boldsymbol{B}$ 矩阵记作 $/\boldsymbol{D}$，称为“右除”，则上式可表示为

$$\boldsymbol{X}=\boldsymbol{B}/\boldsymbol{D}$$

由矩阵乘法的规则可知，**右除时两矩阵的列数必须相等。**

如定义：$\boldsymbol{A}$=[1 3 5;2 4 6;7 8 9]，$\boldsymbol{D}$=[3 2 −1;−1 3 2;1 −1 1]，则命令窗口键入

```
>>X=D\A
```

返回

X=

```
    2.2609      2.9130      3.5652
   -1.0435     -0.6522     -0.2609
    3.6957      4.4348      5.1739
```

键入

```
>> Y=A/D
```

返回

Y=

```
    0.1739    1.5652    2.0435
    0.4348    1.9130    2.6087
    1.7826    3.0435    4.6957
```

矩阵除法可以用来方便地求解线性方程组。我们在求解物理问题时经常会列出一些线性方程组，如果能够运用矩阵除法，就会使计算简化。现举例如下。

如图 2.3.1 所示，质量 $m_1=16$ kg 的实心圆柱体，其半径 $r=0.15$ m，可绕其固定水平光滑轴转动，一条轻绳绕在圆柱体上，其另一端系一质量为 $m_2=8$kg 的物体，求绳的张力、圆柱的角加速度及物体的加速度。

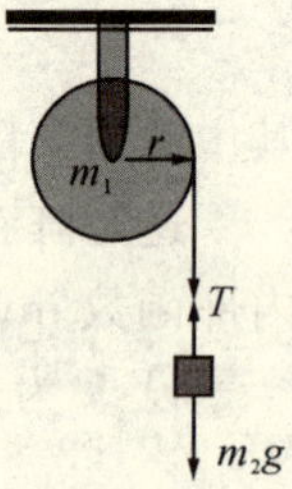

图 2.3.1

设绳的张力为 T，圆柱的角加速度为 α，物体的加速度为 a，根据牛顿定律及转动定律，可列出方程组

$$\begin{cases} Tr=\frac{1}{2}m_1r^2\alpha \\ m_2g-T=m_2a \\ a=r\alpha \end{cases}$$

方程组包含三个未知数，将含未知数的项移到等式左边，常数移到等式右边，得到

$$\begin{cases} T-\frac{1}{2}m_1r\alpha=0 \\ T+m_2a=m_2g \\ -r\alpha+a=0 \end{cases}$$

由此可得

$$\begin{bmatrix} 1 & -\frac{1}{2}m_1r & 0 \\ 1 & 0 & m_2 \\ 0 & -r & 1 \end{bmatrix} * \begin{bmatrix} T \\ \alpha \\ a \end{bmatrix} = \begin{bmatrix} 0 \\ m_2g \\ 0 \end{bmatrix}$$

将相应参量代入，有

$$\begin{bmatrix} 1 & -1.20 & 0 \\ 1 & 0 & 8 \\ 0 & -0.15 & 1 \end{bmatrix} * \begin{bmatrix} T \\ \alpha \\ a \end{bmatrix} = \begin{bmatrix} 0 \\ 78.4 \\ 0 \end{bmatrix}$$

将上式写成：$\boldsymbol{S}*\boldsymbol{X}=\boldsymbol{M}$，则对待求变量矩阵 $\boldsymbol{X}$ 有：$\boldsymbol{X}=\boldsymbol{S}\backslash\boldsymbol{M}$。

在 MATLAB 命令窗口输入 S=[1 −1.2 0;1 0 8;0 −0.15 1],M=[0;78.4;0],再键入

```
>> X=S\M
```

则返回

```
X=

   39.2000
   32.6667
    4.9000
```

即绳中张力为 39.2 N,圆柱体角加速度为 32.6667 rad/s²,物体的加速度为 4.9 m/s²。

2.4 矩阵的指令函数计算

矩阵除了上述最基本的加、减、乘、除计算外,还有转置、乘方等内部函数及大量与矩阵操作相关的运算指令函数,下面作一些简要介绍。

2.4.1 矩阵的转置

矩阵的转置符号用“'”来表示和实现。

例如:$\boldsymbol{A}$=[1 3 5;2 4 6;7 8 9],则键入

```
>>B=A'
```

命令窗口返回

```
B=

   1    2    7
   3    4    8
   5    6    9
```

如果 $\boldsymbol{Z}$ 是复数矩阵,则 $\boldsymbol{Z}'$ 为该复数矩阵的共轭转置,即把它的行列互换,同时把各元素的虚部反号。若对一个复数矩阵只想求转置不要共轭,可结合函数 conj 进行,conj 是共轭函数,就是把各元素的虚部反号,用 conj($\boldsymbol{Z}'$)即可实现转置而不共轭的目的。

2.4.2 矩阵的乘方

矩阵的乘方用“^”表示,如 $\boldsymbol{A}$^p 的意思是 $\boldsymbol{A}$ 的 p 次方。如果 $\boldsymbol{A}$ 是方阵,p 是一个标量,且 p 是大于 1 的整数,则 $\boldsymbol{A}$ 的 p 次方即为 $\boldsymbol{A}$ 自乘 p 次。如果 $\boldsymbol{p}$ 是矩阵而 A 是标量,以及 $\boldsymbol{A}$、$\boldsymbol{p}$ 都是矩阵,则 A^p 都是错误的。例如:$\boldsymbol{A}$=[1 3 5;2 4 6;7 8 9],则键入

```
>> A^2
```

命令窗口返回

```
ans=

   42     55     68
   52     70     88
   86    125    164
```

常用的矩阵指令函数有：

sum	求矩阵各列元素之和	det	求矩阵行列式的值
prod	求矩阵各列元素之积	eig	求矩阵本征值与本征矢量
max	求矩阵各列的最大元素	min	求矩阵列的最小元素
mean	求矩阵各列的平均值	std	求矩阵各列的标准差
trace	求矩阵的迹	rank	求矩阵的秩
fliplr	使矩阵左右翻转	flipud	使矩阵上下翻转
rot90	将矩阵逆时针转 90°	cross	计算矢量叉乘

另外，矩阵还可以当成一个整体变量，进行指数、对数等计算，相应的指令函数有：

sqrtm	计算矩阵平方根	expm	计算矩阵指数
logm	计算矩阵对数	funm	以矩阵为变量的矩阵函数

下面试举几例：设矩阵 **A**＝[1 3 5;2 4 6;7 8 9]，则做如下操作。

用**函数 trace** 求矩阵的迹，其结果等于 **A** 矩阵对角元素的和。

键入

```
>> trace(A)
```

返回

```
ans=

    14
```

函数 eig 用来求方阵 **A** 的特征根和特征矢量，其输出有两个矩阵，即特征矢量和特征根矩阵。

键入

```
>> [e,r]=eig(A)
```

返回特征矢量

```
e=

   -0.3532    -0.5923     0.4082
   -0.4521    -0.4433    -0.8165
   -0.8191     0.6728     0.4082
```

特征根

```
r=

   16.4340'      0          0
    0        -2.4340        0
    0            0       0.0000
```

函数 fliplr 用来将矩阵左右翻转。

键入

```
>> fliplr(A)
```

命令窗口返回

```
ans=

     5     3     1
     6     4     2
     9     8     7
```

函数 sqrtm 是以矩阵为整体，计算其平方根。

键入

```
>> u=sqrtm(A)
```

返回

```
u=

   0.5809+0.8685i    0.8145+0.1936i    1.0481-0.4814i
   0.7435+0.6499i    1.0425+0.1449i    1.3414-0.3602i
   1.3471-0.9865i    1.8888-0.2199i    2.4305+0.5467i
```

读者可用 u*u=A 来检验计算结果。

2.5　元素群的构造

MATLAB 除定义了对矩阵的运算外，还定义了对矩阵中元素进行计算的方法，英文为"Array Operation"，有人将其直译为"数组运算"，但目前通常采用的译法是"元素群运算"。元素群的运算是 MATLAB 优于其他语言的一个重要特色，它能大大简化编程，提高运算效率。

元素群狭义上通常是指单行或单列矩阵，如一组时间序列的实验数值，或在绘制曲线时求出的某些函数值序列等，但其运算法则与矩阵按整体来运算是完全不同的，元素群运算是按元素来进行的，相应的运算法则不仅对一维矩阵适用，也可扩展到一般的矩阵上，故其概念不能用"数组"来涵盖。

元素群的构造其实与矩阵的构造没有本质区别，如果是一组实验数据通常采用直接输入的方法，另外还可以根据实际情况通过冒号运算符、linspace、logspace 等函数构造。

当所要构造的元素群为等间距时，可以用冒号运算符设置，当冒号分隔两个数时，可定义一个等间距的一维矩阵，即元素群其间距为 1；当冒号分隔三个数时，则中间一个数为分隔的间距。

如输入

```
>> k=[2:9]
```

则返回间距(步长)为 1 的一个一维矩阵

```
k=

   2   3   4   5   6   7   8   9
```

输入

```
>> Time=[0:0.2:1]
```

则返回一个间距为 0.2 的一维矩阵

```
Time=

   0    0.2000    0.4000    0.6000    0.8000    1.0000
```

用 linspace 函数也可以构造等间距的一维矩阵。

如输入

```
>> theta=linspace(0,pi,6)
```

则返回一个在 0～π 之间均分的 6 个元素的一维矩阵

```
theta=

   0    0.6283    1.2566    1.8850    2.5133    3.1416
```

在做频率计算时，往往要求自变量按等比级数赋值，这时可以用 logspace(a,b,n)函数赋值，其含义为在 10^a～10^b 之间构造一个有 n 个对数等分点的一维矩阵。

如输入

```
>> f=logspace(0,1,5)
```

则命令窗口返回

```
f=

   1.0000    1.7783    3.1623    5.6234    10.0000
```

即在 10 的 0～1 次幂之间按等比分为 5 个点。

2.6 元素群的基本计算

一般的矩阵计算是将矩阵视为一个整体来进行的，而元素群计算是对矩阵中所有元素按单个元素进行运算的。在 MATLAB 中元素群的输入、输出与矩阵有相同的格式，在形式上有很多一致之处，但由于运算规则不同，元素群计算与矩阵计算是完全不同的两个概念。

2.6.1 元素群的加减法

参与元素群运算的两个矩阵必须是同阶的。因为矩阵的加、减法本来就是阶数相同的矩阵对应元素的加和减，所以元素群的加、减运算与矩阵的加、减计算相同，故运算符“+”和“-”既可被矩阵接收，也可被元素群接收。

如定义：v1=[4,6,8]，v2=[1,3,5]，则命令窗口键入

```
>> v=v1+v2
```

返回

```
v=

   5     9     13
```

键入

```
>> v=v1-v2
```

返回

```
v=

   3     3     3
```

2.6.2 元素群的乘除法

元素群的乘法用符号“.*”表示，其含义为相同阶数矩阵对应的单个元素之间的乘积。除法符号为“./”和“.\”，表示相同阶数矩阵对应单个元素之间的除法运算。

如定义：X=[1,2,4]，Y=[2,4,6]，则命令窗口键入

```
>> W=X.*Y
```

返回

```
W=

   2    8    24
```

若定义 A=[1,2;2,4]，B=[3,4;5,6]，则命令窗口键入

```
>> A.*B
```

返回

```
ans=

   3        8
   10       24
```

结果显然是对应元素的乘积。

这里不妨比较一下元素群与矩阵乘法的区别。

若在命令窗口键入

```
>> A*B
```

则返回

```
ans=

   13     16
   26     32
```

矩阵乘法与元素群乘法在运算法则上的区别由此可见。

同样，在做元素群除法时，若在命令窗口键入 U＝Y. /X 或 U＝X. \Y 都可得：

```
U=

   2.0000    2.0000    1.5000
```

同理，在命令窗口键入 A. \B 或 B. /A 都会在命令窗口返回

```
ans=

   3.0000    2.0000
   2.5000    1.5000
```

可见元素群的除法运算与 2.3 节中所说的矩阵左除、右除是不一样的，它只是参与元素群运算的矩阵对应元素的除法运算。

2.6.3 元素群的乘方

元素群的乘方用符号“. ^”表示。元素群的乘方为矩阵中对应元素的乘方。

如定义：X＝[1,2,4]，Y＝[2,4,6]，则命令窗口输入

```
>> X.^2
```

则返回

```
ans=

   1    4    16
```

可见 MATLAB 在这里执行的实际运算是：X. ^2＝[1^2 2^2 4^2]＝[1 4 16]。

如命令窗口输入

```
>> X.^Y
```

则返回

```
ans=

   1    16    4096
```

这里执行的实际运算是：X. ^Y＝[1^2 2^4 4^6]＝[1 16 4096]。

还可在命令窗口输入

```
>> 2.^[X Y]
```

返回

```
ans=

   2    4    16    4    16    64
```

这里执行的实际运算是：2. ^[X Y]＝[2^1 2^2 2^4 2^2 2^4 2^6]＝[2 4 16 4 16 64]。

这种对矩阵中元素进行乘方运算的法则，不仅对一维矩阵成立，其实对任何矩阵都成立。通过下述例子可以进一步比较矩阵整体运算与元素群元素运算概念的区别，以及元素群运算不宜称为“数组”(数组一定是一个一维矩阵)运算的原因。

这里仍定义 B=[3,4;5,6],在命令窗口键入

```
>> B.^2
```

返回

```
ans=

    9      16
   25      36
```

显然元素群乘方是按元素进行计算的。

作为比较,若键入

```
>> B^2
```

则返回

```
ans=

   29      36
   45      56
```

结果是按矩阵乘方,对矩阵整体进行计算的。

键入

```
>> 2.^B
```

返回

```
ans=

    8      16
   32      64
```

相比较,若键入

```
>> 2^B
```

则返回

```
ans=

   203.4966      251.9575
   314.9469      392.4647
```

其区别是显而易见的。读者一定要多做练习,通过实际操作,真正理解矩阵运算与元素群运算的区别,这样才能在 MATLAB 的使用上得心应手。

2.7 元素群的函数计算

MATLAB 中的函数,除 *、/、\、^ 等运算符,及后缀有 m 的如 sqrtm、expm、logm(m 即表示 matrix)等专门用于矩阵计算的函数外,在位于 matlab\toolbox\matlab\elfun 安装目录下,内建工具箱中的所有函数均可用于元素群计算。

例如：建立一个 0～π 区间的一维 **x** 矩阵，在命令窗口键入

```
>> x=[0:pi/4:pi]
```

返回

```
x=

    0    0.7854    1.5708    2.3562    3.1416
```

对上述 **x** 矩阵求正弦函数值，在命令窗口键入

```
>> sin(x)
```

则得到相应的正弦函数值

```
ans=

    0    0.7071    1.0000    0.7071    0.0000
```

例如：建立一个 0～0.005 区间的一维 **x** 矩阵，在命令窗口键入

```
>> x=[0:0.001:0.005]
```

返回

```
x=

    0    0.0010    0.0020    0.0030    0.0040    0.0050
```

对 **x** 取对数，键入

```
>> exp(x)
```

返回

```
ans=

    1.0000    1.0010    1.0020    1.0030    1.0040    1.0050
```

也可利用下述语句，将自变量和相应的函数值同时显示出来

```
>> disp([x;exp(x)])

         0    0.0010    0.0020    0.0030    0.0040    0.0050
    1.0000    1.0010    1.0020    1.0030    1.0040    1.0050
```

元素群运算的概念不仅是对一维矩阵而言，且对任意矩阵都成立。
如建立一个二维矩阵

```
>> x=[1,2,3,4;5,6,7,8]
```

命令窗口返回

```
x=

    1    2    3    4
    5    6    7    8
```

对 *x* 矩阵的每个元素求方根，键入

```
>> sqrt(x)
```

返回

```
ans=

    1.0000    1.4142    1.7321    2.0000
    2.2361    2.4495    2.6458    2.8284
```

掌握元素群运算的概念，并能在解决实际问题时灵活应用，是用好 MATLAB 这款软件的重要前提条件。

第 3 章　常用绘图指令

在工作和学习中，每个人都会遇到与一串数字或一些复杂的数据表格打交道的事情。如何从这些枯燥的数据中发现规律，如何使这些信息更容易被理解，是常常困扰着我们的问题。如果能使用计算机图形技术来表示这些数据信息，则可能很容易就判断出这些数据所描述客体变化的趋势，进而发现其中的规律。MATLAB 就是这样一款优秀的数学软件，它可以根据使用者给出的数据，用绘图命令在屏幕上轻松绘出各种二维、三维图形，甚至还可以用动画来表现计算结果。

下面的章节将以三个图形函数库：二维图形函数库（graph2d）、三维图形函数库（graph3d）和特殊图形函数库（specgraph），结合通用图形函数库，将一些基本绘图指令函数的用法分别作介绍。

3.1　二维图形

科学计算中最常使用的图形是 $x-y$ 坐标图，通常 x 值代表自变量，y 值代表因变量。x 和 y 值可以通过实验测量得到，也可以通过 y 与 x 的函数关系计算得出。

3.1.1　基本绘图指令

二维图形函数库（graph2d）中的绘图指令函数 plot，是绘制 $x-y$ 坐标中二维曲线最基本的指令，但其功能却十分强大。

这里特别要指出：通用图形函数库（graphics）中的绘图指令函数 line，与 plot 具有几乎相同的功能和指令格式，读者在看到下述篇幅按 plot 指令所举的各个实例时，可有意将两个指令替换以体会其用法的异同。

以下数据来自一个测量光电管的光电流 I(mA)与点光源距离 d(cm)的关系：

I=[45,40,35,30,25,20,15,10,5]；

d=[43.5,47.0,50.0,54.0,60.0,67.0,75.5,95.0,142.0]。

要绘制这些点，以距离 d 为自变量（x 轴），光电流 I 为因变量（y 轴），可在 MATLAB 命令窗口输入

```
>> plot(d,I)
```

一个在 MATLAB 中称为 Figure No.1 的图形窗口自动打开，产生的图形如图 3.1.1 所示。

下面举一个因变量和自变量之间为函数关系时，用 plot 绘图指令绘制图形的方法。

一个物体以与 x 轴夹角 θ、初速度 v_0 射出后，其射程为

$$L(\theta) = \frac{v_0^2}{g}\sin(2\theta)$$

令重力加速度 $g=9.8\ \mathrm{m/s^2}$，初速度为 $v_0=50\ \mathrm{m/s}$，则在 MATLAB 命令窗口输入

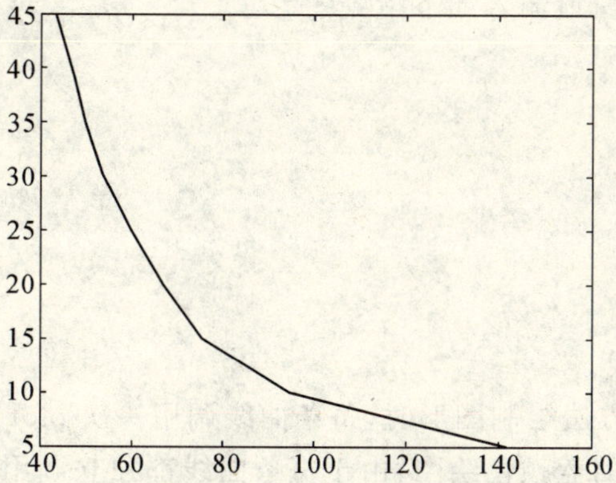

图 3.1.1 Figure No. 1 图形

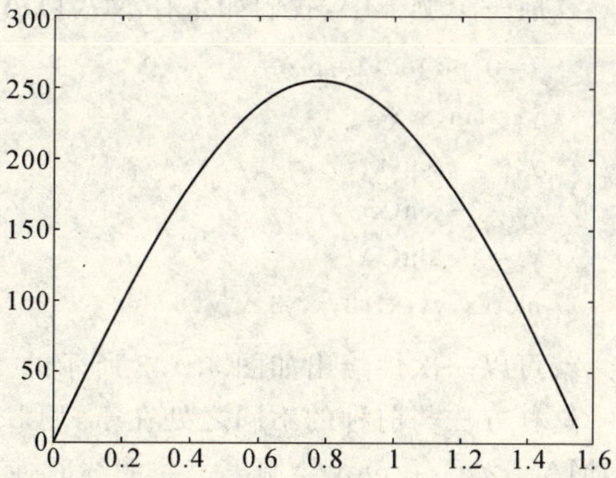

图 3.1.2 弹道射程曲线图

```
>> theta=0:0.05:pi/2;
>> L=(50^2/9.8)*sin(2*theta);
>> plot(theta,L)
```

则 MATLAB 绘制的图形仍呈现在 Figure No. 1 的图形窗口中，以抛射角 θ 为 x 轴，射程 L 为 y 轴的弹道射程曲线如图 3.1.2 所示。

3.1.2 多条曲线的绘制

在进行科学计算时，经常会将多条曲线绘制在同一张图上，以作比较。在同一个图形窗口中绘制多条曲线有很多方法。

其一，在 plot 命令后使用同样是通用图形函数库(graphics)中的 hold on 命令，MATLAB 会在现有图形上叠放另一幅新图形，直到执行 hold off 命令为止。

如在 MATLAB 命令窗口输入

```
>> x=0:pi/100:2*pi;
>> y1=sin(x);
>> y2=2*sin(x);
>> y3=3*sin(x);
>> y4=4*sin(x);
>> plot(x,y1)
>> hold on
>> plot(x,y2)
>> plot(x,y3)
>> plot(x,y4)
```

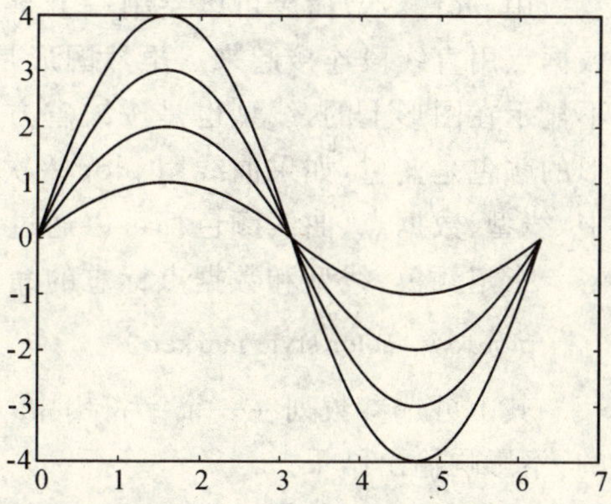

图 3.1.3

则创建的图形显示如图 3.1.3 所示。

其二，在 plot 函数指令中交替输入每一对应的数组对，如输入 plot(x,y,u,v)，则 MATLAB 将输入参量解释为 x 和 y，u 和 v 两个对应数组对，每一数组对绘出一条曲线，这样一张图上就可画出多条曲线了。

在前一个例子中，我们如果在 MATLAB 命令窗口输入如下指令

```
>> x=0:pi/100:2*pi;
>> y1=sin(x);
>> y2=2*sin(x);
>> y3=3*sin(x);
>> y4=4*sin(x);
>> plot(x,y1,x,y2,x,y3,x,y4)
```

就可以一次性绘出如图 3.1.3 所示的 4 条曲线。

这种方法与前种的不同之处在于，用 hold on 方法绘制图形时，每条曲线调用一次 plot 命令，MATLAB 用 plot 绘制第一条曲线时使用缺省的蓝颜色绘图，由于每条曲线都独立调用指令 plot，因此绘出的图形具有相同的颜色（蓝色）；第二种方法由于是一次性绘出，每条曲线具有不同的颜色，依次为蓝、绿、红、青，以便于区分。

其三，调用 plot 时使用两个参量，第一个参量是单行矩阵，第二个参量是列数与单行矩阵列数相同的矩阵时，则 MATLAB 依次为矩阵每一行绘出曲线（同样，第一个参量是单列矩阵，第二个参量是行数与单列矩阵行数相同的矩阵时，则 MATLAB 依次为矩阵每一列绘出曲线）。

例如，将 y1，y2，y3，y4 构造成一个新的矩阵 **Y**，Y=[y1;y2;y3;y4]，若想画出矩阵 **Y** 相对 x 的曲线，则在 MATLAB 命令窗口输入

```
>> Y=[y1;y2;y3;y4];
>> plot(x,Y)
```

就可以得到与第二种方法相同，且每条曲线具有不同颜色的图形。

3.1.3 颜色、线型和数据点标识

用 plot(x,y)命令可以绘制一个 $x-y$ 坐标系下的图形，这种图形是将数组 x 和 y 代表的数据点用直线段连接起来。虽然图形是通过连接数据点形成的，但是这些点在缺省方式下是不显示在图形上的，线型也是按缺省方式绘出的。在缺省方式下第一次调用 plot 时，绘制图形的颜色是蓝色，如果曲线用 plot 一次性绘出，其颜色也是按缺省的方式给出。在 MATLAB 中，线型、数据点、曲线颜色都可以通过参数设定的方式来自定义。

指定颜色、线型和数据点标志的命令格式如下

```
plot(x,y,'color style marker')
```

其中可选参数列在一个字符串中，字符串用单引号括起来，参数字符串的键入次序是任意的，不影响输出结果。

颜色、线型和数据点标识的选项如下

颜色(color)：'b'蓝，'g'绿，'r'红，'c'青，'m'品红，'y'黄，'w'白，'k'黑

线型(style)：'-'实线，':'虚线，'-.'点划线，'--'双划线

数据点标识(marker)：'.'点，'o'圆圈，'x'叉号，'+'加号，'*'星号，'s'正方形，'d'菱形，'v'倒三角形，'^'正三角形，'<'左三角形，'>'右三角形，'p'五角星形，'h'六角星形

这里我们仍用测量光电管的光电流 I(mA)与点光源距离 d(cm)关系的数据来说明上述参数的用法，在 MATLAB 命令窗口输入

```
>> I=[45,40,35,30,25,20,15,10,5];
>> d=[43.5,47.0,50.0,54.0,60.0,67.0,75.5,95.0,142.0];
>> plot(d,I,':ok')
```

上述 plot 命令表示：所绘曲线颜色用黑色，数据点用圆圈标识，数据点之间用虚线连接。产生的图形如图 3.1.4 所示。

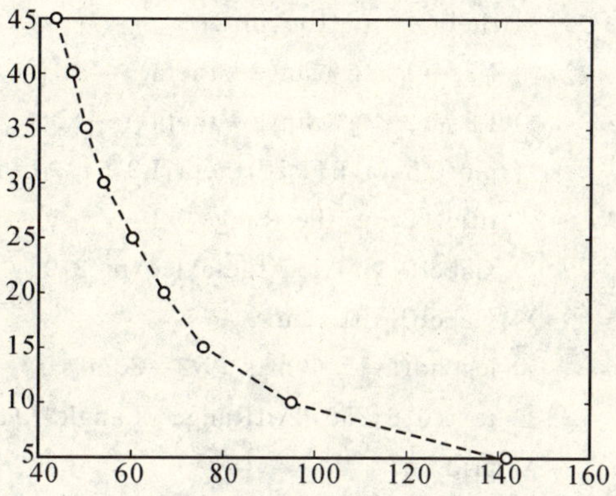

图 3.1.4

3.1.4　图形标注

一幅图如果没有任何标注，那么这幅图是不完整的，其中变量之间的关系也很难让其他人理解，MATLAB提供了很多关于图形标注的命令函数。如用于标出图形标题的指令 title，在图上标注文字的指令 text，用鼠标标注文字的指令 gtext，用于标注图例的 legend，用于标注 x 轴和 y 轴的指令 xlabel、ylabel，为所绘图形加上坐标网格的指令 grid 等。

上述指令的基本用法如下。

图形标题指令：title('string')，其中字符串为图形标题。

标注文字指令：text(x,y,'string')，在坐标(x,y)处标注文字说明。

用鼠标标注文字指令：gtext('string')，在图形上会出现一个随鼠标移动的十字叉线，点击鼠标则字符串所标示的文字在图上被标注。

标注图例指令：legend('string1','string2',…)，每个字符串依次表示每次用不同线型绘制图形的图例。其实对标注图例还有更简单的处理方法，只要按住鼠标左键就可以拖动到所需位置，双击还可以进入进行编辑。

标注坐标轴指令：xlabel('string')、ylabel('string')，其中字符串为相应坐标轴的标注。

加网格线指令：grid on 加网格线；grid off 消除网格线。

其中字符串的格式都必须用两个单引号括起来，若要输入特定的文字需要用反斜杠(\)开头，用法为：

斜体(italy)　\it　后面跟着的字符串都显示斜体，若采用{\it string}形式，则在括号里面输入的文字显示斜体

符号 π	\pi	符号 α	\alpha
符号 β	\beta	左箭头←	\leftarrow
右箭头→	\righarrow	符号≠	\neq
符号≤	\leq	符号≥	\geq
上标	∧	下标	_(下划线)

有关图形标识更复杂、更高级的用法，请通过 help 命令及有关帮助文件来了解。

这里我们仍以抛射体射程问题为例，学习各种图形的标注用法。由于抛射体射程与抛射角的关系为：$L(\theta)=\frac{v_0^2}{g}\sin(2\theta)$ 。设重力加速度为 $g=9.8\ \mathrm{m/s^2}$，初速度分别取 $v_1=60\ \mathrm{m/s}$ 和 $v_2=80\ \mathrm{m/s}$，则在不同初速度的情况下，将射程与抛射角关系绘制在同一幅图上。

在 MATLAB 命令窗口输入

```
>> g=9.8;
>> v1=60;
>> v2=80;
>> theta=0:pi/100:pi/2;
>> L1=v1^2/g*sin(2*theta);
>> L2=v2^2/g*sin(2*theta);
>> plot(theta,L1,'b',theta,L2,':r','LineWidth',1.5)
>> title('Projectile Range')
>> xlabel('{\it0\leq\theta\leq\pi/2}')
>> ylabel('{\itL}(m)')
>> legend('v1=60m/s','v2=80m/s')
>> text(0.6,250,'{\itRange vs angle}','fontsize',10)
>> grid on
```

MATLAB 绘制的图形如图 3.1.5 所示。读者可以通过类似的练习,掌握有关图形标注命令的使用方法。

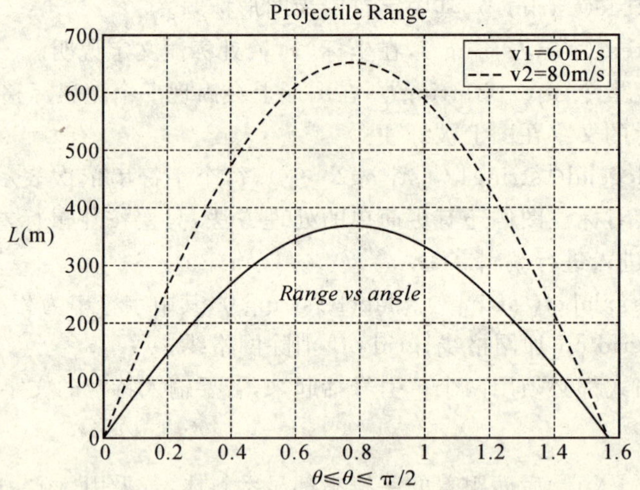

图 3.1.5

3.1.5 坐标轴控制

绘制图形时,MATLAB 会自动选择合适的作图范围和坐标尺度。但是读者也可以利用坐标轴控制指令来确定坐标轴的伸缩比例,按照自己的意图显示图形的外观比例。

axis auto	把坐标轴的伸缩率设为自动
axis square	将图形设置为正方形
axis equal	x 和 y 轴单位刻度相等
axis on	打开坐标轴的标签和刻度线
axis off	取消坐标轴的标签和刻度线
axis([xmin xmax ymin ymax])	x 轴和 y 轴的取值范围

3.1.6　其他二维图形

在通用图形库和二维图形库中还有一些常用的其他绘图指令，下面只介绍其中最常用的子图形命令。

子图形命令格式为：subplot(m,n,p)，表示将图形窗口分割成 $m \times n$ 格的小窗口，有 m 行 n 列个子图形，第 p 个子图形窗口为当前绘图窗口，窗口按从左到右、从上到下编号。

下面用 subplot 命令，结合线性坐标图和对数坐标图，将这几种绘图指令函数的用法作介绍。在 MATLAB 命令窗口输入

```
>> x=linspace(0,50,100);
>> y=x.^2;
>> subplot(2,2,1)
>> plot(x,y)
>> title('linear')
>> ylabel('y')
>> subplot(2,2,2)
>> semilogx(x,y)
>> title('semilogx')
>> ylabel('y')
>> subplot(2,2,3)
>> semilogy(x,y)
>> title('semilogy')
>> xlabel('x')
>> ylabel('y')
>> subplot(2,2,4)
>> loglog(x,y)
>> title('loglog')
>> xlabel('x')
>> ylabel('y')
```

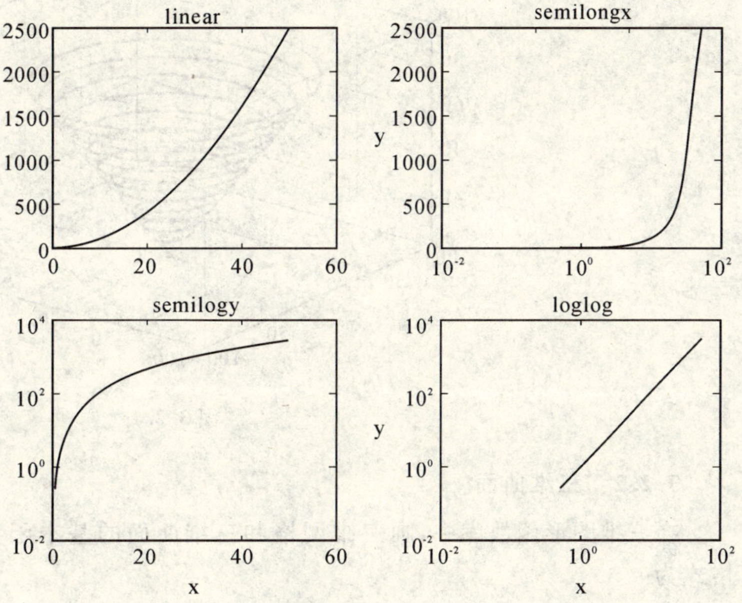

图 3.1.6

其结果如图 3.1.6 所示。

3.2　三维图形

3.2.1　三维曲线

绘制三维曲线的指令在三维图形函数库(graph3d)中，最基本的指令是 plot3，其命令格式及线型、颜色、数据点标识与二维绘图指令函数 plot 相同，三维图形的图例标识、坐标轴的标识、坐标轴的控制指令等与二维图形也完全相同。

想要绘制一个螺旋线，可在 MATLAB 命令窗口输入

```
>> z=linspace(0,26*pi,2000)
>> x=z.*sin(z);
>> y=z.*cos(z);
>> plot3(x,y,z,'--b','LineWidth',1.5)
```

```
>> box
>> grid on
>> xlabel('x')
>> ylabel('y')
>> zlabel('z')
>> title('Helical Line','FontSize',15)
```

则可得到如图 3.2.1 所示的像龙卷风似的螺旋线图。

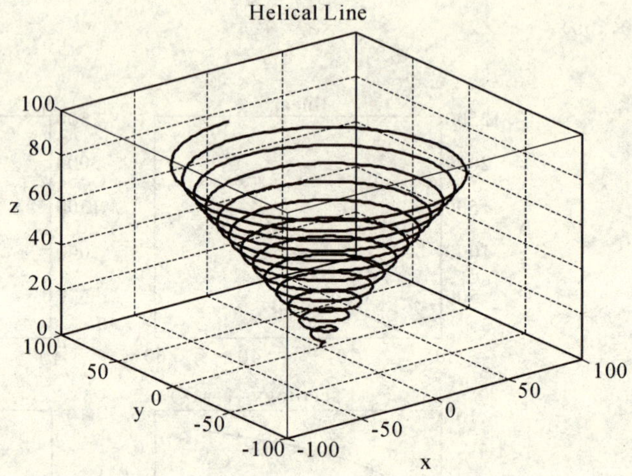

图 3.2.1

3.2.2 三维曲面

在三维图形函数库中，画三维网格和三维曲面的基本函数指令是 mesh 和 surf。其命令格式为

```
mesh(X,Y,Z)
surf(X,Y,Z)
```

其中参数 $\boldsymbol{X}$ 与 $\boldsymbol{Y}$ 若均为一维矩阵，且 $n=$length(X)，$m=$length(Y)，则 $\boldsymbol{Z}$ 矩阵必须满足 [m,n]=size(Z)，即 $\boldsymbol{Z}$ 的行数与 $\boldsymbol{Y}$ 的长度相同，$\boldsymbol{Z}$ 的列数与 $\boldsymbol{X}$ 的长度相同，空间中的点 $(X(j), Y(i), Z(i,j))$ 为所画曲面的点；若 $\boldsymbol{X}$、$\boldsymbol{Y}$、$\boldsymbol{Z}$ 均为同维矩阵，则空间中的点 $(X(i,j), Y(i,j), Z(i,j))$ 为所画曲面的点。

为满足上述绘制曲面函数的要求，在三维作图时常用到数据网格命令 meshgrid，其功能是生成二元函数 $z=f(x,y)$ 中 $x-y$ 平面上矩形定义域的数据点矩阵 $\boldsymbol{X}$ 和 $\boldsymbol{Y}$。

数据网格命令的格式为：[X,Y]=meshgrid(x,y)，输入数组 $\boldsymbol{x}$ 为 $x-y$ 平面上 x 的取值，数组 $\boldsymbol{y}$ 为 $x-y$ 平面上 y 轴的取值，输出矩阵 $\boldsymbol{X}$ 为 $x-y$ 平面上数据点的横坐标值，输出矩阵 $\boldsymbol{Y}$ 为 $x-y$ 平面上数据点的纵坐标值。

如在 MATLAB 命令窗口输入

```
>> x=[2,3];
>> y=[4,6,8];
>> [X,Y]=meshgrid(x,y)
```

则返回

```
X=

   2    3
   2    3
   2    3
Y=

   4    4
   6    6
   8    8
```

在上述操作中，形式上生成了两个同维的矩阵 ***X*** 和 ***Y***，其实在 MATLAB 内部认为通过 meshgrid 的作用，生成的是在 $x-y$ 平面的 6 个坐标点。

矩阵 ***X***、***Y*** 对应位置各取一个元素，表示 $x-y$ 平面一个点的坐标，因此由矩阵 ***X***、***Y*** 所代表的 6 个坐标点分别是

(2,4)　(3,4)　(2,6)　(3,6)　(2,8)　(3,8)

若某一个二元函数 $z=f(x,y)$ 按上述方式求函数值，则函数值组成的 ***Z*** 矩阵一定是 3 行 2 列。我们可以作如下验证，假设二元函数为 $z=x^2+y^2$，在 MATLAB 命令窗口输入

```
>> Z=X.^2+Y.^2
```

则返回

```
Z=

   20    25
   40    45
   68    73
```

数据比较简单，读者可以口算验证。

由此可见，数据网格函数 meshgrid 是与绘制曲面的函数命令 mesh、surf 的设计相一致的，配合起来使用就可以方便地绘出三维图形了。

设电量为 $4\pi\varepsilon_0$ 的一对正负电荷，正电荷位于(−1,0)，负电荷位于(1,0)，通过三维绘图指令函数，可以绘出其电势分布图。在 MATLAB 命令窗口输入

```
>> y=-2:0.121:2;
>> x=-2:0.121:2;
>> [X,Y]=meshgrid(x,y);
>> U=1./sqrt((X+1).^2+Y.^2)-1./sqrt((X-1).^2+Y.^2);
>> mesh(x,y,U)
```

则可得如图 3.2.2 所示的电偶极子的电势分布图。

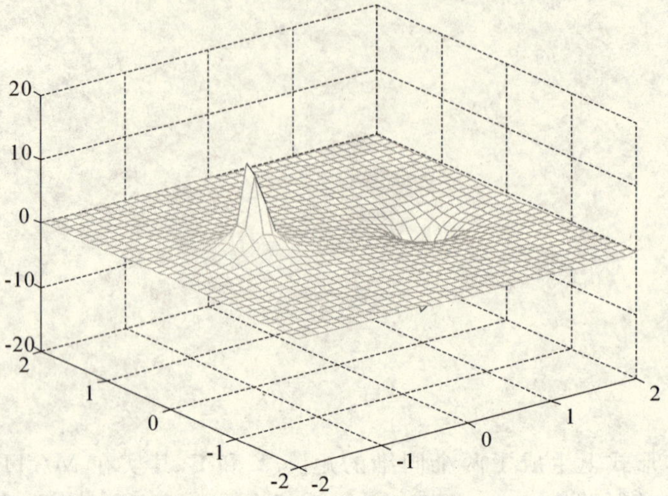

图 3.2.2　电偶极子电势分布图

理想气体满足理想气体状态方程：$pV=nRT$，通过 surf 指令可以绘出该方程的曲面。在 MATLAB 命令窗口输入

```
>> R=8.31;
>> n=2;
>> p=(1:20)*1e5;
>> v=(1:20)*1e-3;
>> [P,V]=meshgrid(p,v);
>> T=P.*V/(n*R);
>> surf(P,V,T)
```

则可得到如图 3.2.3 所示的理想气体状态方程的曲面图。

另外，在 MATLAB 的特殊图形函数库中还提供了类似的绘制三维图形的指令，如带底座的三维网格指令 meshz，三维网格与等高线组合的指令 meshc，三维曲面与等高线组合的指令 surfc 等，读者可自己上机练习。

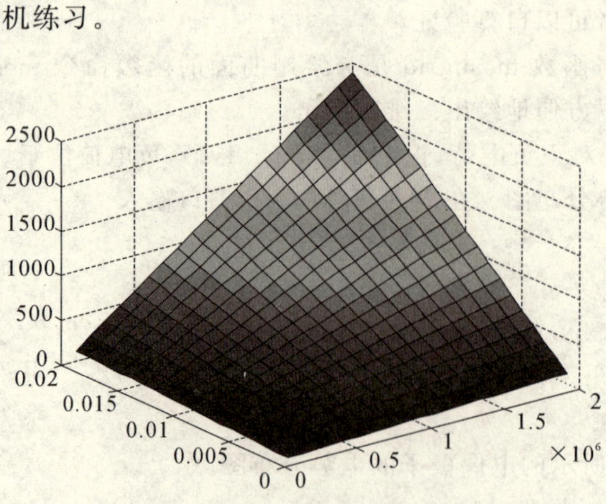

图 3.2.3　理想气体状态方程曲面图

按照绘图指令绘制好一幅三维图形，MATLAB是按照缺省的方式来显示的，若想按照自己的意图改变其观察视角，使用者可以通过指令函数 view 来实现。

改变三维图形视角的指令格式为

```
view(az,el)
```

其中 az 表示方位角，el 表示俯视角，两者的单位都是度。az 取值范围－180～180，计算起点为负 y 轴；el 取值范围为－90～90，计算起点是 xy 平面。MATLAB 默认的三维观察视角为：az＝－37.5，el＝30，默认的二维观察视角为：az＝0，el＝90。

下面结合 subplot 指令，演示一下绘制双曲抛物面 $Z=\frac{X^2}{5^2}-\frac{Y^2}{6^2}$ 时，以不同视角来观察的图形。在 MATLAB 命令窗口输入

```
>> x=-8:8;
>> y=-8:8;
>> [X,Y]=meshgrid(x,y);
>> Z=(X.^2/5^2-Y.^2/6^2);
>> subplot(2,2,1)
>> mesh(X,Y,Z)
>> title('default 3D view')
>> subplot(2,2,2)
>> mesh(X,Y,Z)
>> view(-28,52)
>> title('view(-28,52)')
>> subplot(2,2,3)
>> mesh(X,Y,Z)
>> view(-74,26)
>> title('view(-74,26)')
>> subplot(2,2,4)
>> mesh(X,Y,Z)
>> view(-9,16)
>> title('view(-9,16)')
```

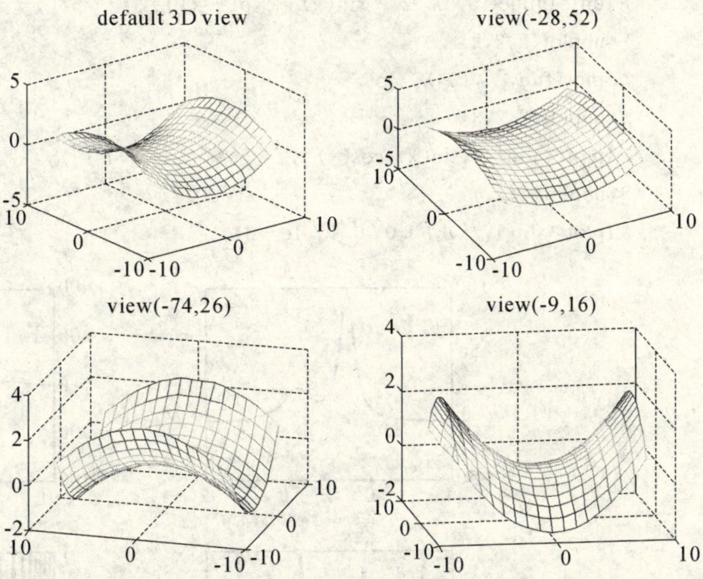

图 3.2.4

得到的结果如图 3.2.4 所示。

更简单的方法是，在命令窗口输入 rotate3d 或在图形窗口点击工具栏中旋转图形的图标，或在图形窗口选择 Tools→Rotate 3D，就可利用鼠标拖动来选择任意所需的视角，然后单击鼠标，图形窗口的左下角就会显示出当前视角。

为了能更好地显示三维图形，MATLAB 还提供了颜色、光照、透明度等指令函数，通过这些指令函数可以扩展图形表达的丰富程度，这里就不再展开，读者可以自己上机实践。

3.3 特殊图形

MATLAB 在特殊图形函数库(specgraph)中还提供了很多用于科学计算、数值统计分析、离散数据处理的绘图函数，我们这里只将与科学计算相关的特殊绘图指令函数介绍一二。

3.3.1 特殊的二维图形

利用函数直接绘制二维曲线的命令是 fplot，该命令的基本格式是

```
fplot('fun',lims,tol)
```

其中 fun 为所要绘制的函数，该函数可以是一个内建函数，可以是一个表达式，也可以通过内联函数建立。lims 表示绘制图形的范围，若只是指定 x 轴的绘制范围时，通常表示为[xmin,xmax]，若同时规定 x 轴和 y 轴的绘制范围时，则表示为[xmin,xmax,ymin,ymax]。tol 为绘图时的相对误差，缺省值为 2e－3，即 0.2％。

这个函数指令可以同时绘制多个图形，还可以设定线型等参量，读者可以自己上机练习。

下面结合指令 subplot 介绍 fplot 的基本用法，请读者自己体会。在 MATLAB 命令窗口输入

```
>> subplot(2,2,1)
>> fplot(@humps,[-1,2])
>> fun=inline('5*x.^2.*sin(x)-exp(-x)');
>> subplot(2,2,2)
>> fplot(fun,[0,10])
>> subplot(2,2,3)
>> fplot('[tan(x),sin(x),cos(x)]',2*pi*[-1 1-1 1])
>> subplot(2,2,4)
>> fplot('sin(1./x)',[0.01 0.1],1e-3)
```

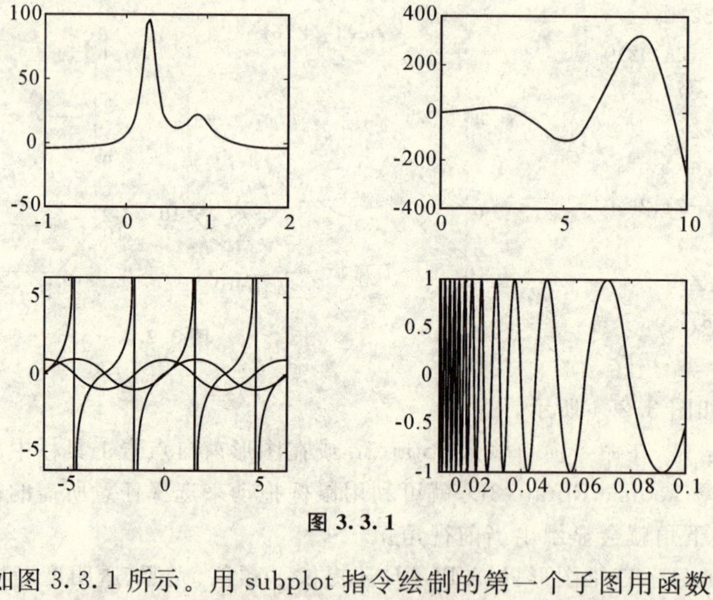

图 3.3.1

得到的图形如图 3.3.1 所示。用 subplot 指令绘制的第一个子图用函数句柄@humps 调用了 MATLAB 中一个用于演示的内建函数“驼峰函数”；第二个子图用内联函数建立一个复合函数并绘出；第三个子图同时绘制了正切、正弦、余切三个图形，并同时限制了 x 轴和 y 轴范围；第四个子图对绘制时的精度进行了设置。

由此可见，这是一个非常有用的指令函数，请读者用心体会，多做练习。另外还有用 ez 开头的绘图指令，如 ezplot、ezpolar 等，不仅具有与 fplot 相似的功能，还可以对隐函数和参数函数作图，读者可以自己上机练习。

若测出或计算出随时间变化的数据点后，可以用二维彗星轨迹图动态地显示质点的运动轨迹，其指令为

```
comet(x,y,p)
```

其中，p 表示彗长，为 p * length(y)，p 的缺省值为 0.1。

MATLAB 给出了一个例子

```
>> t=-pi:pi/200:pi;
>> comet(t,tan(sin(t))-sin(tan(t)))
```

输入后，一个小圆圈按照数据序列动态地绘出曲线，给人一种动画的感觉。最终得到如图 3.3.2 所示图形。另外，还可以用指令 comet3(x,y,z,p) 绘制三维彗星轨迹图。

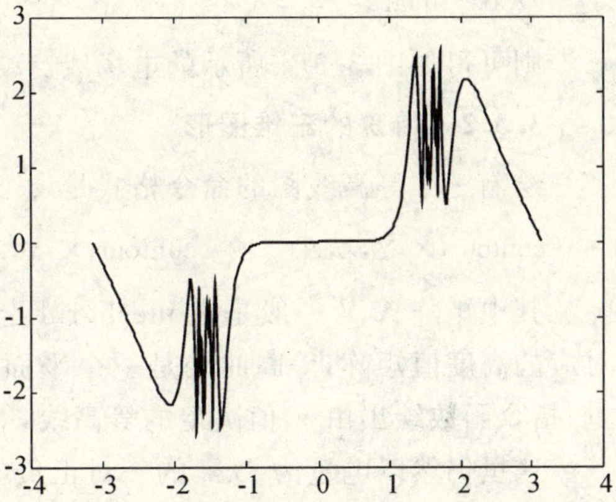

图 3.3.2

很多物理量是以矢量形式表示的，在 MATLAB 中绘制二维矢量图的命令格式是

```
quiver(X,Y,U,V,scale)
```

其命令格式的含义是，由 X、Y 决定的每一个平面上的点，绘出由 U、V 决定的矢量箭头。scale 值为绘制矢量箭头的长短，可由使用者给出，MATLAB 自动按 scale 值绘图，若设 scale=0 则自动功能关闭。

我们可以利用这个指令函数，绘出点电荷的电场强度分布。设点电荷电量为 $4\pi\varepsilon_0$，则其电势为 $U=\frac{1}{\sqrt{X^2+Y^2}}$，电场强度为 $E=-\nabla U$。在 MATLAB 命令窗口输入

```
>> [X,Y]=meshgrid(-21:2:21);
>> R=sqrt(X.^2+Y.^2);
>> U=1./R;
>> [Ex,Ey]=gradient(U);
>> quiver(X,Y,-Ex,-Ey,0.5)
>> axis square
```

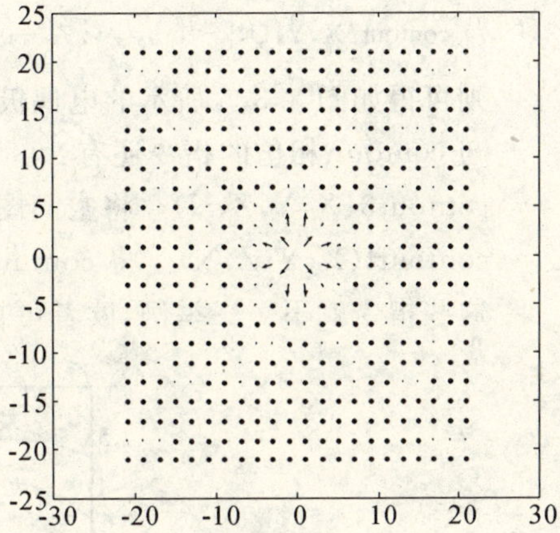

图 3.3.3

其中，gradient 为梯度算符 ∇ 在 MATLAB 中的指令函数，电场强度的大小在图中是用箭头的长短来表示的。结果如图 3.3.3 所示。

物理学中在描述电场、磁场时，为了形象直观，通常用电场线、磁场线来描绘其空间分布，绘制这种矢量二维流线图的指令函数格式是

```
streamline(X,Y,U,V,startx,starty)
```

其命令格式的含义与 quiver 相仿，是由 X、Y 决定的每一个平面上的点，绘出由 U、V 决定的矢量流线图。其中 startx 和 starty 表示流线的起始坐标。

仍以点电荷电场为例，在 MATLAB 命令窗口输入

```
>> [X,Y]=meshgrid(-21:2:21);
>> R=sqrt(X.^2+Y.^2);
>> U=1./R;
>> [Ex,Ey]=gradient(U);
>> phi=0:pi/20:2*pi;
>> sx=0.01*cos(phi);
>> sy=0.01*sin(phi);
>> streamline(X,Y,Ex,Ey,sx,sy)
>> axis square
```

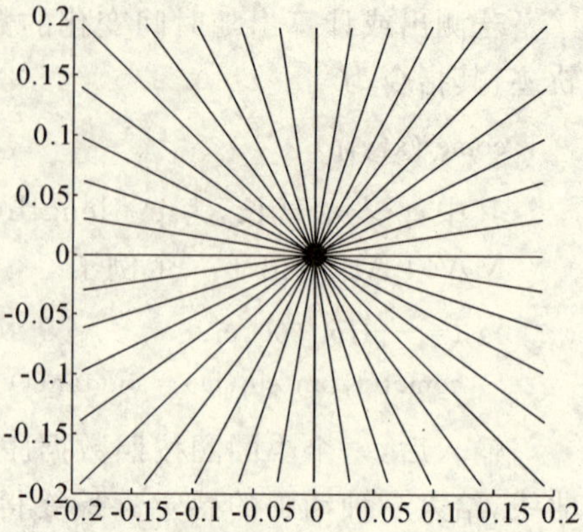

图 3.3.4

则可得如图 3.3.4 所示的电场线。

3.3.2 特殊的三维图形

绘制三维等高线图的命令格式是

contour(X,Y,Z,N) 或 contour(X,Y,Z,V)

其中矩阵 ***X***、***Y*** 一般是由 meshgrid 定义的 $x-y$ 平面上的坐标点，***Z*** 为由(x,y)二维函数对应的高度值矩阵，等高曲线是一个平面曲线，N 是等高线条数；第二种格式中，V 为一个矢量，指令函数绘出由 V 值决定的等高线，等高线数为 length(V)。

这里仍然以电量为 $4\pi\varepsilon_0$ 的一对正负电荷为例，设正电荷位于(−1,0)，负电荷位于(1,0)，通过 contour 指令函数，可绘出其在 $x-y$ 平面上的等势分布图。在 MATLAB 命令窗口输入

```
>> y=-2:0.121:2;
>> x=-2:0.121:2;
>> [X,Y]=meshgrid(x,y);
>> U=1./sqrt((X+1).^2+Y.^2)-1./sqrt((X-1).^2+Y.^2);
>> contour(X,Y,U,[-1.5,-0.7,-0.5,-0.3,-0.15,-0.05,0,0.05,0.15,0.3,0.5,0.7,1.5],'k')
```

则可得如图 3.3.5 所示的电偶极子的等势分布图。

与 contour 相仿的指令还有：

contour3(X,Y,Z,N) 将空间图形切割后，将切割线保留在空间中，切割次数为 N

contourf(X,Y,Z,N) 将 contour 的图形涂上色彩

这些指令就不一一举例，读者可自己上机练习。

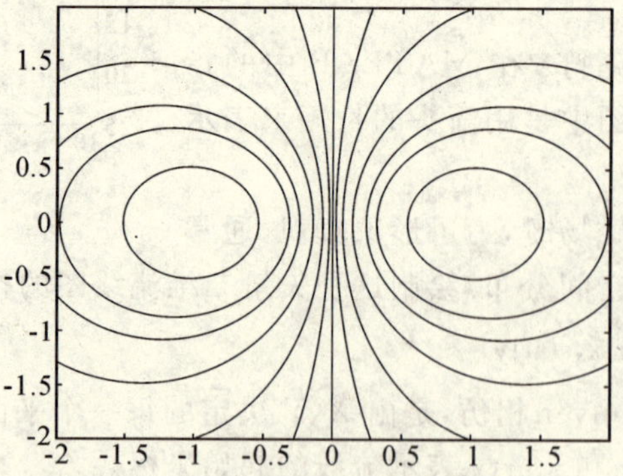

图 3.3.5 电偶极子等势分布图

绘制圆柱和球体的指令函数是 cylinder 和 sphere，其格式分别为：

[X,Y,Z]=cylinder(R,N)　该指令返回一个单位高度的旋转曲面的坐标矩阵，其旋转轴为 z 轴；旋转曲面等高值处的圆周有 N 个距离相等的点，R 为每一个高度值处的半径值；N 的缺省值是 20

[X,Y,Z]=sphere(N)　该指令自动生成一个用于产生单位球体的 $(N+1)\times(N+1)$ 个数据的坐标矩阵，该单位球体有 $N+1$ 条经(纬)线；N 的缺省值为 20

这两个指令没有直接画图，用户要调用命令 surf(X,Y,Z)或 mesh(X,Y,Z)等指令函数，利用 cylinder 和 sphere 生成的坐标矩阵来绘制图形。

我们可以在 MATLAB 命令窗口输入如下命令来生成一个锥面，如图 3.3.6 所示。

```
>> [x,y,z]=cylinder([10,9,8,7,6,5,4,3,2,1,0],50);
>> mesh(x,y,z)
```

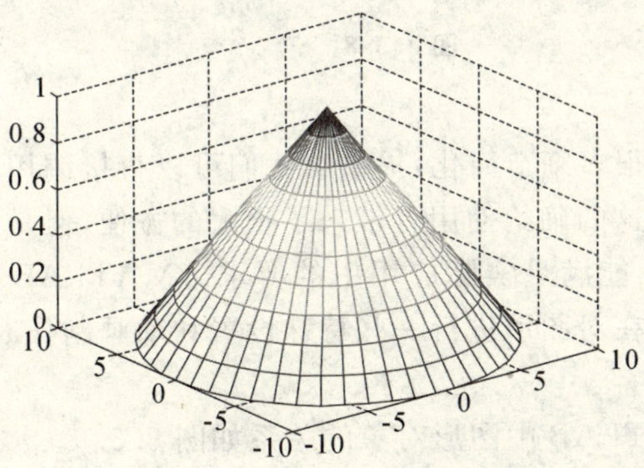

图 3.3.6

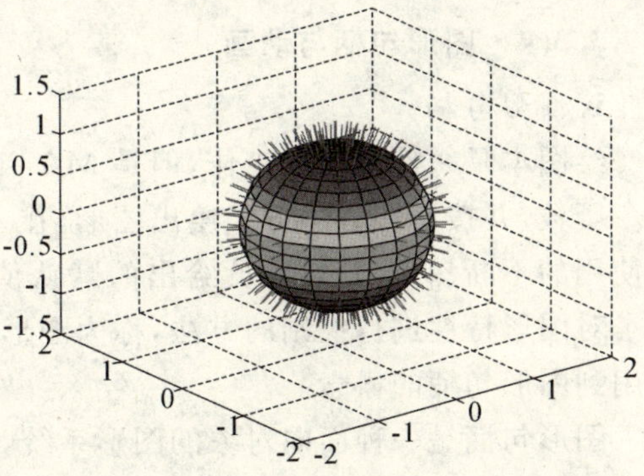

图 3.3.7

我们可以在 MATLAB 命令窗口输入如下指令，生成一个球体并绘制出其法线。

```
>> [x,y,z]=sphere;
>> surfnorm(x,y,z)
```

其中 surfnorm 是三维绘图函数库(graph3d)中的一个绘制曲面及其法线图的指令函数，其效果如图 3.3.7 所示。

3.3.3　坐标转换

在绘制图形时，经常会遇到不同坐标系下坐标转换的问题，我们可以结合特殊数学函数库(specfun)中坐标转换的指令函数，通过坐标变换，根据实际情况，绘出在不同坐标系下所需的图形。

柱坐标和直角坐标的转换指令函数：

[x,y]=pol2cart(theta,r)　　将二维极坐标转换为直角坐标

[theta,r]=cart2pol(x,y)　　将二维直角坐标转换为极坐标

[x,y,z]=pol2cart(theta,r,z)　　将三维柱坐标转换为直角坐标

[theta,r,z]=cart2pol(x,y,z)　　将三维直角坐标转换为柱坐标

球坐标和直角坐标的转换指令函数：

[x,y,z]=sph2cart(theta,phi,r)　　将三维球坐标转换为直角坐标

[theta,phi,r]=cart2sph(x,y,z)　　将三维直角坐标转换为球坐标

我们可以直接用极坐标及通过坐标转换直角坐标下在 MATLAB 中绘制三叶玫瑰线如图 3.3.8。

```
>> theta=0:pi/60:2*pi;
>> r=sin(3*theta);
>> [x,y]=pol2cart(theta,r);
>> subplot(1,2,1)
>> polar(theta,r)
>> subplot(1,2,2)
>> plot(x,y)
>> axis square
```

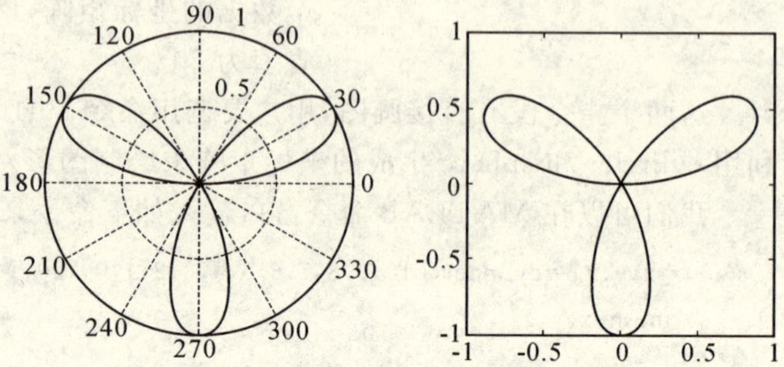

图 3.3.8

3.3.4　图形句柄与动画

1. 图形句柄

绘图本是一件复杂的工作，但是 MATLAB 将很多细节简化，提供给我们可以直接调用的指令函数，并按照缺省的方式绘出图形，在入门时，这的确给使用者带来了很大的方便，但是随着使用的不断深入，开发人员给出的默认值往往不能满足实际应用中的要求。MATLAB 提供了对图形特性进行控制的方法，称为图形句柄。在对图形进行一些特殊设置和动画制作时，要用到图形句柄的概念。

图形句柄是一种面向对象的图形系统，在 MATLAB 中图形对象的关系如图 3.3.9。

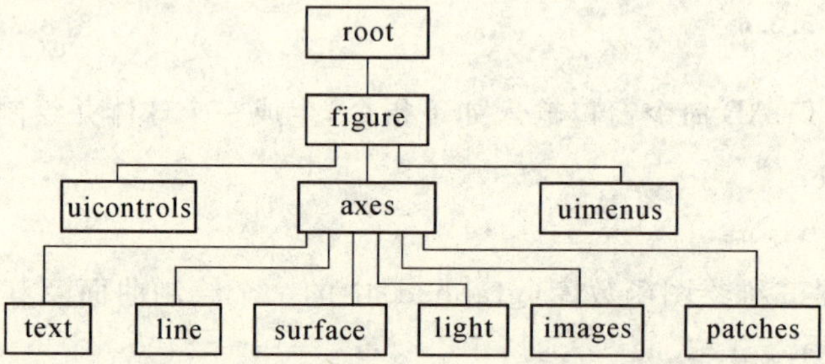

图 3.3.9

计算机屏幕是根对象(root)，图形对象(figure)是它的子对象。每个图形对象又有 3 个子对象：坐标系对象(axes)及人机对话的 uicontrols 和 uimenus。坐标系对象又有 6 个子对象：文本(text)、线条(line)、曲面(surface)、光照(light)、图像(images)和块(patches)。

用户在命令窗口输入 plot、mesh、surf 等绘图指令时，MATLAB 将生成相应的图形对象。同时，也生成了一个称为"图形句柄"的数组，其中包含了产生各个对象所需的各种默认参数。获得图形句柄，并修改其中的参数就可以改变当前图形对象的特征。

2. 取得图形句柄

面向用户的绘制图形指令函数如 plot、mesh、surf 等都是无左端变量的，如果在左端放一个变量，则执行该绘图指令后，该变量就称为此图形的句柄。用 get 命令就可以得到它的内

容。如在 MATLAB 命令窗口输入

```
>> [X,Y,Z]=sphere;
>> h=mesh(X,Y,Z)
```

除在绘图窗口显示一个球体外，还在命令窗口返回

```
h=

   101.0029
```

表明 mesh 命令产生了一个对象句柄。其实就是系统自动分配给每个对象的唯一的数字标识。

使用指令 get 可以获取图形对象，其相应的参数有：

gcf　获取当前图形窗口的句柄参数

gca　获取当前坐标的句柄参数

gco　获取当前对象的句柄参数

gcbo　获取当前正在调用的对象的句柄参数等

3. 设置图像对象

设置图像对象的指令为 set，其格式为

```
set(H,'PropertyName1',PropertyValue1,'PropertyName2',PropertyValue2,...)
```

H 为获取的图形句柄；PropertyName 为句柄的属性名称；PropertyValue 为用户所要设置的句柄属性值。

如 set(h,'linewidth',2,'markersize',3)表示把绘制球面的线宽设置为 2mm，数据点直径设置为 3mm。读者可以上机实践，练习其使用方法。

4. 影片动画

MATLAB 影片动画总共有 3 条指令

movien、getframe 和 movie

M=moviein(N)，定义一个 N 列矩阵 $\boldsymbol{M}$，以储存 N 幅画面，每列对应一帧。

M(:,j)=getframe，依次将 N 帧画面存入 $\boldsymbol{M}$ 矩阵。

movie(M,k,FPS)，将 N 帧画面演示 k 次，FPS 表示每秒播放的帧数。缺省情况下，k 为 1，FPS 为 12。

下面是一个关于驻波的动画程序（sw.m），读者可在 MATLAB 命令窗口输入如下指令（程序中%后面文字表示注释）

```
clear all
t=0:0.08:4;
x=0:0.08:4;
M=moviein(48);                      %设立一个能存储 48 幅图的 M 矩阵
for i=1:48                          %做 48 次循环
    y=cos(2*pi*(t(i)-x/3))+cos(2*pi*(t(i)+x/3));
    plot(x,y);                      %每循环一次画一幅图
    axis([0,4,-2.5,2.5]);
```

```
    M(:,i)=getframe;              %将 48 幅图依次存入矩阵 M 中
end
movie(M,1,24)                     %以每秒 24 帧的速度播放矩阵 M 中的图画
```

运行上述指令后，读者就可以在图形窗口看到一个驻波的演示动画。

5. 实时动画

MATLAB 用图形对象的 'EraseMode' 属性来实现在保持背景图案不变的情况下，擦除旧对象，显示新对象。图形对象的 'EraseMode' 有 4 种属性：

normal	重绘整个显示区，这种方式产生的图形最准确，但较慢
none	不做任何擦除，直接在原图上绘图
xor	擦除旧对象的点并绘制新对象的点
background	把旧对象的颜色变为背景色

当新对象的属性修改后，应该用指令 drawnow 刷新屏幕，使 MATLAB 暂停目前任务而去刷新屏幕，使新对象显示出来，否则 MATLAB 要等到任务序列执行完后才刷新屏幕。

下面是一个关于布朗运动的演示动画程序(brown. m)。读者可在 MATLAB 命令窗口输入如下指令

```
figure
n=20;s=0.02;                      %确定参与布朗运动的点数和运动速度
x=0;
y=0;
for i=1:400                       %循环 400 次
    x=x-s*randn(n,1);             %随机产生点的位置
    y=y-s*randn(n,1);
    h=plot(x,y,'.');              %画出运动的点
    axis([-1 1 -1 1]);            %运动范围
    set(h,'XData',x,'YData',y,'EraseMode','xor','MarkerSize',18); %句柄设置擦除旧对象
    drawnow;                      %刷新屏幕显示新对象
end
```

运行上述指令后，读者可以在 MATLAB 图形窗口看到一个布朗运动的模拟动画。

第4章 程序编制

到目前为止，我们基本上是在MATLAB命令窗口，通过键入指令的方式来实现计算、绘图等任务。尽管通过这种交互的演算草稿纸的方式，可以解决很多问题，但是也遇到指令不能储存、求解复杂问题时输入烦琐、容易出错等问题。如果能够把解决某一个复杂问题的指令编辑成一个可以储存、调用、修改的程序文本，然后再让MATLAB执行，这样就大大扩展了解决问题的能力。MATLAB把这种工作模式称为程序文件模式，MATLAB其实不仅是一个交互式的计算工具，同时也是一种功能极强的编程语言，只有掌握了编程，才能真正发挥MATLAB的功效，也才可以说真正驾驭了MATLAB。

由MATLAB语句构成的程序文件，通常称为M文件。M文件中的语句既可以是一系列窗口指令语句的组合，又可以是各种控制语句和说明语句构成的函数，它将m作为文件的扩展名。

M文件在功能上可分为两类：指令文件和函数文件。两者的区别在于：指令文件没有输入参数，也不返回输出参数；而函数文件可以输入参数，也可以返回参数。无论是指令文件还是函数文件都可以被别的程序调用。这两种文件都是ASCII码的文本格式，可以用MATLAB自带的M-file Editor或任意一种编程用的编辑器来编辑和修改。

4.1 指令文件(Script File)

指令文件是将在命令窗口下可以执行的一系列指令，按照用户所需的执行顺序，集中写在一个文件里，以便于修改。指令文件没有输入参量和输出参量，只是一些命令行的组合，文件中的变量都保存在工作空间中(Workspace)，直至关闭MATLAB或用clear all等指令清除。在MATLAB命令窗口调用该文件时，文件中的指令就会依次执行，直至给出最终结果，一般不需交互地等待键盘输入。

编写指令文件的基本步骤为：

(1)打开MATLAB自带的M-file Editor，程序开始的几行可以用注释符号%开始，说明程序的用途和用法。

注释语句一般是在编写程序时，附注在程序语句之后用来说明该语句的意义，以增强程序的可读性的。MATALAB对任何注释语句都不予执行，但系统规定，当用户键入help [文件名]时，屏幕上会显示程序最开头几行注释符号%之后的内容，用户可以利用这个特征，将程序的用法、特性等内容输入于此，以提醒用户如何使用。MATLAB所有的指令文件都是按照这种方式书写的，读者可以用MATLAB的M文件编辑器打开任意一个系统中的M文件，学习其标准用法。注释的内容也可以用汉字。

(2)在可执行的指令之前，一般先用clear all、close all等语句开始，以便程序运行时，首先清除工作空间中原有的变量和图形，避免其他程序执行后残留数据对本程序的影响。

(3)按实际需求编辑完程序后，按照一般文件名命名规则命名，并加上后缀 m，最好不要用 MATLAB 默认的文件名 untitled. m。系统提供给用户存储文件的空间是 MATLAB 目录下的 work 文件夹，在默认情况下，自编的程序一般是保存在其中的。如果用户将文件存储在自定义的文件夹内，那就要将自己的目录加到 MATLAB 的搜索路径中，加入的方法是：点击 MATLAB 主窗口 File 菜单下的 Set Path 命令，通过路径设置窗口，按照窗口中各个按钮的指示进行操作即可。这样，只要启动 MATLAB 就可以调用自编的程序了。

由大学物理知识我们知道，当 q 电荷均匀分布在半径为 R 的圆环上时，沿圆环轴线的电场强度为 $E=\frac{q}{4\pi\varepsilon_0}\frac{x}{(x^2+R^2)^{3/2}}$，下面通过指令程序 ef. m 将电场强度沿轴的分布情形绘制出来。

程序 ef. m 如下：

```
%The program calculates the electric field of
%a charged ring along the axis.
clear all
close all
ep0=8.85*1e-12;                          %permittivity of vacuum
q=2;                                     %charge
R=0.6;                                   %radius
x=-5:0.01:5;
E=(q/(4*pi*ep0))*x./(x.^2+R^2).^(3/2);   %electric field along the axis
plot(x,E)                                %plot the results
grid on
xlabel('x(m)')
ylabel('E(V/m)')
title('E-x electric field')
```

得到的图形如图 4.1.1 所示。

读者由此可以对比一下，在窗口一条一条输入指令和编制指令程序文件这两种方法，在解决同一个问题时，处理效率上的高下。另外，也可以试试在命令窗口键入：help ef，命令窗口显示程序开头几行注释语句的特征。这里也提醒读者注意观察一下，指令文件运行结束后，保留在主窗口左上侧工作空间(Workspace)中的变量究竟都有哪些。

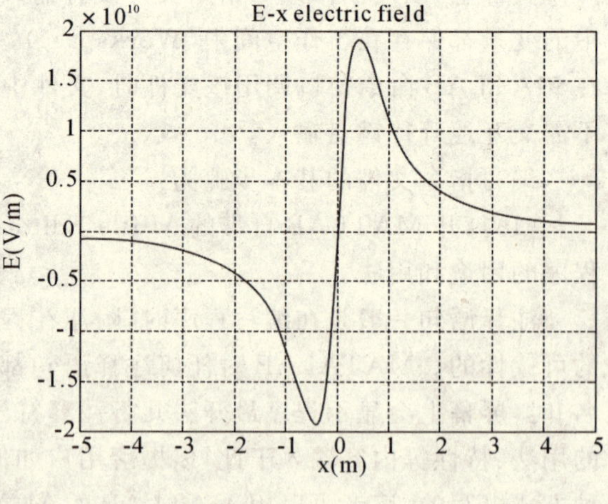

图 4.1.1

通过指令文件可以提高解决问题的效率，但是用户有时还是希望能在程序运行过程中，进行某种交互操作，如在某些步骤中由用户输入数据等，下面几条是常用的人机交互命令。

echo on(off)：缺省情况下，M 文件的命令内容不会显示在屏幕上。而在 echo on 命令之后的每行程序，则先显示后执行。

pause:使程序运行暂停,按任意键恢复运行。pause(n) 则程序执行到此处时,暂停 n 秒,再继续执行。

input('string'):程序执行到此处时暂停,在屏幕上显示引号中的字符串,要求用户输入数据。

disp('string'):显示引号中的字符串,以提醒用户。

keyboard:暂时终止程序运行,在屏幕上显示 K,等待键盘输入的指令,用户可以在命令窗口进行所需的操作。如果需要系统恢复运行原来的程序,只需键入 return。在 M 文件中设置该命令,常用于程序调试或临时修改变量内容。

Ctrl+C 键:强行停止程序运行。在发现程序运行有错或运行时间太长时,可用此方法终止其运行。

4.2 函数文件(Function File)

函数文件是用来定义子程序的,它可以输入参量,也可以返回参量。编写函数文件的规则:函数的起始行必须以 function 开头,后面跟随输出参量、一个等号以及函数名称。函数的输入参量跟在函数名之后,用小括号括起来。即:

function [输出参量 out1,out2,…]=函数名称(输入参量 in1,in2,…)

这里的函数名就是存储该函数文件时的文件名。函数开始的几行应该是注释行,这些注释行在需要时可以通过 help 指令来获得帮助。函数体中包括计算、赋值、交互式输入输出、流程控制、注释等,也可调用指令类文件及函数文件。函数文件中的变量均为局部变量,程序执行完毕,这些变量会自动消失,不保存在工作空间(Workspace)中;只有输入、输出变量保留在工作空间中。如果在某文件执行前,工作空间中已经有同名的变量名,系统会把两者看做是各自无关的变量,不会混淆。这样,在调用子程序时就不必考虑其中的变量与程序冲突的问题了。如果希望几个函数文件共用一个变量,就要在这些函数文件中将这个变量定义成全局变量,在这个变量前用关键字 global 来作出声明。

我们可以通过下述程序,将相对论能量、相对论动能与经典能量、经典动能关系进行比较。我们知道,对于静止质量为 m_0 的物体,其相对论能量和相对论动能分别为 $E=mc^2$ 和 $E_k=mc^2-m_0c^2$,其中 $m=\dfrac{m_0}{\sqrt{1-\dfrac{v^2}{c^2}}}$,$c$ 为真空中光速,这两个公式若用手工计算很麻烦,这里将相对论能量用一个函数文件表示,以便在主程序中调用。

函数程序 energy.m 如下:

```
function E=energy(m0,c,v)
E=m0*c^3./sqrt(c^2-v.^2);
```

主程序 re.m 如下:

```
clear all
m0=[9.1e-31,1.67e-27];              % 电子及中子质量
c=3e8;                              % 光速
v=[0:0.001:0.99]*c;                 % 速度设定
E=energy(m0(1),c,v);                % 调用能量函数计算电子能量
```

```
figure                                          % 画相对论能量图
plot(v,E,'LineWidth',2)
grid on
xlabel('v/m')
ylabel('E/J')
title('Relativistic Energy(Electron)','FontSize',14)
Ek=energy(m0(2),c,v)-m0(2)*c^2;             % 再调用能量函数计算中子动能
En=(m0(2)*v.^2)/2;                              % 计算中子经典动能
figure                                          % 画动能比较图
plot(v,Ek,'r:','LineWidth',3)
hold on
plot(v,En,'b-.','LineWidth',2)
axis([0,1.01*c,-0.1e-9,0.91e-9])
grid on
xlabel('v/m')
ylabel('E_k/J')
legend('E_k=mc^2-m_0c^2','E_k=m_0v^2/2',2)
title('Kinetic Energy(Neutron)','FontSize',14)
```

程序所表示的物理过程请读者仔细阅读其注释，运行后得到的图形如图 4.2.1 和图 4.2.2 所示。这里仍提醒读者注意观察一下，程序运行完之后在工作空间（Workspace）中保留的变量。

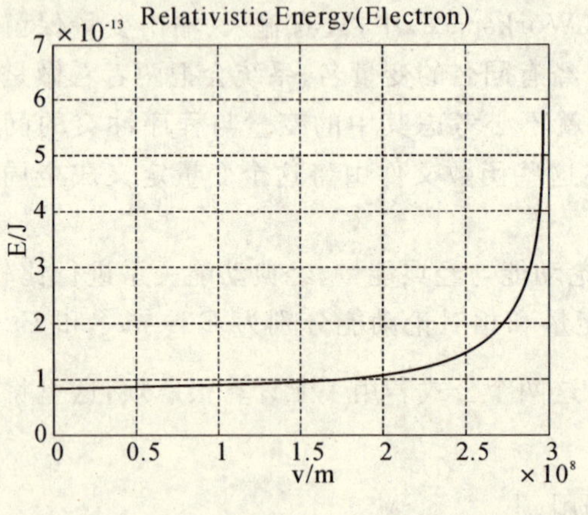

图 4.2.1

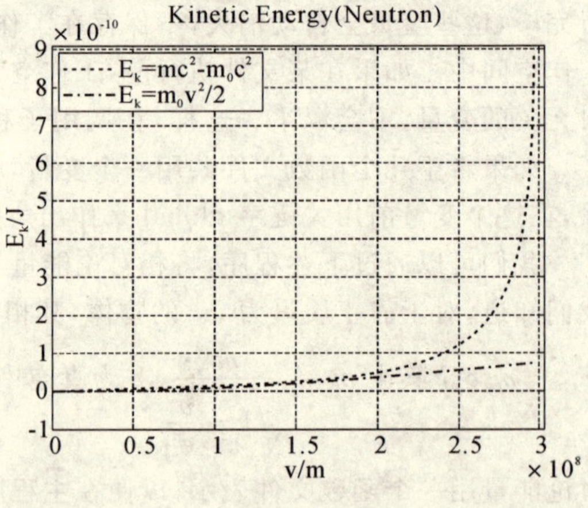

图 4.2.2

程序中的运算都采用了元素群算法，以保证函数调用时可按元素群进行。如前面章节所述，MATLAB 中几乎所有的函数都能用元素群运算，因此在自编的程序中也要满足元素群算法的要求。

4.3 流程控制

通常计算机代码可以分为三种结构：顺序结构、选择结构和循环结构。本节主要讨论编写具有选择结构和循环结构的代码。

计算机通常都是从前到后逐条执行的，这是顺序结构。但是有时根据实际情况，需要中途改变执行次序，这就是所谓的流程控制。

选择结构允许用户在编制程序时选择某种条件成立时执行一组命令，而在条件不成立时执行另一组命令。选择语句提供了根据逻辑条件选择执行路径的方法，所判断的条件通常包含关系运算符、逻辑运算符或函数。

循环结构用于使一组语句重复执行多次，重复的次数取决于某个计数器或对某个逻辑条件的判断。

4.3.1 关系运算符和逻辑运算符

关系运算符主要用来比较数与数、矩阵与矩阵之间的大小，并返回真(用1表示)、假(用0表示)。基本的关系运算符主要有6个：大于(＞)、小于(＜)、大于等于(＞＝)、小于等于(＜＝)、等于(＝＝)、不等于(～＝)。

逻辑运算主要有3种：与(&)、或(|)、非(～)，逻辑运算结果以1表示真，以0表示假。

4.3.2 选择结构

MATLAB提供了三类选择结构：find语句、if语句和switch语句。

1. find语句

find是MATLAB特有的命令，常用于代替if结构。

如果 ***X*** 为矩阵，I＝find(表达式)，则返回满足表达式的一个一维矩阵，该一维矩阵中的元素为 ***X*** 矩阵中元素的索引号(下标)。若表示为[row,column]＝find(表达式)，则返回 ***X*** 矩阵中满足表达式元素的行和列的索引号。这些索引号可以用于后续的命令中。

如在命令窗口输入

```
>> x=[1,2,3;10,5,1;3,12,3;8,3,1]
```

返回

```
x=

     1     2     3
    10     5     1
     3    12     3
     8     3     1
```

输入

```
>> i=find(x>=10)
```

返回

```
i=

     2
     7
```

正如第2章中讨论过的，MATLAB是一个列优先的语言，find语句返回的索引号也是按列进行的，x(2)和x(7)其实就是x(2,1)和x(3,2)。

若如下面方式输入

```
>> [r,c]=find(x>=10)
```

返回

```
r=
     2
     3
c=
     1
     2
```

返回的是元素所在行和列。

下面利用 find 命令创建一个信号处理中常用的 sinc 函数，并在指令函数中调用它。这个函数的形式是 $f(x)=\dfrac{\sin x}{x}$，当 x 的值为 0 时，函数具有不定式“$\dfrac{0}{0}$”的形式，根据洛必达法则，当 $x=0$ 时，函数值为 1。由于 MATLAB 已经定义了类似的函数，为了避免冲突，我们用程序 sincx.m 创建函数 sinc(x)。

```
function f=sincx(x)
%This function calculates the value of sinc,
%using the definition sin(x)/x
set1=find(abs(x)<0.0001);
f(set1)=1;
set2=find(abs(x)>=0.0001)
f(set2)=sin(x(set2))./x(set2);
```

然后再利用 sp.m 调用自建的 sinc 函数并画图。

```
clear all
close all
x=-5*pi:pi/100:5*pi;
y=sincx(x);
plot(x,y,'r','LineWidth',1.8)
grid on
title('Sinc Function')
xlabel('x')
ylabel('Sinc(x)')
```

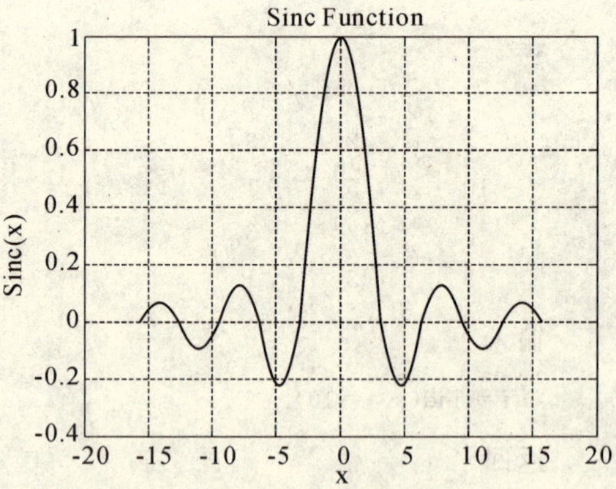

图 4.3.1

得到的图形如图 4.3.1 所示。

2. if 语句

if 语句的格式为

```
if      表达式 1
        语句组 1
elseif  表达式 2
        语句组 2
```

```
else
        语句组 3
end
```

在执行此语句时，如果表达式 1 为真，则执行语句组 1，如果为假，则判断表达式 2 是否为真，如果为真，则执行语句组 2，否则向下执行。上述结构还可以简化为 if - end 或 if - else - end 结构。

下面的程序利用 if 语句，解决摄氏温度与华氏温度的转换问题。因为摄氏变华氏转换公式为 $T_F=\frac{9}{5}T_C+32$，华氏变摄氏转换公式为 $T_C=\frac{5}{9}(T_F-32)$，程序中通过 if 和 else if 语句先判断输入数字是否为 1 和 2，若是则选择对应的公式进行温度转换，若为其他数字则显示出错信息并退出。

温度转换程序 tc.m 如下。

```
clear all
k=input('1:摄氏转华氏;2:华氏转摄氏.请键入数字:');
if k==1
    T=input('请输入待转换的温度:');
    Tout=(9/5)*T+32;
    disp([num2str(T),'摄氏度','转换后为:',num2str(Tout),'华氏度'])
elseif k==2
    T=input('请输入待转换的温度:');
    Tout=(5/9)*(T-32);
    disp([num2str(T),'华氏度','转换后为:',num2str(Tout),'摄氏度'])
else
    disp('输入错误')
end
```

在 MATLAB 命令窗口做如下输入：

```
>> tc
1:摄氏转华氏;2:华氏转摄氏.请键入数字:1
请输入待转换的温度:39.4
39.4 摄氏度转换后为:102.92 华氏度
```

3. switch 语句

switch 语句的格式为

```
switch 表达式
case     值 1
         语句组 1
case     值 2
         语句组 2
……
otherwise
         语句组 n
end
```

在执行此语句时，当 switch 后表达式的值(或字符串)与某 case 语句中的值(字符串)相同时，它就执行该 case 语句后的语句组，每次只执行一个语句组，执行完一个语句组就跳出 switch 语句，执行 end 后的语句；如果没有任何一个 case 值与表达式值相符，则将执行 otherwise 后面的语句组 n，而后跳出 switch 语句，转而执行 end 之后的语句。

4.3.3 循环结构

MATLAB 提供了两类循环结构：while 语句和 for 语句。

1. while 语句

while 语句的格式为

```
while   表达式
        语句组
end
```

执行此语句时，计算机先判断 while 后的表达式是否为真，是真则执行语句组，到 end 后，程序跳转至 while，再判断表达式是否为真，再执行作为循环体的语句组；周而复始，直到表达式为假时，才退出循环进而执行 end 之后的程序语句。while 语句的特点是只要满足条件，运算就会一直进行下去，所以初学时容易出错而造成死循环，一旦造成死循环可以用 Ctrl＋C 键来终止，然后通过调试使之合理运行。

根据量子力学的基本知识可以知道，粒子在宽度为 a 的一维无限深势阱中运动时，应用一维定态薛定谔方程，可以求解出其波函数为：$\Psi(x)=\sqrt{\frac{2}{a}}\sin\frac{n\pi}{a}x$ 。由此可得粒子在势阱中的概率密度为：$|\Psi(x)|^2=\frac{2}{a}\sin^2\frac{n\pi}{a}x$，其中 $0<x<a$，$n=1,2,3,\cdots$。

下面以 switch 语句和 while 语句相结合，通过程序 pw.m 绘制一维无限深势阱中粒子的概率密度分布图。

程序 pw.m 如下：

```
%绘制一维无限深势阱概率密度
clear all
close all
x=linspace(0,1e-10);
k=0;
i=0;
str{1}='k';                    %颜色及线型
str{2}='b:';
str{3}='r--';
while k~=4
k=input('输入一个 1~3 的数字：');
    switch k
    case 1
        y=prob(k,x);  %n=1 时概率密度
    case 2
        y=prob(k,x);  %n=2 时概率密度
```

```
        case 3
            y=prob(k,x);   %n=3 时概率密度
        otherwise
            disp('输入错误,退出按 4 键')
    end
    if (k>=1&k<=3)
        figure(gcf);            %画图
        plot(x,y,str{k},'LineWidth',1.8)
        hold on
    title('Probability density in the 1-dimensional potential well')
    xlabel('x')
    ylabel('\Psi^2')
    end
    end
```

其中调用的函数文件 prob.m,是用来计算不同量子数下概率密度的函数值。

函数程序 prob.m 如下:

```
function g=prob(k,x)
a=1e-10;                %一维势阱宽度
g=(2/a)*(sin(k*pi*x/a)).^2;
```

在命令窗口按程序提示进行相应输入后,得到图形如图 4.3.2 所示。

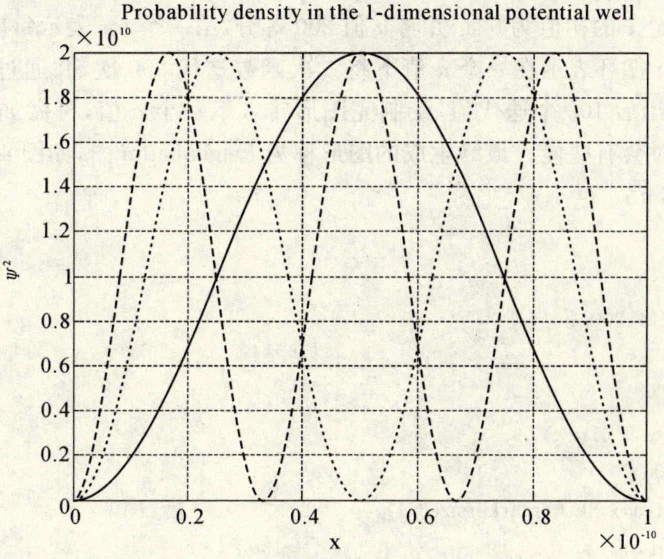

图 4.3.2

由于粒子在不同能量约束下,可以有不同的波函数及相应的概率密度,读者只要根据具体情况将函数文件改写成所需形式,就可以用同一个指令程序调用它,来绘制指定情形下概率密度分布或波函数分布的图形了。

2. for 语句

for 语句的格式为

```
for     循环变量=初值:增量:终值
        语句组
end
```

for 循环语句把语句组,也就是循环体反复执行,执行的次数为

$$N=1+(\text{终值}-\text{初值})/\text{增量}$$

循环增量的默认值为 1,用户自己设定增量时,可以是任意正实数或负实数。增量为正实数时,表示循环变量大于终值时循环停止;当增量为负实数时,表示循环变量小于终值时循环停止。

下面举一个用 for 语句编程的例子。数学家在对二次函数进行迭代研究时,发现多次迭代的结果产生了类似随机行为的奇特现象,这也就是所谓的"混沌现象"。

计算发现,对形如 $f(x)=ax(1-x)$ 的二次函数进行迭代,当 $3<a<3.449489$ 时方程有两个吸引的循环不动点,类似的,

当 $3.449489<a<3.544090$ 时,有 4 周期循环点;

当 $3.544090<a<3.564407$ 时,有 8 周期循环点;

当 $3.564407<a<3.568759$ 时,有 16 周期循环点;

……

当 $a>3.569954672$ 时,迭代将出现混沌。

为了将上述规律直观地表现出来,我们通过程序 feig. m 进行二次函数的迭代计算,并调用 MATLAB 的图形指令函数,将计算结果绘出。根据数学上的推证,迭代时要求:$0\leqslant a\leqslant 4$,$0\leqslant x\leqslant 1$,所以程序 feig. m 设定 x 的初值为 0.4,并将 a 值 200 等分,第一个 for 表示每次循环从某一个 a 值开始迭代,第二个 for 循环表示在一个 a 值下将二次函数迭代 200 次,并通过 if—end 结构,忽略前 100 个迭代,只绘出后 100 个迭代值,绘制完图形转入下一个 a 值,再做如上迭代。由于是嵌套的 for 循环,运行时会有些慢。最终生成的图形称为 Feigenbaum 图,如图 4.3.3 所示。

程序 feig. m 如下:

```
clear all
x0=0.4;
for a=linspace(2,4,200);
    x=x0;
    for i=1:200;
        x=a.*x.*(1-x);
        if i>100
            plot(a,x,'k.','markersize',4);
            hold on
        end
    end
end
xlabel('a')
ylabel('x')
title('Feigenbaum graph')
```

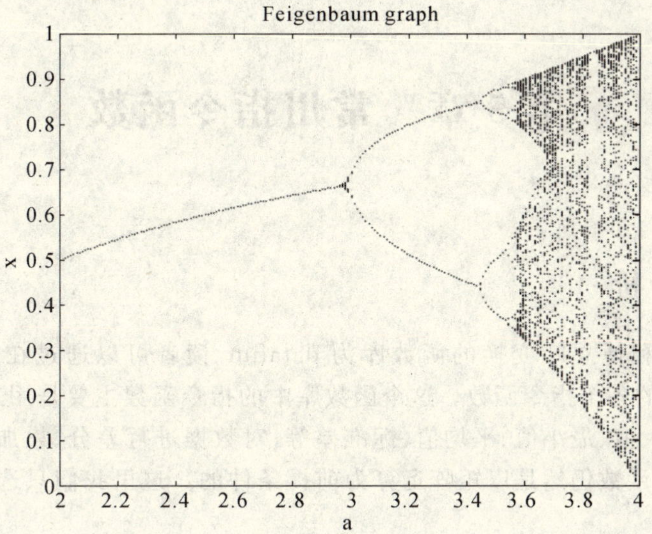

图 4.3.3

4.3.4　程序调试

MATLAB 提供的 M 文件编辑器(M-file Editor)把编辑与调试结合在一起,使用起来很方便。

初学者都会遇到这样的问题:兴冲冲地编好一个程序,运行后都在 MATLAB 命令窗口以红颜色给出一串错误提示。这时千万不要灰心丧气,冷静下来,其实问题不外乎出现在两个方面:一个是数理模型建立得不合理,一个是程序输入有问题。建立模型的问题这里不做讨论,下面只初步讨论一些程序调试的问题。

在调试指令文件时,一般不需要用专门的调试命令,因为 MATLAB 的查错能力很强,如前所述,指令文件运行后,运行过程产生的变量都保存在工作空间(Workspace)中,用户通过查询工作空间中保存的变量,就可以很方便地将指令文件调试好。

在调试函数文件时,虽然系统会给出一些错误提示,但是由于函数文件中的变量不被保存在工作空间中,调试仍有很多困难。通常可以采用如下一些措施:

(1)把某些语句后的分号去掉,使中间过程能够显示在屏幕上,以作为查错的线索;

(2)在某些语句前临时加上注释符号%,不让系统执行,以此判断问题所在;

(3)数理模型多数是用元素群概念进行变量处理的,检查是否将矩阵运算符错误地用在了元素群运算上;

(4)在函数文件的第一行前加上注释符号%,使它成为指令文件,需要输入参量时用 input 或赋值语句代替,调试好再改回函数文件;

(5)使用 MATLAB 提供的 11 条调试命令也可以用来调试程序,但是当程序不长的情况下,调试命令反而比较麻烦。初学时可以不予使用,这里也不再做讨论。

第5章 常用指令函数

5.1 数据分析

包含数据分析和傅立叶变换的函数库为 datafun，读者可以通过在命令窗口键入 help datafun来查看其中的各个指令函数。这个函数库中的指令函数主要是用来处理离散变量的，如求一组数据的最大值、最小值、平均值、标准差等；对数据进行差分、累加、滤波、傅立叶变换等。当然，这些指令函数仍然是以矩阵运算为前提条件的。这里我们只选出几个常用的指令函数加以介绍。

5.1.1 计算差分的 diff 指令函数

diff 指令的格式为

diff(X)和 diff(X,n,dim)

diff(X)指令函数作用于一个向量 ***X*** 时，用于计算向量中相邻元素的差，diff 返回[X(2)－X(1),X(3)－X(2),…,X(n)－X(n－1)]，其结果是比原向量少一个元素的向量；当它作用于一个矩阵 ***X*** 时，是按照列优先的原则，diff 返回[X(2:m,:)－X(1:m,:)]，就好像每一列是一个向量一样，求矩阵的列元素之差。

diff(X,n,dim)是该指令函数的通用形式，表示沿 dim 指定的维度(dim＝1 沿列，dim＝2 沿行)进行 *n* 次差分。如果 *n*＞＝dim 维的元素数，则返回空矩阵。

为了说明 diff 指令函数的用法，我们在 MATLAB 命令窗口输入

```
>> X=[4,3,6,7,2,1,5,8];
>> diff(X)
ans=

    -1    3    1    -5    -1    4    3

>> diff(X,2)
ans=

    4    -2    -6    4    5    -1

>> diff(X,2,1)
ans=

Empty matrix: 0-by-8
```

若输入

```
>> Z=[1,3,5;0,2,4];
>> diff(Z,1,2)
ans=

   2    2
   2    2

>> diff(Z,2,2)
ans=

   0
   0

>> diff(Z,3,2)
ans=

   Empty matrix: 2-by-0
```

通过 diff 指令函数可以做导数的近似计算，下面的程序 df. m 就是通过调用 diff 指令函数，计算多项式函数 $f(x)=x^5-3x^4-16x^3+25x^2+5x+21$ 在区间[−4,5]的导数，并求出了函数极值对应的 x 值，df. m 程序如下。

```
clear all
x=-4:0.1:5;
y=x.^5-3*x.^4-16*x.^3+25*x.^2+5*x+21;
dy=diff(y)./diff(x);                          %求导
xd=x(2:length(x));
plot(x,y,'k',xd,dy,'b:','LineWidth',1.5)      % 绘图
axis([-4,5,-400,400])
grid on
legend('y=f(x)','df/dx')
s=dy(1:length(dy)-1).*dy(2:length(dy));      % 求极值对应的临界点
c=xd(find(s<0));
c
```

运行后在命令窗口得到

```
c=

   -2.6000   -0.1000    1.0000    4.1000
```

得到的图形如图 5.1.1 所示。

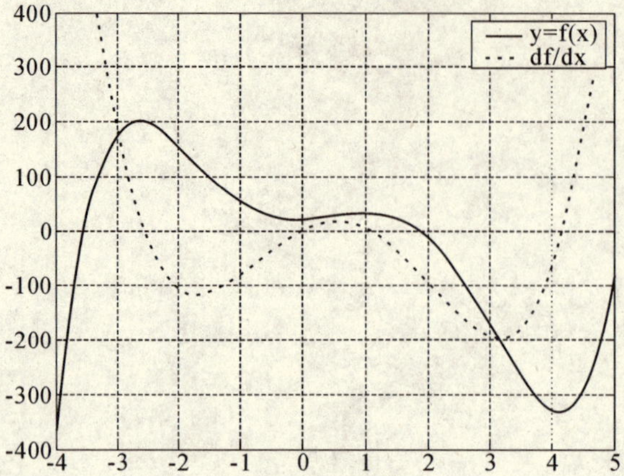

图 5.1.1

5.1.2 计算近似梯度的 gradient 指令函数

gradient 指令的格式为

```
[fx,fy]=gradient(f)
[fx,fy]=gradient(f,h)
[fx,fy]=gradient(f,hx,hy)
```

其中：

f	求梯度的矩阵，如果 f 是矢量时，梯度指令函数作用的结果，df＝gradient(f, h)可作为导数的近似数值计算公式
fx,fy	分别代表 df/dx，df/dy
h	表示各个方向求梯度的增量，默认值为 1
hx,hy	表示在 x，y 方向求梯度的增量

该指令函数还可以计算三元函数及多元函数的梯度，这里就不再详述。

根据物理学中的电学知识可知：两根电荷线密度分别为$\pm\lambda$，与 z 轴平行，分别置于 $x=\pm a$，$y=0$ 的平行无限长带电线，若以 $x=0$，$y=0$ 为电势零点，由对称性，其在 xy 平面的电势分布为：

$$U=\frac{\lambda}{2\pi\varepsilon_0}\ln\frac{a}{\sqrt{(x-a)^2+y^2}}-\frac{\lambda}{2\pi\varepsilon_0}\ln\frac{a}{\sqrt{(x+a)^2+y^2}}=\frac{\lambda}{4\pi\varepsilon_0}\ln\frac{(x+a)^2+y^2}{(x-a)^2+y^2}$$

下面的程序 grad.m 中，设两平行带电线分别位于 $x=\pm1$，$y=0$，且与 z 轴平行，为简单起见，令 $\lambda=4\pi\varepsilon_0$。由于 $E=-\mathrm{grad}U$，通过调用指令函数 gradient，对上述电势求梯度，得出电场强度，并由此绘出电场及电势在空间的分布图，结果如图 5.1.2 所示。

程序 grad.m 如下：

```
clear all
h=0.41;
x=-5:h:5;
y=-5:h:5;
[X,Y]=meshgrid(x,y);
V=log(((X+1).^2+Y.^2)./((X-1).^2+Y.^2));        % 电势
```

```
subplot(1,2,1)
mesh(X,Y,V)
[Ex,Ey]=gradient(-V,h);    % 求电场
axis square
title('Electric Potential')
xlabel('x')
ylabel('y')
zlabel('V')
subplot(1,2,2),
contour(X,Y,V,[-2.5,-2,-1.5,-0.9,-0.3,0,0.3,0.9,1.5,2,2.5])    % 绘等势面
axis([-4,4,-4,4])
hold on
quiver(x,y,Ex,Ey,1.5)    % 画电场线
axis square
title('E-field vs equipotential surfaces')
xlabel('x')
ylabel('y')
```

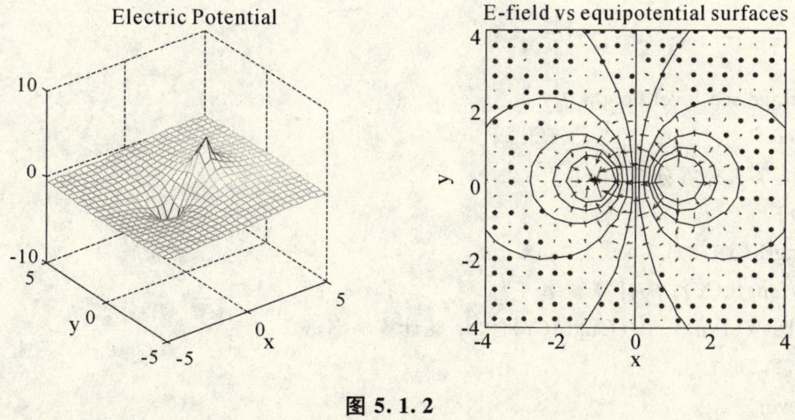

图 5.1.2

5.1.3 计算快速傅立叶变换的 fft 指令函数

fft 的指令格式是

```
fft(x)
fft(x,N)
fft(x,[ ],dim)
fft(x,N,dim)
```

x 是待变换的时域信号数据，如果 x 是矩阵，则 fft 是对每一列进行的；N 表示进行变换时规定的点数，N 的默认值为所给数据 x 的长度。当 N 取 2 的整数幂时变换的速度最快。如果 N 大于 x 的长度，变换时多出的点用零补充；如果 x 大于 N 的长度，则把多余的数据去除。后两条格式中的 dim 规定了变换时按指定的维进行。

逆变换 ifft 的格式与 fft 的格式相同。一般情况下，fft 求出的函数为复数，可用 abs 及 angle分别求其幅度和相位。

下面的程序 four. m 是一个关于傅立叶变换的例子。

科学家长期观测某海域海平面的年平均高度，这些数据我们置于数组 h 中，通过傅立叶变换将这些数据进行处理，将处理的结果图示，并通过计算从这组数据中发现一个规律：海平面年平均高度约每十年达到一个最高值。

程序 four. m 如下：

```
clear all
h=[5,11,16,23,36,58,29,20,10,8,3,0,0,2,11,27,47,63,60,39,28,...
        26,22,11,21,40,78,122,103,73,47,35,11,5,16,34,70,81,111,...
        101,73,40,20,16,5,11,22,40,60,80.9,83.4,47.7,47.8,30.7,...
        12.2,9.6,10.2,32.4,47.6,54,62.9,85.9,61.2,45.1,36.4,20.9,...
        11.4,37.8,69.8,106.1,100.8,81.6,66.5,34.8,30.6,7,19.8,92.5,...
        154.4,125.9,84.8,68.1,38.5,22.8,10.2,24.1,82.9,132,130.9,...
        118.1,89.9,66.6,60,46.9,41,21.3,16,6.4,4.1,6.8,14.5,34,...
        45,43.1,47.5,42.2,28.1,10.1,8.1,2.5,0,1.8]; %原始数据
i=1:112;
y(i)=i;
subplot(2,1,1)
plot(y,h)
grid on
title('Average sea level height')
Y=fft(h);
Y(1)=[]; %去掉零分频
length(Y);
n=fix(length(Y)/2);
f=(1:n)/length(Y); %计算频率
power=abs(Y(1:n)).^2/(length(Y).^2); %计算功率谱
subplot(2,1,2)
plot(f,power)
grid on
title('Power')
xlabel('f/s^{-1}')
T=1./f;
[dat i]=max(power); %用最大值函数求周期
T(i)
```

在 MATLAB 命令窗口运行后，显示

```
>> four

ans=

10.0909
```

即海平面年平均最高值出现的周期为 10.0909 年。

同时绘制图形如图 5.1.3 所示。

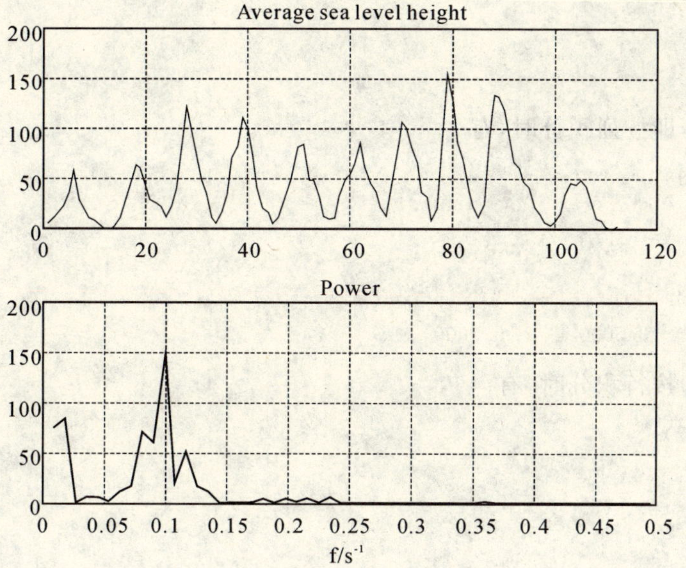

图 5.1.3

5.1.4　用梯形法计算数值积分的指令函数 trapz

trapz 的指令格式是

```
z=trapz(y)   或   z=trapz(y,dim)
z=trapz(x,y)   或   z=trapz(x,y,dim)
```

trapz 求积分可以看成是求和，其原理是梯形法：$S=\sum_{i=1}^{n}\frac{y(i)+y(i+1)}{2}\Delta x_i$，计算时默认步长为 1，如果步长小于 1，则积分结果要乘上相应的步长值。

如果 y 是矢量，trapz(y)是一个数；如果 y 是矩阵，trapz(y)对 y 的每列作积分，结果是一个行矢量。

trapz(x,y)计算 y 对 x 的梯形积分，x 和 y 的长度必须相同。trapz(y,dim)及 trapz(x,y,dim)是对 dim 指定的维进行积分，其中 x 的长度必须是 size(y,dim)。

为了解 trapz 指令函数的用法，我们在 MATLAB 命令窗口输入：

```
>> y=[1,3,5,2,4,6];
>> z=trapz(y)

z=

    17.5000
```

例子很简单，利用前面梯形积分公式，读者可以自行验算。

若输入

```
>> y=[1,3,5;2,4,6]
```

```
y=

    1    3    5
    2    4    6
```

则取 dim=1,即按列积分时,有

```
>> z=trapz(y,1)

z=

    1.5000    3.5000    5.5000
```

取 dim=2,即按行积分时,有

```
>> z=trapz(y,2)

z=

    6
    8
```

下面的程序 trap.m 是一个关于梯形积分的例子。程序根据一组 0°C 时氧气分子在不同速率区间速率分布几率的实验数据,绘制了实验曲线,同时计算了平均速率和均方根速率。

根据气体热动理论:若 N 为总分子数,ΔN 为 $v \sim v+\Delta v$ 间隔内的分子数,$f(v)$ 为速率分布函数,则 $\frac{\Delta N}{N}=f(v)\Delta v$。所以气体分子的平均速率为:$v_{ms}=\int_0^\infty vf(v)\mathrm{d}v$;均方根速率为:$v_{rms}=\sqrt{\int_0^\infty v^2 f(v)\mathrm{d}v}$。程序中用梯形积分指令函数 trapz,按照上述关系计算了平均速率和均方根速率。

程序 trap.m 如下:

```
clear all
v=0:100:1000;%速率区间
f=[0,0.014,0.081,0.165,0.214,0.206,0.151,0.092,0.048,0.020,0.009];%相应区间概率
plot(v,f,'LineWidth',1.8)
grid on
xlabel('{\itv/(m/s)}')
ylabel('{\itf(v){\Delta}v}')
title('The speed distrubutions of O_2')
vms=trapz(v.*f) %计算平均速率
vrms=sqrt(trapz(v.^2.*f)) %计算均方根速率
```

在 MATLAB 命令窗口键入

```
>> trap
```

则返回平均速率和均方根速率值

```
vms=

    471.6000
vrms=

    504.8069
```

同时绘出实验数据图形如图 5.1.4 所示。

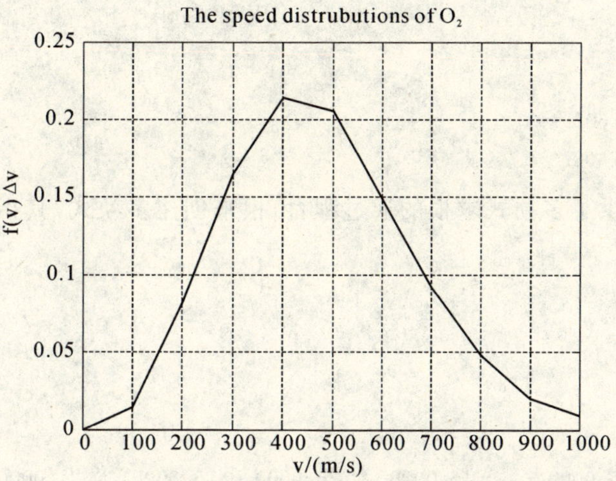

图 5.1.4

5.2　多项式

关于多项式计算的函数库为 polyfun，读者可以在 MATLAB 命令窗口键入 help polyfun 来查看其中的各个指令函数。这个函数库中的指令函数主要是用来处理多项式的，如多项式求根、多项式求值、多项式求导、多项式曲线拟合等；该函数库中常用的指令函数还有关于数据插值的，如一维插值、二维插值、三次样条函数插值等。这里我们只选几个常用的指令函数加以介绍。

多项式在 MATLAB 中是用降幂排列的系数向量来表示的，如多项式函数：$p = x^5 - 3x^4 - 16x^3 + 25x^2 + 5x + 21$，在 MATLAB 中表示为

```
>> p=[1,-3,-16,25,5,21];
```

下面我们以这个多项式为例，介绍有关的多项式计算。

5.2.1　多项式求导指令函数 polyder(p)

在 MATLAB 命令窗口输入

```
>> s=polyder(p)
```

返回

```
s=

    5     -12     -48     50     5
```

即多项式 p 的一阶导数为：$s = 5x^4 - 12x^3 - 48x^2 + 50x + 5$。

5.2.2 多项式求根指令 roots(p)

在命令窗口输入

```
>> r=roots(p)
```

则返回多项式 p 的根

```
r=

    5.1062
   -3.5388
    1.8622
   -0.2148+0.7602i
   -0.2148-0.7602i
```

MATLAB 还提供了多项式求根的逆过程，由根来创建多项式，其指令函数名为 poly(p)，在命令窗口输入

```
>> p=poly(r)
```

则返回

```
p=

   1.0000   -3.0000   -16.0000   25.0000   5.0000   21.0000
```

多项式求值 polyval(p,a)。

若要对多项式 p 计算其在 $x=a$ 时的值，在命令窗口输入

```
>> v=polyval(p,1.8622)
```

则返回

```
v=

-4.2258e-004
```

由于 $x=1.8622$ 是多项式 p 的一个根，按理应该返回 0，由于 MATLAB 进行的都是近似计算，返回的已经是趋近于 0 的一个很小的数值了。

在科学研究中，人们为了寻找自然现象所体现出的规律，通常利用实验的方法测出一系列有限的离散数据集 $\{(x_1,y_1),(x_2,y_2),\cdots,(x_n,y_n)\}$，而自变量 x 与因变量 y 对应的函数关系 $y=f(x)$ 往往不能直接写出，因此若要想知道观测点之外的数据，就需要根据已知数据来合理估计该点的函数值，或者用曲线将测量值拟合起来，MATLAB 提供了很多处理这种离散数据的命令，其中有拟合指令和插值指令，通过拟合的方法可以得到函数表达式，而通过插值的方法不能得到函数表达式，但能得到外推的数据点。

5.2.3 多项式拟合指令 p=polyfit(x,y,n)

其中 x，y 为需要拟合的数据，n 为拟合多项式的幂次，输出参数 $\boldsymbol{p}$ 为拟合多项式的系数向量，按降幂排列。拟合的准则是最小二乘法。

下面通过一个例子说明该指令函数的用法。

科研工作者为了测量某河水深与流速的关系，将测定的数据分别置于数组 h 和 v 中，通过拟合的方法可求出相应的经验公式。程序 pol. m 中用二次曲线拟合了这组数据，并将原始数据与拟合结果图示，以作比较。

程序 pol. m 如下：

```
clear all
h=0:0.1:0.9;%水深
v=[3.1950,3.2299,3.2532,3.2611,3.2516,3.2282,3.1807,3.1266,3.0594,2.9757];%流速
p=polyfit(h,v,2)%二次拟合
H=polyval(p,h);
plot(h,v,'o',h,H,'k','LineWidth',1.2)
grid on
title('Depth vs speed')
xlabel('H/m')
ylabel('V/(m/s)')
legend('Data','Polynomial of 2')
```

在 MATLAB 命令窗口输入

```
>> pol
```

返回

```
p=

    -0.7658     0.4428     3.1951
```

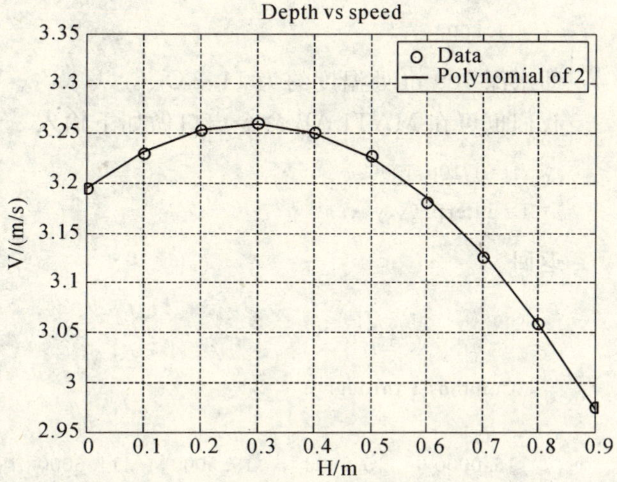

图 5.2.1

由此得到水深与流速之间关系的经验公式：$v=-0.7658h^2+0.4428h+3.1951$。

实验数据与拟合曲线对比关系如图 5.2.1 所示。

5.2.4　一维插值指令 yi=interp1(x,y,xi,method)

这里(x,y)是已知数据组，其中 x 是一维数组，y 是对应的函数值，其中自变量 x 必须是单调的；xi 是想要插入的自变量值，yi 是对应 xi 而生成的函数值。

插值的原理就是找出一个解析函数连接自变量相邻的两个点，并求得两点间的数值。MATLAB 提供了很多插值算法，用户可以通过插值指令函数中的 method 来做出选择。

'nearest'　线性最近插值

'linear'　线性插值(缺省设置)

'spline'　分段三次样条插值

'cubic'　立方插值

'pchip'　分段三次厄密插值

执行插值的函数指令时，xi 可以是单个元素也可以是一个数组。

下面通过一个例子说明插值指令函数的用法。

科学家在 50°N～50°S 的海域测量了海温随深度的变化规律，探测的深度置于数组 x=[0,200,400,600,800,1000](m)中，对应的水温为 y=[16.0,15.5,13.7,9.9,5.1,3.8](℃)。

若想知道 500 m 处的水温，由于该数据不是 x 中的元素，因此要执行插值命令，在 MATLAB 窗口输入

```
>>x=[0,200,400,600,800,1000];
>>y=[16.0,15.5,13.7,9.9,5.1,3.8];
>>T=interp1(x,y,500)
```

返回

```
T=

    11.8000
```

即水深 500 m 处温度约为 11.8℃。

我们也可在 MATLAB 命令窗口做如下输入

```
>> x1=0:100:1000;
>> T=interp1(x,y,x1)
```

返回

```
T=

  Columns 1 through 8

  16.0000    15.7500    15.5000    14.6000    13.7000    11.8000    9.9000    7.5000

  Columns 9 through 11

  5.1000    4.4500    3.8000
```

如此就可得到从海平面到水深 1000 m 处，每相隔 100 m 的水温值。

由于插值指令函数默认的插值算法为线性算法，其他插值算法特点如何，我们通过下面的例子进行比较。程序 inter.m 中将余弦函数的 17 个值作为数据样本，分别用四种插值算法计算插值并画出曲线，为作比较数据样本用小圆圈表示。

程序 inter.m 如下：

```
clear
x=[0:0.25*pi:4*pi];
y=cos(x);
xi=0:0.05*pi:4*pi;
yn=interp1(x,y,xi,'nearest');
yl=interp1(x,y,xi,'linear');
ys=interp1(x,y,xi,'spline');
yc=interp1(x,y,xi,'cubic');
subplot(2,2,1)
plot(x,y,'o',xi,yn)
title('nearest')
```

```
subplot(2,2,2)
plot(x,y,'o',xi,yl)
title('linear')
subplot(2,2,3)
plot(x,y,'o',xi,ys)
title('spline')
subplot(2,2,4)
plot(x,y,'o',xi,yc)
title('cubic')
```

得到的图形如图 5.2.2 所示。

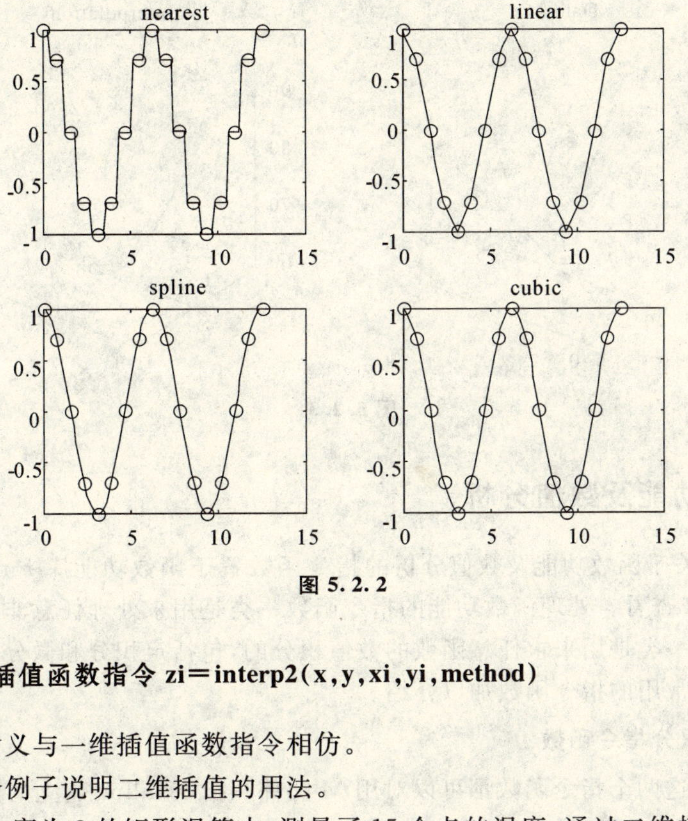

图 5.2.2

5.2.5　二维插值函数指令 zi=interp2(x,y,xi,yi,method)

其各参数的含义与一维插值函数指令相仿。

下面通过一个例子说明二维插值的用法。

在一个长为 5、宽为 3 的矩形温箱中，测量了 15 个点的温度，通过二维插值可将全箱的温度分布求出。

下面是程序 inter2.m：

```
clear all
x=1:5; %温箱长
y=1:3; %温箱宽
T=[82,81,80,82,84;79,63,61,65,81;84,84,82,85,86]; %测量温度值
subplot(1,2,1)
mesh(x,y,T)
axis square
```

```
title('Data')
xi=1:0.1:5;
yi=1:0.1:3;
[X,Y]=meshgrid(xi,yi);
Ts=interp2(x,y,T,X,Y,'spline'); %2 维插值
subplot(1,2,2)
mesh(X,Y,Ts)
axis square
title('Interpolation')
```

结果如图 5.2.3 所示。

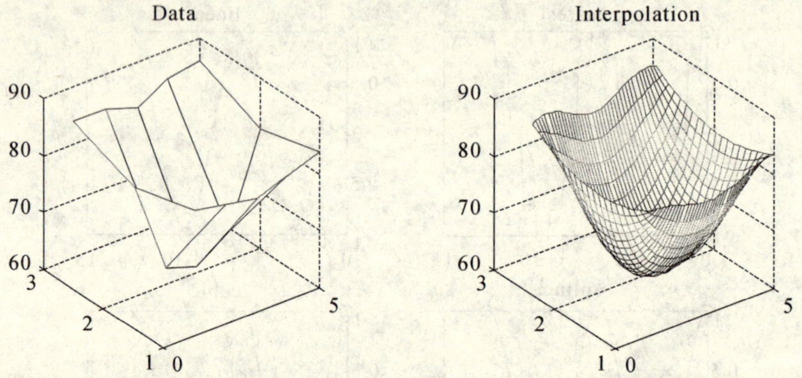

图 5.2.3

5.3 函数功能及数值分析

MATLAB 将关于函数功能及数值分析的指令函数置于函数功能库 funfun 中，读者可以通过 help funfun 来查看。处理函数功能的指令函数一类是用来处理任意非线性函数的，包括求极值、零点等；另一类是用来求任意函数的数值积分的，包括定积分和微分方程的数值解等。这里我们只选几个常用的指令函数加以介绍。

5.3.1 函数积分指令函数

quad 和 quadl 这两个指令函数都可以对用 M 文件和指令 inline 建立的函数作积分计算，两者使用的语句格式相同，但使用的算法不同，quad 用辛普森算法，quadl 用洛巴托算法，后者精度较高。

```
q=quad('fun',a,b,tol,trace,p1,p2,…)
```

fun—被积函数；

a,b—积分区域；

tol=[rel_tol abs_tol]—积分的相对精度和绝对精度；

trace—取 0 表示不用图形显示积分过程，非 0 表示用图形显示积分过程；

p1,p2,…—向函数传递的参数。

下面用函数积分指令来计算螺旋线的长度。

已知螺旋线：$x=\sin t$，$y=\cos t$，$z=t$，求该螺旋线在[0,2π]区间的长度。由弧长公式可知，该曲线长度为：$L=\int_0^{2\pi}\sqrt{\cos^2 t+\sin^2 t+1}\,dt$。

先在 MATLAB 命令窗口输入

```
>> t=0:0.1:2*pi;
>> plot3(sin(t),cos(t),t)
>> grid on
```

绘出螺旋线如图 5.3.1 所示。

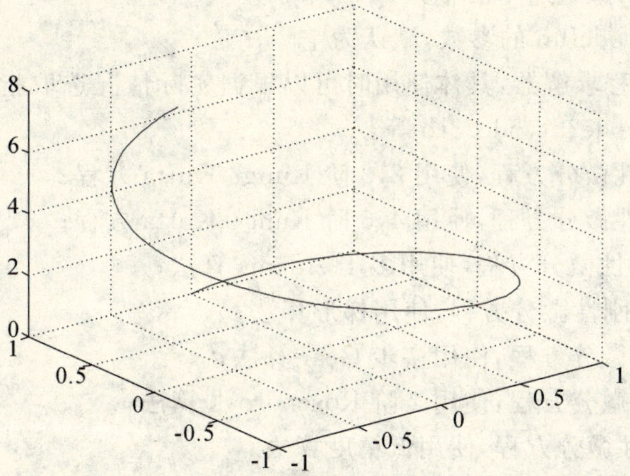

图 5.3.1

然后再输入

```
>> f=inline('sqrt(cos(t).^2+sin(t).^2+1)')
```

返回被积函数

```
f=

    Inline function:
    f(t)=sqrt(cos(t).^2+sin(t).^2+1)
```

调用函数积分指令函数 quad 和 quadl

```
>> L1=quad(f,0,2*pi)

L1=

    8.8858
>> L2=quadl(f,0,2*pi)

L2=

    8.8858
```

MATLAB 还有计算二重积分的指令函数 dblquad，其格式与一重积分类似，这里不再赘述。

5.3.2 求解常微分方程的指令函数

常微分方程的数值解法

[t,y]=odesolver(odefun,tspan,y0,options,p1,p2,…)

odefun—待求解的常微分方程文件名；

tspan—表示单调的积分区间 tspan=[t0,tfinal]或 tspan=[t1,t2,…,tf]；

y0—初始条件矢量；

options—优化选项，默认时不必输入；

p1,p2,…—传递给 odefun 的参数，默认为空[ ]；

odesolver—微分方程求解器，具体使用时可以根据实际情况选取指令函数 ode23,ode45,ode113,ode15s,ode23s,ode23t,ode23tb 等。

ode23 用于解非刚性微分方程，使用 2,3 阶 Runge-Kutta 方程；

ode45 用于解非刚性微分方程，使用 4,5 阶 Runge-Kutta 方程；

ode113 用于解非刚性微分方程，使用多步 Adams 算法；

ode23t 用于解适度刚性微分方程，使用梯形算法；

ode15s 用于解刚性微分方程，使用多步 Gear 算法；

ode23s 用于解刚性微分方程，使用 2 阶 Rosendrock 算法；

ode23tb 用于解刚性微分方程，使用低精度算法。

这里要适当解释微分方程的“刚性”。人们通常用微分方程(组)来描述自然界中某些客体的复杂变化过程，如果在一个过程中，不同的子过程变化速度相差非常大，在数学上称这种过程为“刚性”的，描述这种过程的微分方程(组)就称为刚性方程(组)，这种类型的问题在物理学、化学动力学、生物学、网络工程、控制系统工程中经常遇到。正是由于这种“刚性”的性质，使得传统的常微分方程数值解法遇到极大困难，MATLAB 为解决这类问题提供了一些解法程序。

其中优化选项 options 可以通过指令 odeset 来设定，其语句基本格式为

options=odeset('name1',value1,'name2',value2,…)

各参数项(name)及该参数相应的取值(value)可以通过命令窗口键入 odeset 来了解，下面就是全部参数及默认值，其中默认值用{}来表示。

```
      AbsTol: [ positive scalar or vector {1e-6} ]
      RelTol: [ positive scalar {1e-3} ]
 NormControl: [ on | {off} ]
   OutputFcn: [ function ]
   OutputSel: [ vector of integers ]
      Refine: [ positive integer ]
       Stats: [ on | {off} ]
 InitialStep: [ positive scalar ]
     MaxStep: [ positive scalar ]
```

BDF：[on | {off}]
MaxOrder：[1 | 2 | 3 | 4 | {5}]
Jacobian：[matrix | function]
JPattern：[sparse matrix]
Vectorized：[on | {off}]
Mass：[matrix | function]
MStateDependence：[none | weak | strong]
MvPattern：[sparse matrix]
MassSingular：[yes | no | {maybe}]
InitialSlope：[vector]
Events：[function]

键入 help odeset 可查看全部参数说明，下面只对几个常用参数加以说明。

RelTol　　相对误差，默认值为 10^{-3}

AbsTol　　绝对误差，默认值为 10^{-6}

OutputFcn　　输出方式，默认值为'odeplot'，其他选项有

odeplot 按时间顺序画出全部变量的解；

odephas2 画出二维相空间中两个变量的图形；

odephas3 画出三维相空间中三个变量的图形；

odeprint 打印输出

另外，可以通过指令 odeget 来获取优化选项中的参数取值信息。

初学时可以先按默认值来求微分方程的解，熟练之后再根据实际遇到的问题来设置相应的参数，或者利用 MATLAB 提供的 odefile 模板来进行更高级、更复杂的设定与计算。

物理学的很多规律都是用微分方程的形式给出的，而其中能够求出解析解的很有限，大多数要求数值解，因此微分方程的计算机解法就显得很重要。

用微分方程求解器求解微分方程的基本方法如下。

(1)首先建立描述客体规律的微分方程：$F\left(y,\frac{dy}{dt},\frac{d^2y}{dt^2},\cdots,\frac{dy^n}{dt^n},t\right)=0$，并确定初始条件；

(2)然后运用数学中的变量替换，令：$y_1=y, y_2=\frac{dy}{dt}, y_3=\frac{d^2y}{dt^2},\cdots,y_n=\frac{d^{n-1}y}{dt^{n-1}}$，把高阶微分方程转换成微分方程组，根据实际问题，选择一个合适的微分方程求解器，将求解的时间区间及初始条件传递给求解器，运行后就可以得到在指定时间区间上的解向量。

如一个质点做匀加速直线运动，按牛顿力学其满足的规律为：$\frac{dy^2}{dt^2}=5$，设 $t=0$ 时，$y_0=0$，$v_0=\frac{dy}{dt}=2$。

按上述方法，令：$y(1)=y, y(2)=\frac{dy}{dt}$，则将一元二次微分方程化为一阶常微分方程组

$$\begin{cases}\frac{dy(1)}{dt}=y(2)\\ \frac{dy(2)}{dt}=5\end{cases}$$

将这个方程组写成函数文件 newton.m，并存盘。

```
function ydot=newton(t,y)
ydot=[y(2);
     5];
```

然后编制一个文件名为 sv.m 的程序：

```
clear all
[t,y]=ode23('newton',[0:0.001:3.15],[0,2]);
subplot(1,2,1)
plot(t,y(:,1),'LineWidth',1.5)
xlabel('t')
ylabel('y')
title('y(t)')
grid on
subplot(1,2,2)
plot(t,y(:,2) ,'LineWidth',1.5)
xlabel('t')
ylabel('V')
title('V(t)')
grid on
```

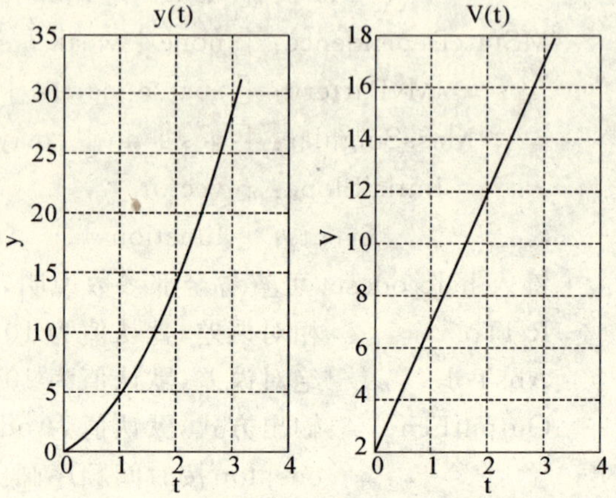

图 5.3.2

在 MATLAB 中运行就可以得到位移、速度随时间变化的曲线了，运行结果见图 5.3.2。

下面通过一个稍微复杂的例子说明求解微分方程指令的用法。

为了研究混沌现象，Rossler 在 1976 年建立了一个简单的微分方程组，其中只有一个非线性项 zx：

$$\begin{cases} \dfrac{dx}{dt} = -(y+z) \\ \dfrac{dy}{dt} = x + ay \\ \dfrac{dz}{dt} = b + z(x-c) \end{cases}$$

这里取 $a=b=0.2$，c 为分支参数，当 c 从 2 逐渐增加到 4.2 时，微分方程的解从简单的周期 1 振荡逐步变为一个倍周期分支系列，c 再增加则产生混沌现象。我们将 c 取为 5.7，用程序 ros.m 演示了 Rossler 吸引子。

程序 ros.m 如下：

```
[t,y]=ode23('rossfun',[0:0.01:60],[0,3,0.5]);
subplot(1,2,1)
plot3(y(:,1),y(:,2),y(:,3))
axis square
grid on
title('Rossler Attractor 3D graph')
xlabel('x')
ylabel('y')
zlabel('z')
```

```
subplot(1,2,2)
plot(y(:,1),y(:,2))
axis square
grid on
title('Rossler Attractor 2D graph')
xlabel('x')
ylabel('y')
```

其中待求的微分方程为一个独立的函数文件 rossfun. m：

```
function ydot=rossfun(t,y)
ydot=[-y(2)-y(3);
    y(1)+0.2*y(2);
    y(1)*y(3)-4*y(3)+0.2];
```

运行结果见图 5.3.3。

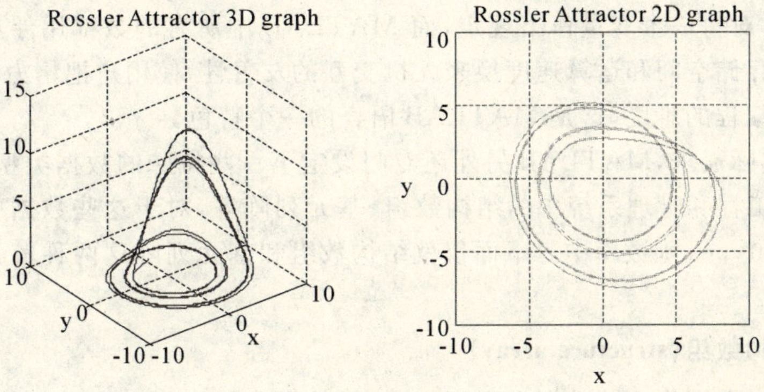

图 5.3.3

读者可以试着在程序中改变 Rossler 方程中的几个参数，看看会出现什么有趣的结果。

在 MATLAB 6. x 以上的版本，可以通过其提供的函数句柄@，将上述两个方程合并在一个程序中，使得编程更简化。

程序 rossler. m 如下：

```
function rossler
[t,y]=ode23(@rossfun,[0:0.01:60],[0,3,0.5]);
subplot(1,2,1)
plot3(y(:,1),y(:,2),y(:,3))
axis square
grid on
title('Rossler Attractor 3D graph')
xlabel('x')
ylabel('y')
zlabel('z')
subplot(1,2,2)
plot(y(:,1),y(:,2))
```

```
axis square
title('Rossler Attractor 2D graph')
xlabel('x')
ylabel('y')
function ydot=rossfun(t,y)
ydot=[-y(2)-y(3);
    y(1)+0.2*y(2);
    y(1)*y(3)-4*y(3)+0.2];
```

考虑到通用性，我们在后续的应用范例求解微分方程时，仍然保留函数名调用的方式，读者可以试着利用函数句柄方式将其简化改写。

5.4 数据类型

计算机运用的领域非常广泛，因此它要处理的数据类型也很多，在各种计算机语言中，一般都要在编程时对每一个变量作出规定，而 MATLAB 中所有的数都用浮点双精度型来存储和运算，以牺牲存储空间和运算速度换来人机交互的友善性，使用户把精力集中在建模和科学计算上，降低了编程的难度，这是 MATLAB 语言的一个特色。

但是根据实际需求，MATLAB 另外还专门设定了一些特殊的数据类型，如处理图像用的 unit8 及常用于工程和管理系统中的结构数组、基元列阵等，对于这些数据类型进行处理的指令函数放在 datatypes 函数库中。下面仅就结构数组和基元列阵这两种较为常用的数据类型作简单的介绍。

5.4.1 结构数组(structure array)

编程时，有时需要将一些数据类型不相同、但数据之间有相互联系的数据，组合成一个整体，以便于引用。如一个学生的学号、姓名、性别、家庭地址、成绩等可以分别用不同变量表示，但难以反映它们之间的联系，MATLAB 中结构数组正是为处理这样一类数据而设计的一种数据结构，它可以将不同类型的数据组织在一起形成一个组合项，在一个组合项里包含若干类型不同的数据项。结构数组是一种有域名的数据。

结构数组可以直接通过赋值语句来建立，如建立一个域名为 car 的结构数组，要求记录三个属性：type，color 和 length，可以在 MATLAB 命令窗口通过加域的方法产生，键入

```
>> car.type='M6'
car=
    type: 'M6'
>> car.color='red'
car=
    type: 'M6'
    color: 'red'
>> car.length=3.8
car=
    type: 'M6'
    color: 'red'
```

```
    length: 3.8000
```

另外，结构数组还可以通过指令语句：s＝struct('field1',values1,'field2',values2,…)来建立。其中 field1,field2 是域名，values1，values2 是相应的属性，属性元素要与域名相对应。域名是文本型的字符串，用引号括起来；属性元素用花括号括起来，其中的文本型字符串还要用引号，而标量数据不用加引号。

下面再用产生结构数组的指令来产生结构数组 car。

```
>> car=struct('type',{'M6','MG7'},'color',{'red','blue'},'length',{'3.8','3.5'})
car=

1x2 struct array with fields:
    type
    color
    length
```

输入

```
>> car(1)
```

则返回

```
ans=

    type: 'M6'
    color: 'red'
    length: '3.8'
```

输入

```
>> car(2)
```

则返回

```
ans=

    type: 'MG7'
    color: 'blue'
    lenth: '3.5'
```

对结构数组的操作指令还有 isfield, getfield, setfield, rmfield, fieldnames, deal, substruct 等，另外，结构数组还可以嵌套。结构数组有着广泛的用途，如在解非线性方程或解常微分方程时，解方程的条件往往就要用结构数组来表示。

5.4.2　基元列阵(cell array)

基元列阵是用来组织不同类型数据使之成为一个整体的另一种方法，它可将不同类型、不同维数的数组组合成一个大数组，与结构数组不同的是它不用域名，而是像矩阵那样用下标，与数值矩阵的区别在于用花括号代替方括号。

基元列阵可以直接通过赋值语句来建立。例如，下面四句指令将建立一个 2×2 的基元列阵 ***C***，键入

```
>> C(1,1)={'EOS400D'};
>> C(1,2)={1330834096};
>> C(2,1)={'DIGITAL'};
>> C(2,2)={[23,500;0,370]};
```

也可以用下面方法产生同样的基元列阵 ***C***。

```
>> C{1,1}='EOS400D';
>> C{1,2}=1330834096;
>> C{2,1}='DIGITAL';
>> C{2,2}=[23,500;0,370];
```

另外，还可以通过指令 C=cell(2,2)先定义一个 2×2 基元列阵，这时基元 ***C*** 的每一个元素都为空，然后就可以对每一个元素分别赋值了，如 C(2,1)={'DIGITAL'}等。

在 MATLAB 命令窗口可以通过变量名来了解前面创建的基元列阵的信息。

在命令窗口键入

```
>> C
```

则返回

```
C=

    'EOS400D'     [1.3308e+009]
    'DIGITAL'     [2x2 double]
```

若想查看某一个元素的内容，同调用矩阵元素一样，可以将它们调出来。如输入

```
>> C{2,2}
```

则返回矩阵

```
ans=

   23    500
    0    370
```

指令函数 celldisp 可以显示基元列阵的每个元素值；指令函数 cellplot 可画出基元列阵的元素结构图，使用户可以对自己定义的基元列阵有一个直观的认识。图 5.4.1 就是指令 cellplot(C)画出的基元列阵 ***C*** 的结构图。

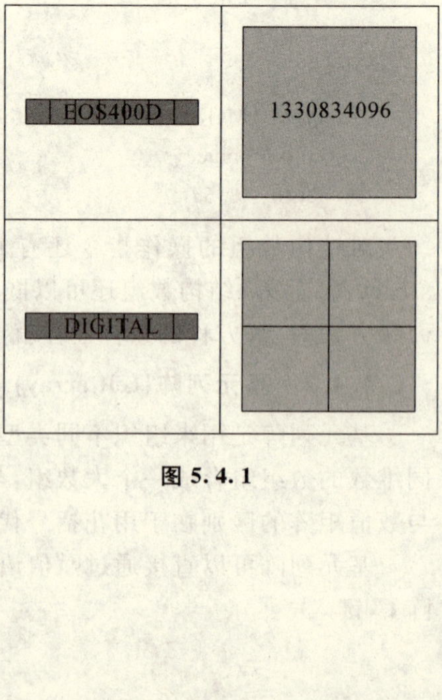

图 5.4.1

基元列阵有着广泛的用途，如用模板 odefile 方法求解微分方程时，一些求解条件的设定，求解微分方程时优化选项 odeset 的设定等都要用到基元列阵，在后续的应用范例中很多程序也用到了基元列阵，请读者参考其中的用法。

下 篇

MATLAB 大学物理应用范例

第 6 章　质点运动学

6.1　概念及规律

6.1.1　参考系、位置矢量和位移

参考系：为了确定物体的位置和描述其运动而选作标准的另一物体或一组相对静止的物体系。

坐标系：是参考系的数学抽象，以此定量描述物体的运动。坐标系有直角坐标系、极坐标系、球坐标系、柱坐标系和自然坐标系等。

位置矢量(位矢)：描述质点空间位置的物理量，通常是从坐标原点指向质点所在位置的矢量。

在**直角坐标系**中，位置矢量为

$$\vec{r} = x\vec{i} + y\vec{j} + z\vec{k}$$

其中 $\vec{i}$，$\vec{j}$ 和 $\vec{k}$ 分别为 x，y 和 z 轴的单位矢量，是常矢量。

在**极坐标系**中，位置矢量为

$$\vec{r} = r\vec{e}_r$$

其中 $\vec{e}_r$ 为径向单位矢量，是变矢量。

运动方程：位置矢量随时间变化的关系式。

在**直角坐标系**下质点运动方程为

$$\vec{r}(t) = x(t)\vec{i} + y(t)\vec{j} + z(t)\vec{k}$$

位移：在 Δt 时间间隔内位置矢量的增量。

$$\Delta\vec{r} = \vec{r}(t+\Delta t) - \vec{r}(t)$$

6.1.2　速度

描述质点位置矢量大小和方向变化快慢的物理量。

平均速度：在 Δt 时间间隔内的位移为 $\Delta\vec{r}$，那么在此时间间隔内质点的平均速度为

$$\bar{\vec{v}} = \frac{\Delta\vec{r}}{\Delta t}$$

瞬时速度：当 $\Delta t \to 0$ 时，平均速度的极限值，称为瞬时速度，简称速度。

$$\vec{v} = \lim_{\Delta t\to 0}\bar{\vec{v}} = \lim_{\Delta t\to 0}\frac{\Delta\vec{r}}{\Delta t} = \frac{\mathrm{d}\vec{r}}{\mathrm{d}t}$$

速度是矢量，它的方向沿运动轨道上质点所在处的切线方向，并指向质点前进的一侧。

在**直角坐标系**中瞬时速度为

$$\vec{v} = \frac{\mathrm{d}x}{\mathrm{d}t}\vec{i} + \frac{\mathrm{d}y}{\mathrm{d}t}\vec{j} + \frac{\mathrm{d}z}{\mathrm{d}t}\vec{k} = v_x\vec{i} + v_y\vec{j} + v_z\vec{k}$$

在**极坐标系**中瞬时速度为

$$\vec{v}=\frac{\mathrm{d}\vec{r}}{\mathrm{d}t}=\frac{\mathrm{d}(r\vec{e}_r)}{\mathrm{d}t}=\frac{\mathrm{d}r}{\mathrm{d}t}\vec{e}_r+r\frac{\mathrm{d}\theta}{\mathrm{d}t}\vec{e}_\theta=v_r\vec{e}_r+v_\theta\vec{e}_\theta$$

这里，$\vec{e}_r$ 为径向单位矢量，$\vec{e}_\theta$ 为角向单位矢量或横向单位矢量，两者都是变矢量。其中利用了关系式：$\frac{\mathrm{d}\vec{e}_r}{\mathrm{d}t}=\frac{\mathrm{d}\theta}{\mathrm{d}t}\vec{e}_\theta$。

在**平面自然坐标系**中瞬时速度为

$$\vec{v}=v\vec{e}_t$$

其中 $\vec{e}_t$ 为切向单位矢量，是变矢量。

6.1.3　加速度

描述质点速度大小和方向变化快慢的物理量。

平均加速度：在 Δt 时间间隔内的速度增量为 $\Delta\vec{v}$，那么质点在 Δt 时间内的平均加速度为

$$\overline{\vec{a}}=\frac{\Delta\vec{v}}{\Delta t}$$

瞬时加速度：当 $\Delta t\to 0$ 时，平均加速度的极限值，称为瞬时加速度，简称加速度。

$$\vec{a}=\lim_{\Delta t\to 0}\overline{\vec{a}}=\lim_{\Delta t\to 0}\frac{\Delta\vec{v}}{\Delta t}=\frac{\mathrm{d}\vec{v}}{\mathrm{d}t}=\frac{\mathrm{d}^2\vec{r}}{\mathrm{d}t^2}$$

在**直角坐标系**中的加速度为

$$\begin{aligned}\vec{a}&=\frac{\mathrm{d}v_x}{\mathrm{d}t}\vec{i}+\frac{\mathrm{d}v_y}{\mathrm{d}t}\vec{j}+\frac{\mathrm{d}v_z}{\mathrm{d}t}\vec{k}=\frac{\mathrm{d}^2x}{\mathrm{d}t^2}\vec{i}+\frac{\mathrm{d}^2y}{\mathrm{d}t^2}\vec{j}+\frac{\mathrm{d}^2z}{\mathrm{d}t^2}\vec{k}\\&=a_x\vec{i}+a_y\vec{j}+a_z\vec{k}\end{aligned}$$

在**极坐标系**中的加速度为

$$\vec{a}=\frac{\mathrm{d}\vec{v}}{\mathrm{d}t}=\left[\frac{\mathrm{d}^2r}{\mathrm{d}t^2}-r\left(\frac{\mathrm{d}\theta}{\mathrm{d}t}\right)^2\right]\vec{e}_r+\left(2\frac{\mathrm{d}r}{\mathrm{d}t}\frac{\mathrm{d}\theta}{\mathrm{d}t}+r\frac{\mathrm{d}^2\theta}{\mathrm{d}t^2}\right)\vec{e}_\theta=a_r\vec{e}_r+a_\theta\vec{e}_\theta$$

其中利用了关系式：$\frac{\mathrm{d}\vec{e}_r}{\mathrm{d}t}=\frac{\mathrm{d}\theta}{\mathrm{d}t}\vec{e}_\theta$ 及 $\frac{\mathrm{d}\vec{e}_\theta}{\mathrm{d}t}=-\frac{\mathrm{d}\theta}{\mathrm{d}t}\vec{e}_r$。

在**平面自然坐标系**中的加速度为

$$\vec{a}=\frac{\mathrm{d}(v\vec{e}_t)}{\mathrm{d}t}=\frac{\mathrm{d}v}{\mathrm{d}t}\vec{e}_t+v\frac{\mathrm{d}\theta}{\mathrm{d}t}\vec{e}_n=a_t\vec{e}_t+a_n\vec{e}_n$$

这里，第一项是切向加速度，$\vec{e}_t$ 是切向单位矢量；第二项是法向加速度，$\vec{e}_n$ 是法向单位矢量。切向单位矢量和法向单位矢量都是变矢量。

其中利用了关系式：$\frac{\mathrm{d}\vec{e}_t}{\mathrm{d}t}=\frac{\mathrm{d}\theta}{\mathrm{d}t}\vec{e}_n$。

6.1.4　角量和线量关系

角量：用角度描述质点运动时位置和位置变化的物理量称为角量，通常用 θ 表示。

角位移：在 Δt 时间间隔内质点角坐标的变化，称为角位移，用 $\Delta\theta$ 表示。

角速度：角坐标随时间的变化率称为角速度，通常用 ω 表示。

$$\omega=\lim_{\Delta t\to 0}\frac{\Delta\theta}{\Delta t}=\frac{\mathrm{d}\theta}{\mathrm{d}t}$$

角加速度：当角速度随时间变化时，角加速度定义为

$$\alpha = \frac{d\omega}{dt} = \frac{d^2\theta}{dt^2}$$

线量:弧长、线速度、切向加速度和法向加速度,称为线量。

当质点做半径为 r 的圆周运动时,有

弧长和角度关系 $s = r\Delta\theta$

线速度与角速度关系 $v = r\omega$

切向加速度与角加速度关系 $a_t = \frac{dv}{dt} = r\alpha$

法向加速度与角速度关系 $a_n = \frac{v^2}{r} = r\omega^2$

6.1.5 相对运动

在惯性系中,静止的参考系作为基本参考系,把相对运动的参考系作为运动参考系。质点相对基本参考系的速度叫做绝对速度,用 $\vec{v}$ 表示,质点相对运动参考系的速度叫做相对速度,用 $\vec{v}'$ 表示,而运动参考系相对基本参考系的速度叫做牵连速度,用 $\vec{u}$ 表示,则有伽利略速度变换关系式

$$\vec{v} = \vec{v}' + \vec{u}$$

6.2 范例解析

[范例 6.1] 平抛小球在地面跳跃问题的研究

一个小球,以水平速率 v_{1x} 从 h 高度抛出,设小球在运动过程中水平方向无阻力,水平速率始终保持不变;而竖直速率在与地面碰撞后出现衰减,设竖直速率碰撞后与碰撞前之比为 k($k<1$ 称为反弹系数),求小球运动轨迹。

[解题分析] 这是一个比较典型的质点运动学问题,根据题意,小球首先做平抛运动,然后做逐步衰减的斜抛运动,尽管物理图像比较清晰,但逐步求解还是比较麻烦的,用 MATLAB 数值模拟计算及可视化处理,可以使问题变得非常简单和直观。

小球首先做平抛运动,在直角坐标系下,其运动学方程为

$$x = v_{1x}t \tag{6.1.1}$$

$$y = h - \frac{1}{2}gt^2 \tag{6.1.2}$$

小球竖直方向的末速度为

$$v_{0y} = \sqrt{2gh} \tag{6.1.3}$$

小球下落时间为

$$t_0 = \sqrt{\frac{2h}{g}} \tag{6.1.4}$$

随后,小球将做高度不断降低的斜抛运动,做第一次斜抛运动时,其运动方程为

$$x_1 = x_0 + v_{1x}t \tag{6.1.5}$$

$$y_1 = v_{1y}t - \frac{1}{2}gt^2 \tag{6.1.6}$$

其中,$x_0 = v_{1x}t_0$,$v_{1y} = kv_{0y}$。

其后，第 i 次斜抛的运动方程为

$$x_i = x_{i0} + v_{1x} t \tag{6.1.7}$$

$$y_i = v_{iy} t - \frac{1}{2} g t^2 \tag{6.1.8}$$

根据题意，每次斜抛后小球竖直方向速率变化关系有

$$v_{1y} = k v_{0y} \tag{6.1.9}$$

$$v_{2y} = k v_{1y} = k^2 v_{0y} \tag{6.1.10}$$

……

$$v_{iy} = k^i v_{0y} \tag{6.1.11}$$

每次斜抛所用时间为

$$t_1 = \frac{2v_{1y}}{g} = \frac{2kv_{0y}}{g} = \frac{2k\sqrt{2gh}}{g} = 2k\sqrt{\frac{2h}{g}} = 2kt_0 \tag{6.1.12}$$

$$t_2 = \frac{2v_{2y}}{g} = \frac{2k^2 v_{0y}}{g} = 2k^2 t_0 \tag{6.1.13}$$

……

$$t_i = 2k^i t_0 \tag{6.1.14}$$

因此，小球弹跳所需总时间为

$$\begin{aligned} t_m &= t_0 + t_1 + t_2 + \cdots = t_0 + 2kt_0 + 2k^2 t_0 + 2k^3 t_0 + \cdots \\ &= t_0 + 2t_0(k + k^2 + k^3 + \cdots) \end{aligned} \tag{6.1.15}$$

考虑到上式括号内数列为无穷等比数列，且 $k<1$，因此有

$$t_m = t_0 + 2t_0 \frac{k}{1-k} = \frac{1+k}{1-k} t_0 = \frac{1+k}{1-k}\sqrt{\frac{2h}{g}} \tag{6.1.16}$$

小球弹跳水平总距离为

$$x_m = v_{1x} t_m = v_{1x} \frac{1+k}{1-k}\sqrt{\frac{2h}{g}} \tag{6.1.17}$$

依据以上分析，在用 MATLAB 编程时，先设定平抛高度、重力加速度、反弹系数和水平速度等参量，利用(6.1.3)和(6.1.4)式求出小球落地时竖直方向速率和平抛所用时间；利用(6.1.16)和(6.1.17)式计算出小球弹跳总用时和总水平距离，调用 axis 函数设定可视化描述的坐标区域：axis([0，xm，0，h])，然后用冒号运算符建立一个从 0 到 t_0 平抛运动所用时间的一维矩阵(元素群)：t=0:0.001:t0；最后再将平抛坐标随时间变化的坐标元素群求出。

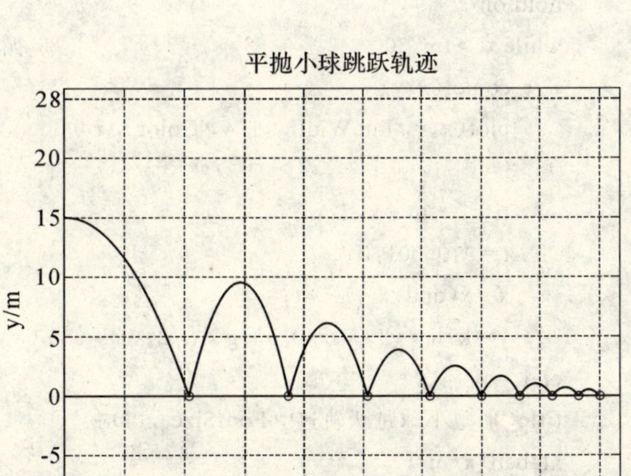

图 6.1.1

在不知道小球要弹跳多少次的情况下，用 while 循环来控制是否退出计算和绘图，循环条件设定为：斜抛运动用时一旦超过小

球弹跳总用时的 1/30 则结束循环。计算机先判断 while 后的表达式为真，随后用二维彗星轨迹函数 comet 绘制平抛运动动态轨迹，由于 comet 轨迹不能保留，故还要调用 plot 函数补画相应轨迹，在随后的循环中计算机计算出每次斜抛的坐标参数，不断用 comet 重复绘制每次斜抛动态的轨迹，plot 补画相应轨迹，直至达到设定的循环条件，跳出循环，结束可视化描述过程。

程序中的平抛高度、平抛水平速度、反弹系数和循环条件等参量都可以自己调整，读者可通过上机反复实践，即可验证其中的物理规律，也可获得更好的视觉效果。

[程序实现] 主程序的文件名为 bounce.m。

```
clear all
h=15;                                   % 参数设定
g=10;
k=0.8;
v1=3;                                   % 设水平速率
v2=(2*g*h).^0.5;                        % 求平抛落地竖直速率
t0=(2*h/g).^0.5;                        % 平抛下落时间
tm=(1+k)*t0/(1-k);                      % 运动总用时
xm=v1*tm;                               % 运动总距离
figure
plot([0,xm],[0,0],'LineWidth',2.5);     % 绘地面
axis([0,xm,0,h])                        % 坐标区域设定
axis equal
grid on
t=0:0.001:t0;
x=2*v1.*t;                              % 平抛水平运动方程
y=h-0.5*g*t.^2;                         % 平抛竖直运动方程
i=0;ti=tm;
hold on
while ti>tm/30                          % 循环求解每一次弹跳并绘图
    comet(x,y)
    plot(x,y,'lineWidth',1.4,'Color','r')
    i=i+1;
    ti=2*t0*k.^i;
    t=0:0.001:ti;
    x=x(end)+v1.*t;
    y=k.^i*v2.*t-0.5*g*t.^2;
end
title('平抛小球跳跃轨迹','FontSize',14)
xlabel('x/m')
ylabel('y/m')
```

[范例 6.2]　游泳运动员横渡河流问题

宽度为 d 的河流，其流速与离开河岸的距离成正比，在河两岸处水流速度为零，在河流中心流速为最大，以 u_0 表示。一游泳运动员以恒定的相对速度 v' 垂直水流方向泅渡，求该游泳运动员的运动轨迹。

[解题分析]　在经典力学中，通常把静止的参考系作为基本参考系，把相对运动的参考系作为运动参考系。质点相对基本参考系的速度叫做绝对速度，质点相对运动参考系的速度叫做相对速度，而运动参考系相对基本参考系的速度叫做牵连速度。于是，根据伽利略坐标变换关系，可以得到质点在两个参考系中的速度变换关系：质点相对基本参考系的绝对速度 $\vec{v}$，等于运动参考系相对基本参考系的牵连速度 $\vec{u}$ 与质点相对运动参考系的相对速度 $\vec{v}'$ 之和。

在此问题中，地面为基本参考系，河水为运动参考系，则运动员任意时刻相对地面的速度为：$\vec{v}=\vec{v}'+\vec{u}$，若以运动员出发点为坐标原点，建立沿河岸方向为 x 轴，垂直河岸方向为 y 轴的直角坐标系，根据题意：

$0\leqslant y\leqslant \frac{d}{2}$ 时，

运动员相对地面参考系 x 方向分速度

$$\frac{\mathrm{d}x}{\mathrm{d}t}=\frac{2u_0}{d}y \tag{6.2.1}$$

运动员相对地面参考系 y 方向分速度

$$\frac{\mathrm{d}y}{\mathrm{d}t}=v' \tag{6.2.2}$$

$\frac{d}{2}\leqslant y\leqslant d$ 时，

运动员相对地面参考系 x 方向分速度

$$\frac{\mathrm{d}x}{\mathrm{d}t}=2u_0-\frac{2u_0}{d}y \tag{6.2.3}$$

运动员相对地面参考系 y 方向分速度

$$\frac{\mathrm{d}y}{\mathrm{d}t}=v' \tag{6.2.4}$$

此题是存在解析解的，根据上述方程，可积分求解出其运动轨迹方程：

$0\leqslant y\leqslant \frac{d}{2}$ 时，
$$y^2=\frac{v'd}{u_0}x \tag{6.2.5}$$

$\frac{d}{2}\leqslant y\leqslant d$ 时，
$$(y-d)^2=\frac{d^2}{2}-\frac{v'd}{u_0}x \tag{6.2.6}$$

采用 MATLAB 数值计算用计算机求解时，令 $u_1=x$，$u_2=y$，则(6.2.1)及(6.2.2)式变为下列微分方程：

$0\leqslant y\leqslant \frac{d}{2}$ 时，
$$\frac{\mathrm{d}u_1}{\mathrm{d}t}=\frac{2u_0}{d}u_2 \tag{6.2.7}$$

$$\frac{\mathrm{d}u_2}{\mathrm{d}t}=v' \tag{6.2.8}$$

$\frac{d}{2}\leqslant y\leqslant d$ 时，
$$\frac{\mathrm{d}u_1}{\mathrm{d}t}=2u_0-\frac{2u_0}{d}u_2 \tag{6.2.9}$$

$$\frac{du_2}{dt} = v' \tag{6.2.10}$$

为使求解合理，考虑到现实生活中 400m 混合泳女子世界记录为 4′33″59，约合速度为 1.45m/s，故本问题中取游泳运动员相对水流速度为 $v'=1.25\text{m/s}$，河中心最大流速设为 $u_0=5\text{m/s}$，河宽设为 $d=200\text{m}$。

本问题尽管存在解析解，但仍采用数值求解的方法，这种方法对不存在解析解的问题依然有效，具有普遍性。解微分方程的指令是 ode45，对于区间 $0\leqslant y\leqslant \frac{d}{2}$，根据(6.2.7)和(6.2.8)式，编写函数方程为 river1fun.m，因为不知道游泳运动员何时到达河流中央，在求解时有意将时间间隔设得稍大一些，利用语句：m=min(abs(100-u(:,2)))，求出到河中央的 y 值。值得注意的是，计算机是做浮点运算的，求解运动员到达河中央的 y 值不可能恰好为 100，故而要采用上述语句处理。然后，利用语句：k=find(u(:,2)-100==m|u(:,2)-100==-m)，找到该值对应的下标，由此确定该区间 x,y 值序列；从河中央到对岸 $\frac{d}{2}\leqslant y\leqslant d$ 这个区间，速度变化的条件是不同的，根据(6.2.9)和(6.2.10)式，编写出函数方程 river2fun.m，用 ode45 求解微分方程，利用与区间 $0\leqslant y\leqslant \frac{d}{2}$ 相仿的方法找到运动员到达对岸的条件，从而确定从河中央到对岸的 x,y 序列。每次调用 ode45 求解完方程，均利用 MATLAB 的绘图函数 plot，分别将运动员的轨迹绘出。

此题还可以利用微分方程的条件解法，自动终止求解过程，本例只是给出一个非常直观但比较"笨"的编程方式，请读者参考范例 7.1，尝试重新编写解决本问题的程序。

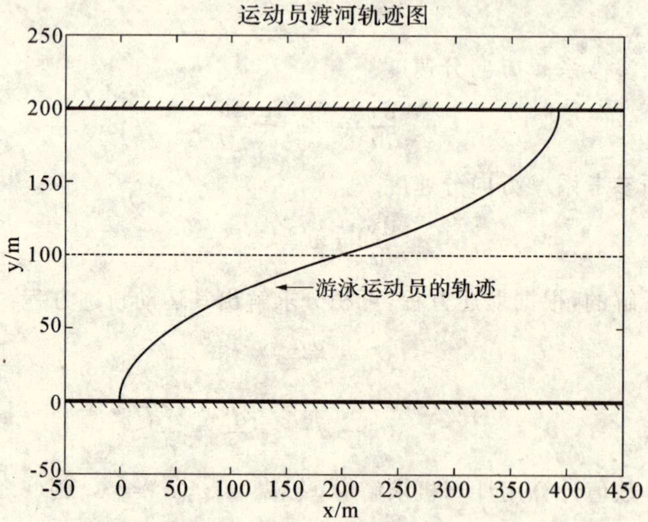

图 6.2.1

[程序实现] 主程序文件名为：river.m。

```
clear all
u0=5;          % 最大水流速度
v1=1.25;       % 运动员相对水流速度
```

```
d=200;   % 河流宽度
[t,u]=ode45('river1fun',[0:0.05:90],[0,0],[],u0,v1,d);   % 求解到河中心前运动方程
m=min(abs(100-u(:,2)));   % 到达河中央的条件
k=find(u(:,2)-100==m|u(:,2)-100==-m);   % 确定到达河中央时 y 坐标下标
for j=1:k
    xf(j)=u(j,1);
    yf(j)=u(j,2);
end
axis([0,450,0,250])
plot(xf,yf,'LineWidth',1.5);   % 画到河中心前运动员轨迹
hold on
[t,u]=ode45('river2fun',[0:0.05:90],[xf(k),100],[],u0,v1,d);%求解从河中心到对岸运动方程
s=min(abs(200-u(:,2)));   % 到达河对岸的条件
l=find(u(:,2)-200==s|u(:,2)-200==-s);   % 确定到达河对岸时 y 坐标下标
for j=1:l
    xb(j)=u(j,1);
    yb(j)=u(j,2);
end
plot(xb,yb,'LineWidth',1.5);   % 画从河中心到对岸运动员轨迹
xlabel('x/m')
ylabel('y/m')
hold on
line([-50,450],[0,0],'Color','g','LineStyle','-','LineWidth',2.5);   % 画出发的河岸
line([-50,450],[100,100],'Color','r','LineStyle','-.','LineWidth',0.5);% 画河中线
line([-50,450],[200,200],'Color','g','LineStyle','-','LineWidth',2.5); % 画到达的河岸
a1=linspace(-50,450,50);
for n=1:49        % 画表示河岸的斜线
    a2=(a1(n)+a1(n+1))/2;
    plot([a1(n),a2],[200,205],'Color','g','LineStyle','-','LineWidth',1);
    plot([a1(n),a2],[0,-5],'Color','g','LineStyle','-','LineWidth',1);
end
text(150,80,'\leftarrow 游泳运动员的轨迹','HorizontalaLignment','left')
title('运动员渡河轨迹图','FontSize',14)
```

求解微分方程的两个独立函数文件分别为 river1fun. m 和 river2fun. m。

```
function udot=river1fun(t,u,flag,u0,v1,d)
udot=[2*u0.*u(2)./d;v1];
function udot=river2fun(t,u,flag,u0,v1,d)
udot=[2*u0-2*u0.*u(2)./d;v1];
```

[范例 6.3]　导弹制导问题研究

此处研究导弹尾追制导情况。能自动制导的导弹，通常是通过测量装置，向目标发射电磁波，再通过计算装置实时计算导弹位置，最后利用执行装置实现对目标的跟踪。导弹的制导方

式有很多，本题要求以导弹与目标的连线的空间转动为误差量，按一定的比例改变导弹位置，自动修正弹道，最终击中目标，利用数值计算的结果，绘出导弹制导的飞行轨迹。

[解题分析] 制导理论中有追踪法、比例制导法等。这些制导方法的精度、优劣，本书不予讨论。本范例只是利用制导理论中最普遍应用的比例制导法，对导弹制导问题进行一下数值化的研究和分析。

按照题意，在直角坐标系中，令导弹每一时刻都计算与目标的坐标差 $\Delta x, \Delta y, \Delta z$，及距离 r，这样任意时刻导弹的仰角为

$$\sin\varphi = \frac{\Delta z}{r} \tag{6.3.1}$$

导弹所在位置坐标与 x 轴夹角

$$\tan\theta = \frac{\Delta x}{\Delta y} \tag{6.3.2}$$

按照题意，令导弹下一时刻的坐标增量

$$\mathrm{d}x = KQ\cos\varphi\cos\theta \tag{6.3.3}$$

$$\mathrm{d}y = KQ\cos\varphi\sin\theta \tag{6.3.4}$$

$$\mathrm{d}z = KO\sin\varphi \tag{6.3.5}$$

其中 KQ, KO 为比例常数。

对此制导方案分析如下：当目标高度与导弹高度比较接近时，有：$\sin\varphi\to 0$，$\cos\varphi\to 1$，此时 $\mathrm{d}z\to 0$，这种情况下只按比例调整 x 和 y 坐标；当导弹位于目标下方时，$\varphi\to\frac{\pi}{2}$，则 $\sin\varphi\to 1$，$\cos\varphi\to 0$，故 $\mathrm{d}x\to 0$，$\mathrm{d}y\to 0$，此时只是使导弹向上爬升；水平方向的调整也如此：当 φ 一定时，$\theta\to\frac{\pi}{2}$ 时，导弹位于目标正后方，此时 $\cos\theta\to 0$，$\mathrm{d}x\to 0$，故水平方向只调整 y 坐标；当 $\theta\to 0$ 时，$\sin\theta\to 0$，$\mathrm{d}y\to 0$，故水平方向只调整 x 坐标。由此可知，按上述制导方案可以达到题目的要求。

程序编制时，用一个空间的余弦曲线模拟目标的 S 型逃跑路线，按照我们的制导方案，导弹最终击中了目标，如图 6.3.1。

在程序中，请注意语句

```
if theta(t)<0;
theta(t)=pi+atan(theta(t));
end
```

此句是在尾追的前提条件下，为保证上述方案成立所必备的。因为，如果目标在右前方时，$\Delta x\geqslant 0$，$\Delta y\geqslant 0$，此时 θ 为正，是能够保证 $\mathrm{d}x$ 和 $\mathrm{d}y$ 都是增加的，导弹逼近目标；而如果目标在左前方时，$\Delta x\leqslant 0$，$\Delta y\geqslant 0$，此时 θ 为负，只有 $\theta+\pi$ 才能保证此时 $\mathrm{d}x$ 减少而 $\mathrm{d}y$ 仍是增加的，使导弹逼近目标，否则将逐渐偏离目标。

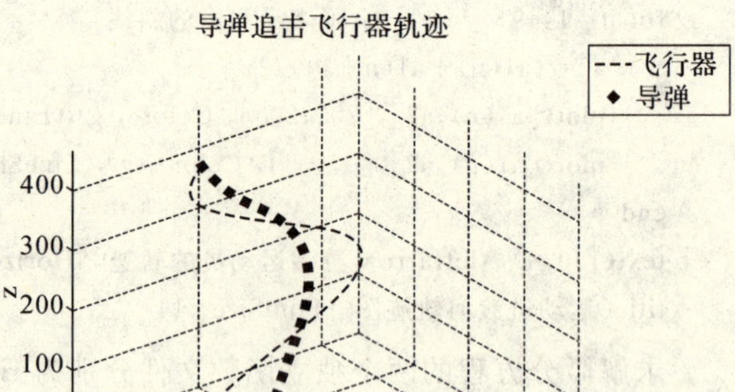

图 6.3.1

［程序实现］ 主程序文件名为：guidance.m。

```
clear all
x(1)=0;y(1)=0;z(1)=0;        % 导弹初始位置
r(1)=5;
theta(1)=0;
phi(1)=0;
KQ=20;KO=100;
for t=1:300
    tar(:,t)=[60-35*cos(0.09*t);60;6*t];          % 飞行器随时间变化规律
    mis(:,t)=[x(t);y(t);z(t)];                     % 导弹随时间变化规律
    r(t)=sqrt((tar(1,t)-mis(1,t)).^2+...
        (tar(2,t)-mis(2,t)).^2+(tar(3,t)-mis(3,t)).^2);        % 导弹与目标距离
    phi(t)=asin((tar(3,t)-mis(3,t))./r(t));                    % 仰角
    theta(t)=atan((tar(2,t)-mis(2,t))./(tar(1,t)-mis(1,t)));  % 与 x 轴夹角
    if theta(t)<0;
        theta(t)=pi+atan(theta(t));
    end
    delt=0.1;
    dx=KQ*delt*cos(phi(t))*cos(theta(t));                     % 以下为制导规则
    dy=KQ*delt*cos(phi(t))*sin(theta(t));
    dz=KO*delt*sin(phi(t));
    x(t+1)=x(t)+dx;
    y(t+1)=y(t)+dy;
    z(t+1)=z(t)+dz;
    if r(t)<3.3;
        break;
    end
end
figure        % 画导弹与飞行器轨迹
plot3(tar(1,:),tar(2,:),tar(3,:),':',mis(1,:),mis(2,:),mis(3,:),'.r');
legend('飞行器','导弹')
title('导弹追击飞行器轨迹','FontSize',14)
xlabel('x')
ylabel('y')
zlabel('z');
axis([0 max(tar(1,:))+20 0 max(tar(2,:))+20 0 max(tar(3,:))+10]);
grid on
```

第7章 质点动力学

7.1 概念及规律

7.1.1 牛顿运动定律

牛顿第一定律:任何物体都保持静止或匀速直线运动状态,直到外力迫使它改变这种状态为止。

牛顿第二定律:当质点受到外力作用时,质点动量 $\vec{p}$ 随时间的变化率大小与合外力成正比,方向与合外力的方向相同,定律的矢量形式为

$$\vec{F}=\frac{\mathrm{d}\vec{p}}{\mathrm{d}t}$$

对于低速运动的物体,物体的质量是一个与它的速度无关的常量,因此上式可写为

$$\vec{F}=m\frac{\mathrm{d}\vec{v}}{\mathrm{d}t} \quad 或 \quad \vec{F}=m\vec{a}$$

牛顿第二定律的分量形式:

在直角坐标系下

$$F_x=m\frac{\mathrm{d}v_x}{\mathrm{d}t}=m\frac{\mathrm{d}^2x}{\mathrm{d}t^2}=ma_x$$

$$F_y=m\frac{\mathrm{d}v_y}{\mathrm{d}t}=m\frac{\mathrm{d}^2y}{\mathrm{d}t^2}=ma_y$$

$$F_z=m\frac{\mathrm{d}v_z}{\mathrm{d}t}=m\frac{\mathrm{d}^2z}{\mathrm{d}t^2}=ma_z$$

在极坐标系下

$$F_r=m\left[\frac{\mathrm{d}^2r}{\mathrm{d}t^2}-r\left(\frac{\mathrm{d}\theta}{\mathrm{d}t}\right)^2\right]$$

$$F_\theta=m\left(2\frac{\mathrm{d}r}{\mathrm{d}t}\frac{\mathrm{d}\theta}{\mathrm{d}t}+r\frac{\mathrm{d}^2\theta}{\mathrm{d}t^2}\right)=m\frac{1}{r}\frac{\mathrm{d}}{\mathrm{d}t}\left(r^2\frac{\mathrm{d}\theta}{\mathrm{d}t}\right)$$

在平面自然坐标系下

$$F_t=m\frac{\mathrm{d}v}{\mathrm{d}t}$$

$$F_n=v\frac{\mathrm{d}\theta}{\mathrm{d}t}$$

牛顿第三定律:两物体间的作用力和反作用力在同一直线上,大小相等而方向相反。可表示为 $\vec{F}=-\vec{F}'$

7.1.2 几种常见的力

万有引力:两个质点间的引力与它们的质量 m_1 和 m_2 的乘积成正比,与距离 r 的平方成

反比，方向沿着它们的连线，即

$$\vec{F}=-G\frac{m_1m_2}{r^2}\vec{e}_r$$

式中 G 为引力常数，$G=6.67\times10^{-11}\,\mathrm{N\cdot m^2\cdot kg^{-2}}$，$\vec{e}_r$ 为从 m_1 指向 m_2 的单位矢量。

重力是地球对其表面附近物体的引力引起的。在忽略地球自转的情况下，地球对其表面附近的物体的万有引力就是习惯上所称的物体重力。

弹性力：当相互接触的物体因碰撞、挤压、拉伸等作用而发生形变时，由于物体具有弹性，它力图恢复到原来的形状，因而对使它发生形变的那些接触物就有力的作用，这种力称为弹性力。常见的弹性力有弹簧与物体间的弹性力、绳子的张力、重物与支撑面之间的作用力等。

7.1.3 惯性系、非惯性系及惯性力

惯性系：在一个参考系中，如果物体不受其他物体作用，而保持静止或匀速直线运动，这个参考系称为惯性参考系，简称惯性系。相对于惯性参考系做匀速直线运动的其他参考系也是惯性系。牛顿定律只适用于惯性系。

非惯性系：若某个参考系相对惯性参考系做加速运动，那么这个参考系称为非惯性系。在非惯性系中牛顿定律是不适用的。

惯性力：惯性力的大小等于非惯性系的加速度与物体质量的乘积，方向与非惯性系的加速度方向相反。惯性力是虚拟力，没有施力物体。

7.2 范例解析

[范例 7.1] 斜抛物体的动力学研究

研究考虑空气阻力情况下的抛体运动，设空气阻力与速率的 n 次方成正比。

[解题分析] 根据题意，由于空气阻力与速率的 n 次方成正比，则阻力可表示为 $f=bv^n$。从质点力学出发，抛体运动的牛顿定律方程为

$$m\frac{\mathrm{d}^2\vec{r}}{\mathrm{d}t^2}=m\vec{g}-bv^n\frac{\vec{v}}{v}=m\vec{g}-bv^{n-1}\vec{v}\tag{7.1.1}$$

在直角坐标系中，可得(7.1.1)式的分量方程

$$\frac{\mathrm{d}^2x}{\mathrm{d}t^2}=-\frac{b}{m}(v_x^2+v_y^2)^{(n-1)/2}v_x\tag{7.1.2}$$

$$\frac{\mathrm{d}^2y}{\mathrm{d}t^2}=-g-\frac{b}{m}(v_x^2+v_y^2)^{(n-1)/2}v_y\tag{7.1.3}$$

在 $t=0$ 时，若 $x=0,y=0$，则在不考虑空气阻力情况下($b=0$)，抛体做匀变速运动，对方程(7.1.2)和(7.1.3)式可求出解析解，其轨迹方程为

$$y=\frac{v_{y0}}{v_{x0}}x-\frac{g}{2v_{x0}^2}x^2\tag{7.1.4}$$

此为我们熟知的抛物线方程。

同样，在 $t=0$ 时，若 $x=0,y=0$，考虑空气阻力，在 $n=1,b\neq0$，即空气阻力与速率的一次方成正比时，对方程(7.1.2)和(7.1.3)式仍可求出解析解，其轨迹方程为

$$y=\left(\frac{v_{y0}}{v_{x0}}+\frac{mg}{bv_{x0}}\right)x+\frac{m^2g}{b^2}\ln\left(1-\frac{bx}{mv_{x0}}\right)\tag{7.1.5}$$

当 $n=2, b\neq 0$ 时，方程(7.1.2)和(7.1.3)式的解析解就很难求出了，这时只能通过计算机求数值解了。

在用计算机求数值解时，设 $y_1=x$，$y_2=\frac{dx}{dt}$，$y_3=y$，$y_4=\frac{dy}{dt}$，则方程(7.1.2)和(7.1.3)式可化为四个一阶微分方程

$$\frac{dy_1}{dt}=y_2 \tag{7.1.6}$$

$$\frac{dy_2}{dt}=-\frac{b}{m}(y_2^2+y_4^2)^{(n-1)/2}y_2 \tag{7.1.7}$$

$$\frac{dy_3}{dt}=y_4 \tag{7.1.8}$$

$$\frac{dy_4}{dt}=-g-\frac{b}{m}(y_2^2+y_4^2)^{(n-1)/2}y_4 \tag{7.1.9}$$

编程的基本思路是，设定三种阻尼系数和速率的三个方次，用 for 循环对三种情况重复三次解微分方程，解微分方程的指令是 ode23，本程序应用 events 指令来控制解方程的进程，把 $y_3=y=0$，即质点落地，作为解方程停止的条件，即：isterminal＝1；而 direction＝－1，表示 y 值由正值减小到 0 时解方程终止。

图 7.1.1 给出了初始条件为 $x_0=0$，$y_0=1.5$，$v_{x0}=25$，$v_{y0}=6$ 时，三种不同阻尼情况下的抛体运动轨迹，读者可以调整相应参数，求出诸如平抛、从原点斜抛等各种情况下质点运动的轨迹。

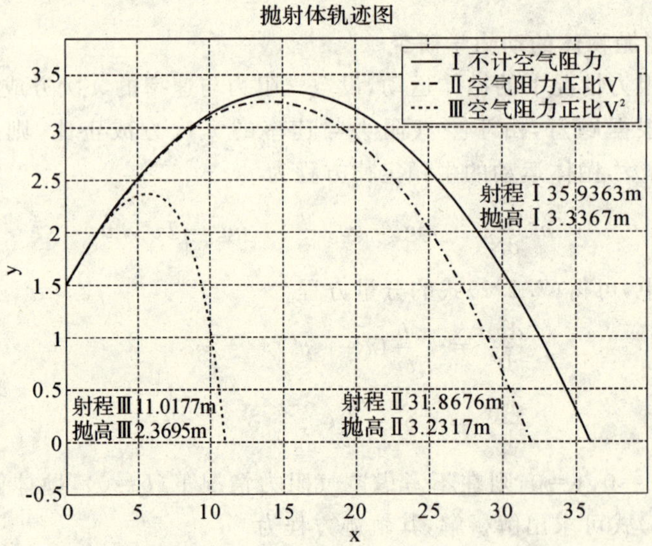

图 7.1.1

［**程序实现**］ 主程序文件名为：proje. m。

```
clear all
m=1;
b=[0,0.15,0.15];           % 阻尼系数
n=[1,1,2];                 % 速率的方次
```

```
y0=[0,25,1.5,6];          % 初始条件
str{1}='-';               % 用基元矩阵存放绘图线型
str{2}='-.';
str{3}=':';
color{1}='b';             % 用基元矩阵存放绘图颜色
color{2}='r';
color{3}='m';
for i=1:3
options=odeset('events','on');      % 开启事件判断功能
[t,y,event]=ode23('projefun',[0:0.001:10],y0,options,m,b(i),n(i));
sm(i)=max(y(:,1))-y0(1);    % 射程
hm(i)=max(y(:,3));          % 抛高
plot(y(:,1),y(:,3),str{i},'Color',color{i},'LineWidth',1.5);
grid on
hold on
end
legend('Ⅰ不计空气阻力','Ⅱ空气阻力正比 V','Ⅲ空气阻力正比 V^2')     % 以下作标注
text(sm(1)-6,hm(1)*0.7,['射程Ⅰ',num2str(sm(1)),'m'],'FontSize',10)
text(sm(1)-6,hm(1)*0.7-0.3,['抛高Ⅰ',num2str(hm(1)),'m'],'FontSize',10)
text(sm(2)-12,hm(2)/8,['射程Ⅱ',num2str(sm(2)),'m'],'FontSize',10)
text(sm(2)-12,hm(2)/8-0.3,['抛高Ⅱ',num2str(hm(2)),'m'],'FontSize',10)
text(sm(3)-10,hm(3)/7,['射程Ⅲ',num2str(sm(3)),'m'],'FontSize',10)
text(sm(3)-10,hm(3)/7-0.3,['抛高Ⅲ',num2str(hm(3)),'m'],'FontSize',10)
xlabel('x')
ylabel('y')
axis([0,max(sm(1))+4,-0.5,max(hm(1))+0.5])
title('抛射体轨迹图','FontSize',14)
```

函数文件是一个独立文件，文件名为：projefun.m。

```
function varargout=projefun(t,y,flag,m,b,n)
switch flag
case ''
    varargout{1}=f(t,y,m,b,n);
case 'events'
    [varargout{1:3}]=events(t,y);
otherwise
    error(['unknown flag '" flag "'.']);
end

function ydot=f(t,y,m,b,n)

ydot=[y(2);
    -b/m*y(2).*(y(2).^2+y(4).^2).^((n-1)/2);
```

```
    y(4);
    -9.8-b/m*y(4).*(y(2).^2+y(4).^2).^((n-1)/2)];

function [value,isterminal,direction]=events(t,y)
value=y(3);
isterminal=1;
direction=-1;
```

[范例 7.2]　足球轨迹的动力学研究

在足球比赛中,经常可以看到这样的精彩场面,在罚前场任意球时,球员会踢出一个绝妙的"香蕉球",足球越过防守方的人墙,绕过守门员,飞入球门的死角。试分析足球的运动情况,求解出足球在空中的运动轨迹。

[解题分析]　足球在空中的运动过程,可看成是重力场中质量均匀分布的球体在流体中的运动。在流体中运动的物体除重力外,还要受到浮力、升力、阻力、阻力矩等作用。其中物体受到的黏滞阻力对物体的运动形态影响很大。在物体运动速度比较低的时候,阻力与速度的一次方成正比;物体运动速度比较高时,阻力与速度的二次方成正比。因此足球向前飞行时,若没有绕对称轴旋转时,则空气对足球运动的影响只是减慢球速,其在空间的运动轨迹为一平面曲线,不会出现"香蕉球"。如果足球在空中运动时,边飞行边绕对称轴旋转,则由于足球的旋转和附着在足球表面的空气黏滞力的共同作用,在足球表面附近将产生环流,前方来流和环流共同作用的结果是:在来流和环流同方向的一侧,流速加快,在反方向一侧流速减慢。根据伯努利原理,流速加快的一侧压力下降,流速减慢的一侧压力升高,两侧的压力差对足球产生一个侧向作用,这个作用力被称为马格努斯力。马格努斯力的方向与物体的瞬时转轴垂直,且与物体运动方向垂直,在流体力学中可以表示为来流与环量的矢量积。

设空气密度为 ρ,足球半径为 r,足球旋转角速度为 ω,相对足球的空气速度为 v,则由儒可夫斯基环流理论,可求出马格努斯力为

$$\vec{f}=\frac{8}{3}\pi\rho r^3\vec{v}\times\vec{\omega} \tag{7.2.1}$$

由于马格努斯力的方向与球的旋转方向有关,因此改变球的旋转方向,可以使其方向发生左右偏转,出现所谓的"香蕉球"。

为了便于分析,我们可以做出如下的合理假定:忽略风力及空气流动等因素;足球只绕竖直方向的对称轴以恒定角速度旋转;足球上升速度较水平速度慢很多,故忽略空气阻力的竖直分量;忽略阻力矩。

根据上述假定,在直角坐标系下,足球运动的微分方程为

$$m\frac{\mathrm{d}^2\vec{r}}{\mathrm{d}t^2}=m\vec{g}-kv\vec{v}+\frac{8}{3}\pi\rho r^3\vec{v}\times\vec{\omega} \tag{7.2.2}$$

其分量式为

$$m\frac{\mathrm{d}^2 x}{\mathrm{d}t^2}=-k(v_x^2+v_y^2)^{1/2}v_x-Gv_y \tag{7.2.3}$$

$$m\frac{\mathrm{d}^2 y}{\mathrm{d}t^2}=-k(v_x^2+v_y^2)^{1/2}v_y+Gv_x \tag{7.2.4}$$

$$m\frac{\mathrm{d}^2 z}{\mathrm{d}t^2}=-mg \tag{7.2.5}$$

其中：$G=\frac{8}{3}\pi\rho r^3\omega$，$k=\frac{1}{2}c\rho\pi r^2$。

在用计算机求数值解时，设 $y_1=x$，$y_2=\frac{\mathrm{d}x}{\mathrm{d}t}$，$y_3=y$，$y_4=\frac{\mathrm{d}y}{\mathrm{d}t}$，$y_5=z$，$y_6=\frac{\mathrm{d}z}{\mathrm{d}t}$，则(7.2.3)、(7.2.4)、(7.2.5)式化成如下的一阶微分方程组

$$\frac{\mathrm{d}y_1}{\mathrm{d}t}=y_2 \tag{7.2.6}$$

$$\frac{\mathrm{d}y_2}{\mathrm{d}t}=-\frac{k}{m}(y_2^2+y_4^2)^{1/2}y_2-\frac{G}{m}y_4 \tag{7.2.7}$$

$$\frac{\mathrm{d}y_3}{\mathrm{d}t}=y_4 \tag{7.2.8}$$

$$\frac{\mathrm{d}y_4}{\mathrm{d}t}=-\frac{k}{m}(y_2^2+y_4^2)^{1/2}y_4+\frac{G}{m}y_2 \tag{7.2.9}$$

$$\frac{\mathrm{d}y_5}{\mathrm{d}t}=y_6 \tag{7.2.10}$$

$$\frac{\mathrm{d}y_6}{\mathrm{d}t}=-9.8 \tag{7.2.11}$$

根据实际情况，对相应参数可取：阻力系数 $c=0.5$，空气密度 $\rho=1.29\mathrm{kg/m^3}$，足球的半径 $r=0.11\mathrm{m}$，足球的质量 $m=0.454\mathrm{kg}$，足球绕竖直方向的角速度 $\omega=15\mathrm{rad/s}$，则可得：$G=0.2158$，$k=0.012$。

解微分方程的方法都是相仿的，首先在程序中设定好初始条件，利用解微分方程的指令 ode45 将相应的参量 G、m、k 传入，解出微分方程，并画出相应的足球运动轨迹，如图 7.2.1。程序的后半部分编制出了足球运动的动画，用 view 指令调整视角，使视线正对球面，用指令 fill 模拟了足球场上的草皮，请读者自行学习其用法，运行本程序读者可直观地看到“香蕉球”在空中划出的优美曲线。

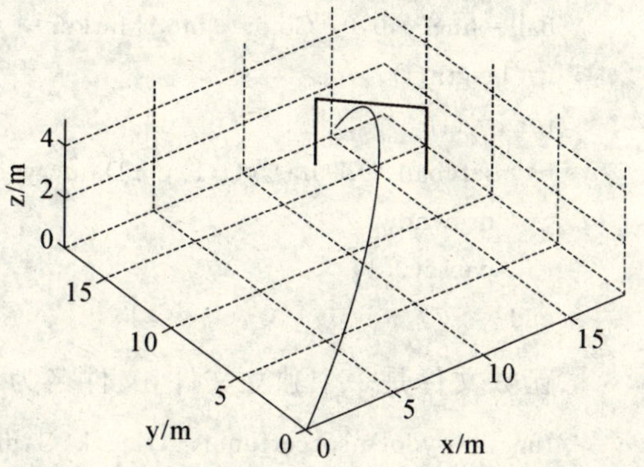

图 7.2.1

[程序实现]　主程序文件名为：soccer.m。

```
clear all
k=0.012;     % 设置参数
G=0.2158;
m=0.454;
[t,y]=ode45('soccerfun',[0:0.001,1.8],[0.3,16.5,0,9,0,9],[],k,G,m);     % 解方程
figure(1)     % 以下画球门
set(gcf,'unit','normalize','position',[0.3 0.1 0.5 0.5]);
line([13.23,16.77],[16.77,13.23],[2.5,2.5],'Color','b','LineStyle','-','LineWidth',2)
```

```
line([13.23,13.23],[16.77,16.77],[2.5,0],'Color','b','LineStyle','-','LineWidth',2)
line([16.77,16.77],[13.23,13.23],[2.5,0],'Color','b','LineStyle','-','LineWidth',2)
hold on
plot3(y(:,1),y(:,3),y(:,5))        % 画球的轨迹
view(-37,60)                       % 调整视角
grid on
title('足球在空间轨迹图','FontSize',14)
axis([0,18,0,18,0,5])
xlabel('x/m')
ylabel('y/m')
zlabel('z/m')
figure(2)
title('任意球射门','FontSize',14)
view(-45,70)
hold on
grid on
fill3([7.5,23,7.5,-8,7.5],[-8,7.5,23,7.5,-8],[0,0,0,0,0],[0.15,0.8,0])  % 画草坪及球门
line([13.23,16.77],[16.77,13.23],[2.5,2.5],'Color',[1 0.62 0.40],'LineStyle','-','LineWidth',4)
line([13.23,13.23],[16.77,16.77],[2.5,0],'Color',[1 0.62 0.40],'LineStyle','-','LineWidth',4)
line([16.77,16.77],[13.23,13.23],[2.5,0],'Color',[1 0.62 0.40],'LineStyle','-','LineWidth',4)
axis([0,18,0,18,0,4])
axis off     % 以下为足球运动的动画
ball=line(0,0,0,'Color','m','Marker','.','MarkerSize',10,'EraseMode','None');
n=length(t);
for i=1:n
    set(ball,'XData',y(i,1),'YData',y(i,3),'ZData',y(i,5))
    drawnow
    pause(0.1)
end
```

函数文件是一个独立文件，文件名为：soccerfun.m。

```
function ydot=soccerfun(t,y,flag,k,G,m)
ydot=[y(2);
    -(k/m)*y(2).*(y(2).^2+y(4).^2).^(1/2)-(G/m)*y(4);
     y(4);
    -(k/m)*y(4).*(y(2).^2+y(4).^2).^(1/2)+(G/m)*y(2);
    y(6);
    -9.8];
```

[范例7.3]　彗星轨迹的动力学研究

地球沿半径为 R 的圆形轨道绕太阳运动，某彗星绕太阳做抛物线运动。已知彗星的抛物线轨道与地球圆形轨道直径的两端相交，忽略地球与彗星之间的引力，以太阳为参照，试求解彗星、地球运动的状况。

［**解题思路**］　这是一个质点在平方反比引力场中运动的问题，以太阳为力心，行星及彗星绕太阳运动，对此问题以太阳为原点，建立极坐标显然比较方便。

在极坐标(r,φ)下，径向单位矢量为$\vec{e}_r$，切向单位矢量为$\vec{e}_\varphi$，则$\vec{r}=r\vec{e}_r$。因为

$$\frac{d\vec{e}_r}{dt}=\frac{d\varphi}{dt}\vec{e}_\varphi \tag{7.3.1}$$

$$\frac{d\vec{e}_\varphi}{dt}=-\frac{d\varphi}{dt}\vec{e}_r \tag{7.3.2}$$

所以有

$$\vec{v}=\frac{d\vec{r}}{dt}=\frac{dr}{dt}\vec{e}_r+r\frac{d\varphi}{dt}\vec{e}_\varphi \tag{7.3.3}$$

$$\vec{a}=\frac{d\vec{v}}{dt}=\left[\frac{d^2r}{dt^2}-r\left(\frac{d\varphi}{dt}\right)^2\right]\vec{e}_r+\left[r\frac{d^2\varphi}{dt^2}+2\frac{dr}{dt}\frac{d\varphi}{dt}\right]\vec{e}_\varphi \tag{7.3.4}$$

由于万有引力$\vec{F}=-\frac{GMm}{r^2}\vec{e}_r$，因此可得，在引力场中极坐标系下运动质点的微分方程为

$$\frac{d^2r}{dt^2}-r\left(\frac{d\varphi}{dt}\right)^2=-\frac{GMm}{r^2} \tag{7.3.5}$$

$$r\frac{d^2\varphi}{dt^2}+2\frac{dr}{dt}\frac{d\varphi}{dt}=0 \tag{7.3.6}$$

另外，设行星在轨道上近日点距离为r_1，远日点距离为r_2，因为行星在远日点及近日点角动量守恒、能量守恒。由此可得，行星总能量为：$E=-\frac{GMm}{r_1+r_2}$。总能量$E>0$时，轨道为双曲线；总能量$E=0$时，轨道为抛物线；总能量$E<0$时，轨道为椭圆。

在极坐标中，抛物线方程为$r=\frac{p}{1-\cos\varphi}$，根据题意，$\varphi=\frac{\pi}{2}$时，$r=R$，故$p=R$，则其运动方程为：$r=\frac{R}{1-\cos\varphi}$。

为了方便起见，计算机求解时的初始位置定为$\varphi=\pi$处，即彗星运动到抛物线顶点位置，由此可得，彗星在初始位置处：$r_0=\frac{R}{2}$。由于彗星总能量为0，故有：$\frac{1}{2}mv_0^2-\frac{GMm}{r_0}=0$，由此可得：$v_0=2\sqrt{\frac{GM}{R}}$。由于地球做圆周运动，故其速度为：$v_e=\sqrt{\frac{GM}{R}}$，所以初始位置彗星运动速度是地球运动速度的 2 倍。

令$y_1=r$，$y_2=\frac{dr}{dt}$，$y_3=\varphi$，$y_4=\frac{d\varphi}{dt}$，将(7.3.5)和(7.3.6)化为 4 个一阶微分方程：

$$\frac{dy_1}{dt}=y_2 \tag{7.3.7}$$

$$\frac{dy_2}{dt}=y_1y_4^2-\frac{Gm}{y_1^2} \tag{7.3.8}$$

$$\frac{dy_3}{dt}=y_4 \tag{7.3.9}$$

$$\frac{dy_4}{dt}=-\frac{2y_2y_4}{y_1} \tag{7.3.10}$$

编制程序时，首先取太阳的质量 $M=1.99\times10^{30}$ kg，地球质量 $m=5.98\times10^{24}$ kg，地球半径 $R=1.5\times10^{11}$ m。根据能量守恒定律，可将初始速度表示为：$v_0=\sqrt{\dfrac{2E}{m}+\dfrac{2GM}{r_0}}$，利用求解微分方程的指令 ode45，将 M、G、m、R 及地球和彗星的初始位置、初始速度等参数传入，两次调用表示运动微分方程的函数文件 planetfun. m，分别求出地球及彗星轨道的一半数据，利用 pol2cart 指令将极坐标转换为直角坐标，然后再利用指令函数 flipud，求出另一半轨道数据，利用 MATLAB 的绘图功能，绘出地球和彗星的运动轨迹。程序的第二部分，利用 MATLAB 动画功能，将地球和彗星运动的动态情况表现出来，为了体现立体效果，利用 view 指令来改变观察角度，请读者仔细阅读并运行该程序，了解该动画制作的技巧。

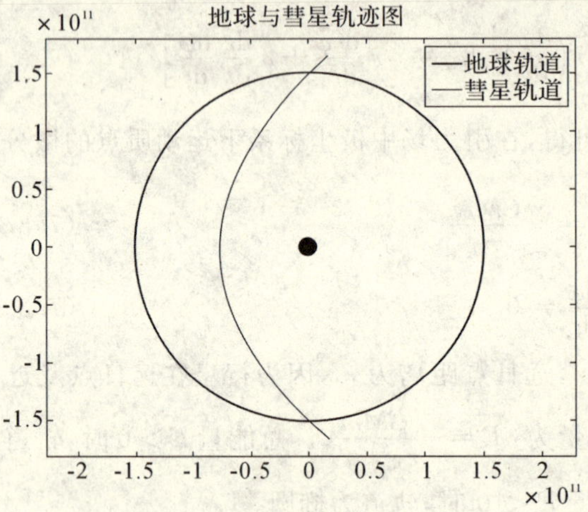

图 7.3.1

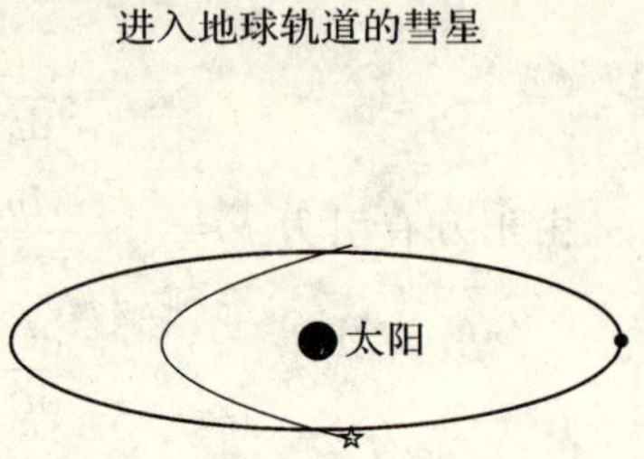

图 7.3.2

进入地球轨道彗星的研究是一个很重要的课题，很多国家专门为此发射了观测卫星。如哈雷彗星到达近日点时，由于临近太阳时挥发物的影响，彗星周期并不太准，所以无论预测还是观测都有一定难度。根据对古生物资料的分析研究，地球上至少发生过七次周期性的大规模物种灭绝事件，为什么灭绝有周期性？最具有诱惑力的解释就是，太阳有一颗称为"报应女神"的可能伴星，它以一定周期与太阳互绕，当这颗伴星飞往近日点时必然穿过彗星的"仓库"奥尔特云，这种穿越使其中一些星体脱离原来轨道以彗星的形式进入太阳系，这样就有可能与地球不期而遇，有人甚至认为，地球上第一代生命就是彗星与地球碰撞的产物。读者如果有兴趣可以查阅相关资料，这里不再赘述。

［**程序实现**］ 主程序文件名为：planet. m。

```
clear all
G=6.67e-11;      % 设定参数
M=1.99e30;
m=5.98e24;
R=1.5e11;
T=[1.5768e7,3.942e6];      % 地球及彗星运行时间
r0=[R,0.5*R];      % 初始位置
E=[-G*M*m/(2*R),0];      % 运动能量
```

```
v0=sqrt(2*E/m+2*G*M./r0);      % 初速
[t1,u1]=ode45('planetfun',[0:1000:T(1)],[r0(1),0,0,v0(1)/r0(1)],[],G,M);      % 解方程
[t2,u2]=ode45('planetfun',[0:250:T(2)],[r0(2),0,pi,v0(2)/r0(2)],[],G,M);
[x1,y1]=pol2cart(u1(:,3),u1(:,1));
[x2,y2]=pol2cart(u2(:,3),u2(:,1));
X1=[x1;flipud(x1)];      % 由对称性求另一半轨道数据
Y1=[y1;-flipud(y1)];
X2=[flipud(x2);x2];
Y2=[-flipud(y2);y2];
figure(1)    % 以下画轨迹图
plot(X1,Y1,X2,Y2,'LineWidth',1.5)
hold on
sun=line(0,0,'Color','r','Marker','.','MarkerSize',40);
axis([-1.8e11,1.8e11,-1.8e11,1.8e11])
axis equal
title('地球与彗星轨迹图','FontSize',14)
legend('地球轨道','彗星轨道')
figure(2)      % 以下为地球和彗星运动的动画
set(gcf,'unit','normalized','position',[0.3 0.3 0.5 0.5])
plot(X1,Y1,'b',X2,Y2,'m')
hold on
axis([-1.8e11,1.8e11,-3e11,3e11])
axis off
view(0,58)
text(0.1e11,0,'太阳')
title('进入地球轨道的彗星','FontSize',14)
sun=line(0,0,'Color','r','Marker','.','MarkerSize',50,'EraseMode','Xor');
earth=line(X1(1),Y1(1),'Color','b','Marker','.','MarkerSize',20,'EraseMode','Xor');
comet=line(X2(1),Y1(1),'Color','y','Marker','p','MarkerSize',10,'EraseMode','Xor');
n1=2*length(t1);
for i=1:n1
    set(earth,'XData',X1(i),'YData',Y1(i));
    set(comet,'XData',X2(i),'YData',Y2(i));
    drawnow
end
```

函数文件是一个独立文件，文件名为：planetfun.m。

```
function udot=planetfun(t,u,flag,G,M)
udot=[u(2);
      u(1).*u(4).^2-G*M/(u(1).^2);
      u(4);
      -2*u(2).*u(4)./u(1)];
```

[范例 7.4]　地球同步卫星轨道研究

发射地球同步卫星要利用"霍曼轨道"，先把它发射到距地面高度为 1400km 的圆形停泊轨道上，然后利用火箭推力使它沿此轨道的切线方向进入霍曼轨道。霍曼轨道的远地点即同步高度，约 36000km，在此高度上利用火箭推力使之进入同步轨道。在此模拟发射一颗质量为 500kg 的地球同步卫星的变轨过程。

[解题分析]　目前有许多同步卫星在赤道上空运行，承担着全球的通信、遥感、气象、广播电视信号传播、军事情报收集等多项任务。

当卫星绕地心旋转，与地球的角速度相同时，它与地球同步旋转，在地球上的观察者看来，卫星是不动的，故称这种卫星为同步卫星。同步卫星发射的步骤大致分三个阶段：第一阶段，用一、二级运载火箭将三级火箭和卫星的组合体送入近地的停泊轨道，之所以采用第三级火箭与第一、第二级火箭分两次启动，是因为可以证明，火箭若只启动一次，无论采用何种发射方式，都是无法把卫星送上同步轨道的。第二阶段，卫星在停泊轨道上做惯性飞行，当经过赤道上空时，第三级火箭点火，火箭熄火后，星、箭分离，卫星进入一个椭圆轨道，这就是转移轨道，又称霍曼轨道。这个轨道的近地点高度与入轨点相同，远地点与同步轨道相切，远地点和近地点都位于赤道上空，停泊轨道与霍曼轨道在同一平面。之所以采取这一步骤，一是地面需要时间对卫星调姿，二是可以节省能量。第三个阶段，卫星在霍曼轨道上运行几周后，当它再次经过远地点时，通过地面遥控指令，使卫星发动机点火，改变卫星飞行速度的大小和方向，使卫星运行进入同步轨道。

选用极坐标系，与范例 7.3 一样，卫星的运动微分方程为

$$\frac{d^2r}{dt^2}-r\left(\frac{d\varphi}{dt}\right)^2=-\frac{GMm}{r^2} \tag{7.4.1}$$

$$r\frac{d^2\varphi}{dt^2}+2\frac{dr}{dt}\frac{d\varphi}{dt}=0 \tag{7.4.2}$$

其中，G 为万有引力常数，M 为地球质量，m 为卫星质量。做数值计算时，还需将方程化为一阶方程，与范例 7.3 一样，令 $y_1=r$，$y_2=\frac{dr}{dt}$，$y_3=\varphi$，$y_4=\frac{d\varphi}{dt}$，将(7.4.1)和(7.4.2)式化为 4 个一阶微分方程

$$\frac{dy_1}{dt}=y_2 \tag{7.4.3}$$

$$\frac{dy_2}{dt}=y_1y_4^2-\frac{Gm}{y_1^2} \tag{7.4.4}$$

$$\frac{dy_3}{dt}=y_4 \tag{7.4.5}$$

$$\frac{dy_4}{dt}=-\frac{2y_2y_4}{y_1} \tag{7.4.6}$$

下面来计算实现这一过程所需要的一些参数。地球半径为 $R=6.37\times10^6$ m，地球质量为 $M=5.98\times10^{24}$ kg。由范例 2.3 可知，卫星在轨道上的总能量为：$E=-\frac{GMm}{r_1+r_2}$，其中 r_1 和 r_2 分别为卫星近地点和远地点距离。当卫星距地球为 r 时，其速度为：$v=\sqrt{\frac{2E}{m}+\frac{2GM}{r}}$。

由此可得：在停泊轨道上，轨道半径 $r=7.77\times10^6\text{m}$，$r_1+r_2=2r$，则总能量 $E=-1.27\times10^{10}\text{J}$，运动速度 $v=7.16\text{km/s}$，运动周期 $T=\dfrac{2\pi r}{v}=1.89\text{h}$。

在霍曼轨道上 $r_1+r_2=2a$，a 为椭圆半长轴，则总能量为 $E=-3.94\times10^9\text{J}$，近地点时速度 $v_1=9.31\text{km/s}$，远地点时速度 $v_2=1.70\text{km/s}$，运动周期为 $T=2\pi\sqrt{\dfrac{a^3}{GM}}=10.92\text{h}$。实际计算时，令卫星在霍曼轨道上运行一个半周期。

在同步轨道上有 $\omega=\dfrac{2\pi}{24\times60\times60}=7.27\times10^{-5}\text{rad/s}$，作为距地心为 r 的同步轨道应满足：$\dfrac{GMm}{r^2}=mr\omega^2$，由此得：$r=\sqrt[3]{\dfrac{GM}{\omega^2}}=4.23\times10^8\text{m}$，这样同步绕行速度为：$v=r\omega=3.08\text{km/s}$，$r_1+r_2=2r$，则总能量为 $E=-2.33\times10^9\text{J}$，周期为 $T=24\text{h}$。

由此可知：在卫星由停泊轨道变轨到霍曼轨道时，第三级火箭需对卫星调速：$\Delta v=v_1-v=2.15\text{km/s}$，当由霍曼轨道变轨到同步轨道时，卫星发动机需对卫星调速：$\Delta v=v-v_2=1.38\text{km/s}$。

利用求解微分方程的指令 ode45，将 M、G、m 及卫星的初始位置、初始速度、运动周期等参数传入，三次调用 hmorbfun.m 分别求出停泊轨道、霍曼轨道、同步轨道的数据，然后绘出相应的轨迹，如图 7.4.1 所示。程序的后半部分，做出了行星变轨过程的动画，利用指令 view 函数，改变观察角，以产生运动过程中的立体效果，图 7.4.2 为动画的一个截图。

读者可以将本题扩展、修改，模拟诸如飞船登陆月球，登陆火星的过程，因为这类空间旅行都要采用霍曼轨道的方法来实现。

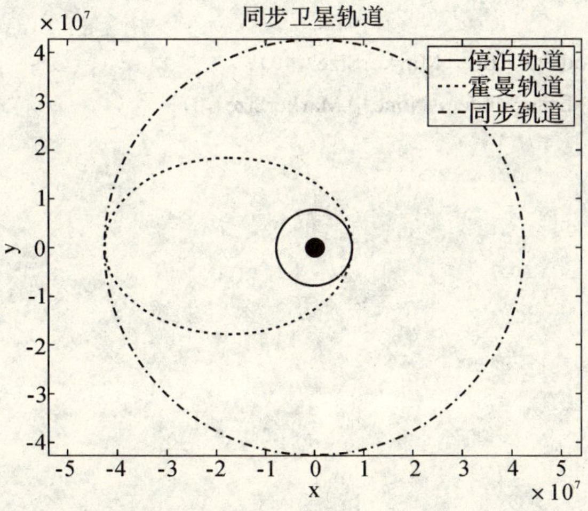

图 7.4.1

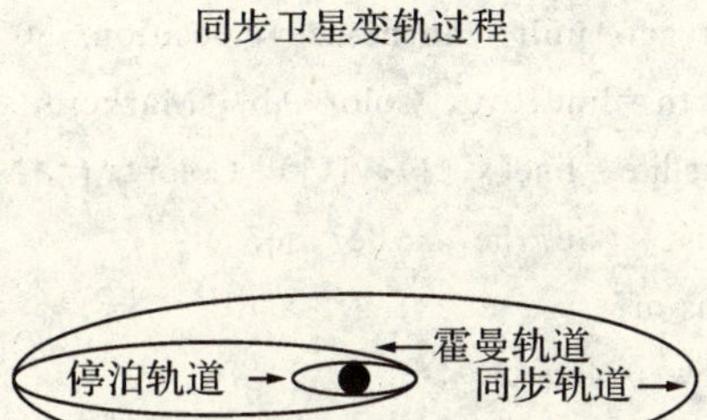

图 7.4.2

［程序实现］ 主程序文件名为 hmorb. m。

```
clear all
G=6.67e-11;      % 设定参数
M=5.92e24;
m=500;
T=[6.818e3,1.5*3.93e4,8.64e4,];          % 在三种轨道上的运动时间
r0=[7.77e6,7.77e6,4.23e7];               % 初始位置
E=[-1.26e10,-3.93e9,-2.32e9];            % 三种轨道下的各自总能量
v0=sqrt(2*E/m+2*G*M./r0);                % 初速度
[t1,u1]=ode45('hmorbfun',[0:10:T(1)],[r0(1),0,0,v0(1)/r0(1)],[],G,M);     % 求解停泊轨道
[t2,u2]=ode45('hmorbfun',[0:10:T(2)],[r0(2),0,0,v0(2)/r0(2)],[],G,M);     % 求解霍曼轨道
[t3,u3]=ode45('hmorbfun',[0:10:T(3)],[r0(3),0,pi,v0(3)/r0(3)],[],G,M);    % 求解同步轨道
[x1,y1]=pol2cart(u1(:,3),u1(:,1));
[x2,y2]=pol2cart(u2(:,3),u2(:,1));
[x3,y3]=pol2cart(u3(:,3),u3(:,1));
figure(1)      % 以下画轨迹图
plot(x1,y1,'r-',x2,y2,'g:',x3,y3,'m-.','LineWidth',1.5);
hold on
earth=line(0,0,'Color','b','Marker','.','EraseMode','Xor','MarkerSize',40);
axis equal
xlabel('x')
ylabel('y')
title('同步卫星轨道','FontSize',14)
legend('停泊轨道','霍曼轨道','同步轨道')
figure(2)      % 以下为变轨运动的动画
set(gcf,'unit','normalize','position',[0.3 0.1 0.5 0.5]);
earth=line(0,0,'Color','b','Marker','.','EraseMode','Xor','MarkerSize',40);
satellite=line(x1(1),y1(1),'Color','r','Marker','.','EraseMode','None','MarkerSize',2);
axis([-5e7,5e7,-8e7,8e7])
axis off
view(0,45)
title('同步卫星变轨过程','FontSize',14)
n1=length(t1);      % 停泊轨道动画
for i=1:n1
    set(satellite,'XData',x1(i),'YData',y1(i));
    drawnow;
    pause(0.001)      % 暂停以减缓动画速度
end
text(-0.8e7,0,'停泊轨道\rightarrow','HorizontalAlignment','right','FontSize',8)
satellite=line(x2(1),y2(1),'Color','r','Marker','.','EraseMode','None','MarkerSize',2);
n2=length(t2);      % 霍曼轨道动画
for i=1:n2
```

```
    set(satellite,'XData',x2(i),'YData',y2(i));
    drawnow;
end
text(0.3e7,1.4e7,'\leftarrow 霍曼轨道','HorizontalAlignment','left','FontSize',8)
satellite=line(x3(1),y3(1),'Color','r','Marker','.','EraseMode','None','MarkerSize',2);
n3=length(t3);    % 同步轨道动画
for i=1:n3
    set(satellite,'XData',x3(i),'YData',y3(i));
    drawnow;
end
text(4.2e7,0,'同步轨道\rightarrow','HorizontalAlignment','right','FontSize',8)
```

函数文件是一个独立文件，文件名为：hmorbfun.m。

```
function udot=hmorbfun(t,u,flag,G,M)
udot=[u(2);
    u(1).*u(4).^2-G*M/(u(1).^2);
    u(4);
    -2*u(2).*u(4)./u(1)];
```

第 8 章 机械振动

8.1 概念及规律

8.1.1 振动

描述物质运动状态的任意一个物理量，若在某一数值附近重复性变化时，都可将这一物理量所描述的物理过程称为振动。

8.1.2 简谐振动

动力学特征：物体做一维运动时，若所受回复力的大小与位移的大小成正比，方向与位移方向相反，则称该物体做简谐振动。

$$F = -kx$$

根据牛顿第二定律：$F = ma = m\frac{d^2x}{dt^2}$，可得

$$\frac{d^2x}{dt^2} + \omega^2 x = 0$$

其中，$\omega^2 = \frac{k}{m}$。

运动学特征：若物体的运动具有余弦形式 $x = A\cos(\omega t + \varphi)$，则称该物体做简谐运动。

8.1.3 描述振动的物理量

振幅：物体离开平衡位置的最大位移的绝对值 A，称作振幅。

周期：物体做一次完全振动所需时间 T，称作振动周期。

弹簧振子的简谐振动周期： $T = 2\pi\sqrt{\frac{m}{k}}$

单摆的简谐振动周期： $T = 2\pi\sqrt{\frac{l}{g}}$

频率：单位时间内物体所做的完全振动次数 $f(f = 1/T)$，称作振动频率。频率的 2π 倍叫做圆频率(角频率) $\omega = 2\pi T$。

相位：描述振动物体运动状态的物理量 $\omega t + \varphi$，称为相位，其中 $t = 0$ 时的相位 φ 称为初相位。

8.1.4 简谐振动的合成

(1)两个振动方向相同、频率相同的简谐振动的合成。

两个简谐振动的运动方程分别为

$$x_1 = A_1\cos(\omega t + \varphi_1)$$
$$x_2 = A_2\cos(\omega t + \varphi_2)$$

其合位移仍为简谐振动

$$x = A\cos(\omega t + \varphi)$$

其中合振动振幅为

$$A = \sqrt{A_1^2 + A_2^2 + 2A_1A_2\cos(\varphi_2 - \varphi_1)}$$

合振动的初相为

$$\varphi = \arctan\frac{A_1\sin\varphi_1 + A_2\sin\varphi_2}{A_1\cos\varphi_1 + A_2\cos\varphi_2}$$

(2)两个振动方向相同、频率不同的简谐振动的合成。

这时两个振动合成后不再是简谐运动，在频率较大而频率之差很小的情形下，其合振动的振幅将出现时而加强时而减弱的现象，这种现象叫做拍现象。

(3)两个振动方向相互垂直、频率相同的简谐振动的合成。

两个简谐振动的运动方程分别为

$$x = A_1\cos(\omega t + \varphi_1)$$
$$y = A_2\cos(\omega t + \varphi_2)$$

合成运动质点的轨迹方程为

$$\frac{x^2}{A_1^2} + \frac{y^2}{A_2^2} - \frac{2xy}{A_1A_2}\cos(\varphi_2 - \varphi_1) = \sin^2(\varphi_2 - \varphi_1)$$

这是一个椭圆方程，其形状由两个分振动的振幅及相位差决定。

(4)两个振动方向相互垂直、频率不同的简谐振动的合成。

若两个振动频率或周期成简单整数比时，合成运动的质点将沿一条稳定的闭合曲线进行，这种图形叫做李萨如(J. A. Lissajous)图形。

8.1.5　阻尼振动、受迫振动和共振

阻尼振动：实际的振动总要受到阻力的影响，从而使能量不断减少，振幅也将逐渐减小，这种振幅随时间减少的振动叫做阻尼振动。

受迫振动：系统在周期性驱动外力作用下所进行的振动，叫做受迫振动。

共振：受迫振动的振幅与驱动外力的频率有关，当驱动外力的频率为某一值时，振幅可达到最大值，我们把这种振幅达到最大值的现象叫做(位移)共振。

8.2　范例解析

[范例 8.1]　单摆运动的研究

在忽略质量的轻质不可伸长的弦线下，悬挂一个质量为 m 的摆锤，构成一个单摆振动系统。研究单摆在任意摆角下的振动情况及摆角与运动周期的关系。

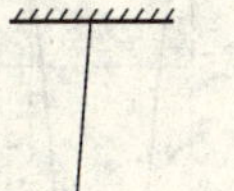

图 8.1.1

[解题分析]　单摆振动问题在任何一本教科书中都会作为一个标准的振动问题给出，如图 8.1.1 所示，摆线从悬挂点竖直向下的铅垂线为平衡位置，摆线偏离竖直的平衡位置的角度为 θ 时，则：$M = -lmg\sin\theta$，$J = ml^2$，$\alpha = \frac{d^2\theta}{dt^2}$。由转动定律 $M = J\alpha$ 可得单摆的运动微分方程为

$$\frac{d^2\theta}{dt^2}+\frac{g}{l}\sin\theta=0 \tag{8.1.1}$$

当单摆做小角度摆动，摆角小于 5°时，有 $\sin\theta\approx\theta$，则方程(3.1.1)变为

$$\frac{d^2\theta}{dt^2}+\frac{g}{l}\theta=0 \tag{8.1.2}$$

这是一个标准的简谐振动方程，此时单摆做简谐振动，其固有周期为 $T=2\pi\sqrt{\frac{l}{g}}$。而当单摆以任意角摆动时，方程(8.1.1)式很难求出解析解，其周期变化的规律也难以得到定量的表述，只有通过求其数值解才能解决此问题。

下面通过计算机求(8.1.1)式的数值解，令 $y_1=\theta$，$y_2=\frac{d\theta}{dt}$，则(8.1.1)式变为

$$\frac{dy_1}{dt}=y_2 \tag{8.1.3}$$

$$\frac{dy_2}{dt}=-\frac{g}{l}\sin y_1 \tag{8.1.4}$$

程序分为三个部分，第一部分利用解微分方程的指令 ode45，对小角度摆动：$\theta=\frac{\pi}{16}$，及较大角度摆动：$\theta=\frac{\pi}{3}$，进行求解。对其中的小角度摆动设计一个动画，图 8.1.1 即为其一个截图。第二部分仅用 5 个语句，将上述求解出的数值，用绘制图形指令绘出，可直观地看出摆角不同时，周期变化的情况，结果见图 8.1.2。第三部分求最大摆角与周期的关系，这里使用了求解微分方程的条件解法，使用了 events 指令，当单摆从正的最大位移运动到负的最大位移过程中，角速度从零逐渐减小到负的最大，然后又增加到零，运动过程中摆球的角速度始终为负，这段时间是单摆运动的半个周期。在程序中，用角速度 $y_2=\frac{d\theta}{dt}=0$ 作为判断的事件的变量，用 direction＝1 表示角速度从负值增加到零，用 isterminal＝1 表示当角速度为零时停止解微分方程。

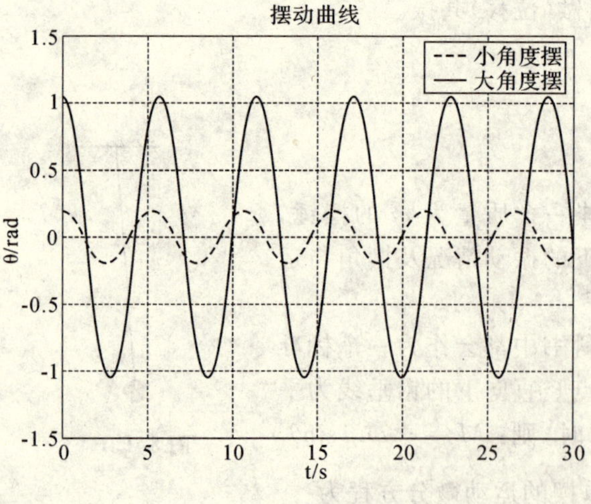

图 8.1.2

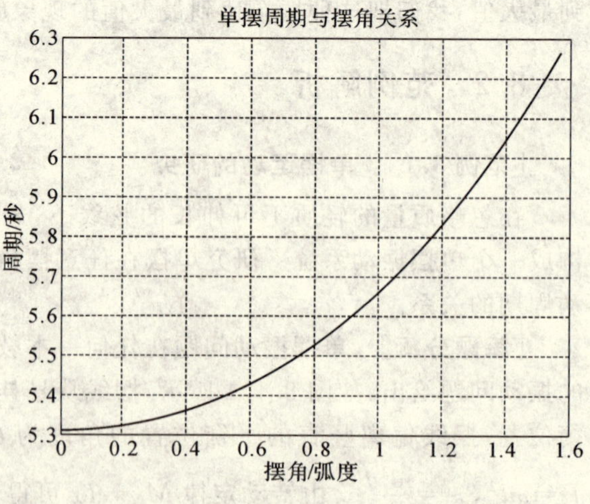

图 8.1.3

利用第三部分求解的数值绘成图 8.1.3，该图给出了单摆周期与最大摆角的关系，非常直观地表现出单摆运动随着摆角的增大，其运动周期逐渐变长的规律。

[程序实现]　主程序文件名为：sp. m。

```
clear all
l=7;          % 摆长
[t1,theta1]=ode45('spfun',[0:0.01:30],[pi/16,0],[],l);      % 在不同初始条件下解方程
[t2,theta2]=ode45('spfun',[0:0.01:30],[pi/3,0],[],l);
figure      % 以下画单摆动画
set(gcf,'unit','normalized','position',[0.1,0.2,0.4,0.5]);
cla;
axis([-l,l,-l,l+0.5]);
axis off
title('单摆','FontSize',14)
hold on
a1=line([-2,2],[l,l],'color','k','linestyle','-','linewidth',2);      % 画天花板
a2=linspace(-1.9,2.2,12);      % 以下画斜线
for i=1:11
    a3=(a2(i)+a2(i+1))/2;
    plot([a2(i),a3],[l,l+0.2],'color','b','linestyle','-','linewidth',1);
end
x=l*sin(theta1);      % 计算摆球坐标
y=l-l*cos(theta1);
L=line([0,x(1)],[l,y(1)],'color','b',...
    'erasemode','xor','linestyle','-','linewidth',1.25);      % 画摆线
ball=line(x(1),y(1),'color','y',...
    'erasemode','xor','marker','.','markersize',60);      % 画摆球
n=length(t1);      % 单摆动画
for i=1:n
    set(L,'xdata',[0,x(i)],'ydata',[l,y(i)]);
    set(ball,'xdata',x(i),'ydata',y(i));
    drawnow;
    pause(0.001)
end
figure
plot(t1,theta1(:,1),':',t2,theta2(:,1));      % 画不同初始条件下的振动曲线
grid on
xlabel('t/s');
ylabel('\theta /rad');
legend('小角度摆','大角度摆');
title('摆动曲线','FontSize',14)
sth=linspace(pi/360,pi/2,20);      % 设定不同初始摆角
```

```
T=[];
options=odeset('Events','on');      % 以下求摆动周期与摆角关系
for i=1:20;
    [t,u,event]=ode45('spfun',[0:0.001:20],[sth(i),0],options,l);
    T=[T,2*t(end)];
end
figure
plot(sth,T)
grid on
title('单摆周期与摆角关系','FontSize',14);
xlabel('摆角/弧度');
ylabel('周期/秒');
```

函数文件为独立文件,文件名为:spfun.m。

```
function varargout=spfun(t,y,flag,l)
switch flag
    case ''
        varargout{1}=f(t,y,l);
    case 'events'
        [varargout{1:3}]=events(t,y);
    otherwise
        error(['unknown flag '' flag ''.']);
end
function ydot=f(t,y,l)
g=9.8;
ydot=[y(2);
    -g/l*sin(y(1))];
function [value,isterminal,direction]=events(t,y,l)
value=y(2);
isterminal=1;
direction=1;
```

[范例 8.2] 弹簧摆运动的研究

将质量为 m 的小球固定在弹性系数为 k,原长为 l_0 的轻质“硬”弹簧上,弹簧另一端悬挂于固定点 O,以此构成弹簧摆。初始时,使弹簧摆偏离竖直位置一定角度,在静止、弹簧为原长的状态下放手,求该弹簧摆在竖直平面内的运动情况。

[解题分析] 范例 8.1 中研究的单摆有很强的约束条件,如摆球为质点、摆线忽略重量、不可伸缩、不可弯曲、系统置于惯性系中等。我们这里只解除了其中一个约束条件,将不可伸缩的摆线换成弹簧,下面看看这一改变将导致运动状态发生何种变化?尽管其他约束条件依然存在,但是求解后显示其运动的复杂程度大大提高。读者也可以试着将其他约束条件分别或同时解除,分析一下可能发生的变化,再试着用本范例中提供的方

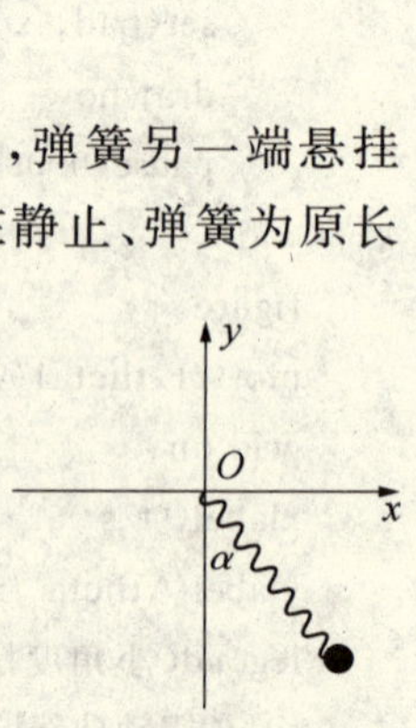

图 8.2.1

法，通过 MATLAB 求解一下，你会发现其中变化繁复、奥妙无穷。

弹簧摆运动过程中应该满足牛顿运动定律，为分析受力，建立如图 8.2.1 所示的直角坐标系，按通常分析受力时的习惯设定某时刻弹簧与竖直方向夹角为 α。

根据题意，弹簧为轻弹簧，只提供弹性，质量集中在摆球上，摆动时弹簧在垂直弹簧方向无形变。如图 8.2.1 所示，设摆动过程中某时刻弹簧长度为 l，且向 α 角增大的方向摆动，此时，系统受沿弹簧方向的弹性力 $f = k(l - l_0)$，和竖直向下的重力 mg 的作用。

这样，在直角坐标系中牛顿运动方程应为

$$-f\sin\alpha = m\frac{\mathrm{d}^2 x}{\mathrm{d}t^2} \tag{8.2.1}$$

$$f\cos\alpha - mg = m\frac{\mathrm{d}^2 x}{\mathrm{d}t^2} \tag{8.2.2}$$

由图 8.2.1 可知，摆球的直角坐标与摆角的关系是

$$x = l\sin\alpha \tag{8.2.3}$$

$$y = -l\cos\alpha \tag{8.2.4}$$

$$l = \sqrt{x^2 + y^2} \tag{8.2.5}$$

将摆球受力及相应坐标关系代入牛顿运动方程分量式(8.2.1)和(8.2.2)，经整理，可得

$$\frac{\mathrm{d}^2 x}{\mathrm{d}t^2} = -\frac{k}{m}\left(1 - \frac{l_0}{\sqrt{x^2 + y^2}}\right)x \tag{8.2.6}$$

$$\frac{\mathrm{d}^2 y}{\mathrm{d}t^2} = -g - \frac{k}{m}\left(1 - \frac{l_0}{\sqrt{x^2 + y^2}}\right)y \tag{8.2.7}$$

这个看上去并不复杂的力学系统，利用牛顿定律导出的运动方程却是一个没有解析解的、非常复杂的非线性微分方程组，要想了解其中的奥秘，唯一的办法就是求数值解。

为了通过 MATLAB 进行数值计算，令 $y_1 = x$, $y_2 = \frac{\mathrm{d}x}{\mathrm{d}t}$, $y_3 = y$, $y_4 = \frac{\mathrm{d}y}{\mathrm{d}t}$，则(8.2.6)和(8.2.7)式变为

$$\frac{\mathrm{d}y_1}{\mathrm{d}t} = y_2 \tag{8.2.8}$$

$$\frac{\mathrm{d}y_2}{\mathrm{d}t} = -\frac{k}{m}\left(1 - \frac{l_0}{\sqrt{y_1^2 + y_3^2}}\right)y_1 \tag{8.2.9}$$

$$\frac{\mathrm{d}y_3}{\mathrm{d}t} = y_4 \tag{8.2.10}$$

$$\frac{\mathrm{d}y_4}{\mathrm{d}t} = -g - \frac{k}{m}\left(1 - \frac{l_0}{\sqrt{y_1^2 + y_3^2}}\right)y_3 \tag{8.2.11}$$

程序分成两个部分，第一部分通过 ode45 求解上述微分方程组，先画出摆平面内摆锤运动的轨迹图，然后利用函数 cart2pol 将求解出的弹簧摆数据由直角坐标参数转换成极坐标参数，通过 subplot 指令在第二个图形窗口内绘制出弹簧摆的摆长及摆角随时间变化规律图；程序第二部分仍然是通过 MATLAB 中坐标转换函数，以一个动态的正弦曲线模拟弹簧，从初始时刻开始，将弹簧摆运动过程以动画方式演示出来。这里要注意的是，在 MATLAB 中规定，将 x 轴逆时针转向矢径时，极角为正，极角一旦超过 180°则规定将 x 轴顺时针转向矢径，这时极角为负，在进行两种坐标转换时要注意这种变化，否则动画会出错。程序注释得很详细，请读

者仔细阅读，程序运行结果如图所示。图 8.2.2 为弹簧摆在摆平面内摆锤运动的轨迹图，其运动复杂程度可见一斑。图 8.2.3 为摆动过程中，弹簧长度及摆角随时间变化曲线。图 8.2.4 为弹簧摆动画演示过程中的一个截图。

本范例中如摆长、弹簧的弹性系数，初始条件等，都可以自己另行设定，另外还可以直接在极坐标下列出弹簧摆的牛顿分量方程求解，读者可以仿照本范例加以变化，以融会贯通。

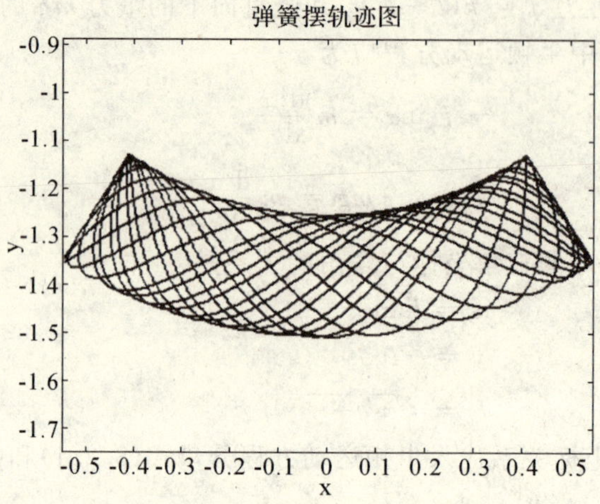

图 8.2.2

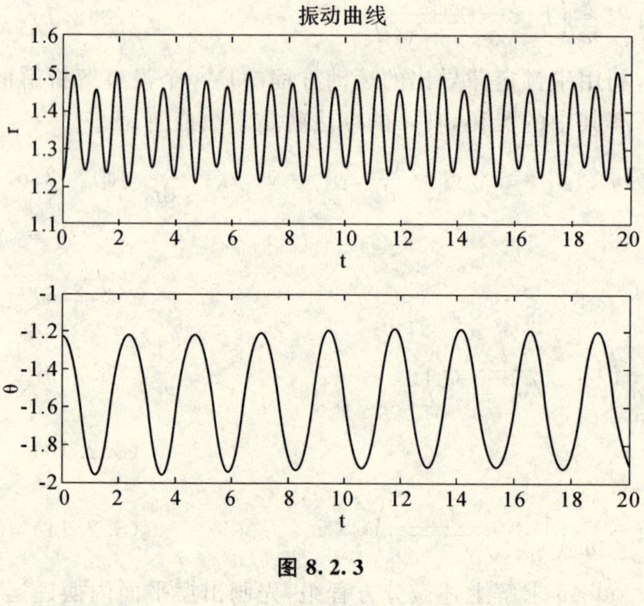

图 8.2.3

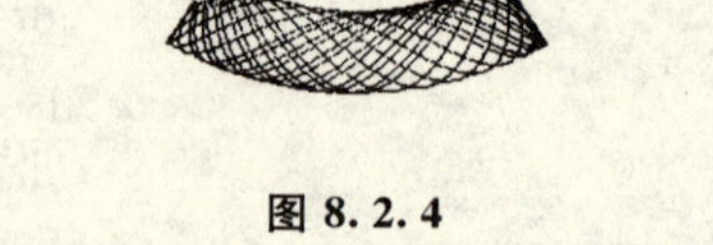

图 8.2.4

［程序实现］ 主程序文件名为：ssp. m。

```
clear all
theta0＝pi/9；      % 设初始角度及相应参数
m＝1；k＝65；g＝9.8；
L0＝1.2；     % L0 为弹簧原长
st＝［L0＊sin(theta0)，0，－L0＊cos(theta0)，0］；      % 弹簧摆初始值
```

```
[t,u]=ode45('sspfun',[0 : 0.005 : 20],st,[],L0,k,m,g);    % 解微分方程
[theta,r]=cart2pol(u(:,1),u(:,3));    % 转换为极坐标
figure(1)    % 以下绘制运动轨迹
plot(u(:,1),u(:,3),'Color','r','LineWidth',1.5)
axis equal
title('弹簧摆轨迹图','FontSize',14)
xlabel('x')
ylabel('y')
figure(2)    % 以下绘制运动曲线
subplot(2,1,1)
plot(t,r)
title('振动曲线','FontSize',12)
xlabel('t')
ylabel('r')
subplot(2,1,2)
plot(t,theta)
xlabel('t')
ylabel('\theta')
figure(3)    % 开始动态演示
ym=max(abs(u(:,3)));
axis([-1.2  1.2  -1.2 * ym  0.2]);    % 设置坐标范围
axis off
title('弹簧摆','FontSize',14)
hold on;
R=0.045 ;    % 设置弹簧半径
yd=-L0 : 0.01 : 0;
xd=R * sin(yd./L0 * 30 * pi);    % 用正弦曲线表示弹簧
[thetad,rd]=cart2pol(xd,yd);    % 直角坐标变换到极坐标
thetad=thetad+theta0;    % 转换到初始位置
[xd,yd]=pol2cart(thetad,rd);    % 绘制初始位置弹簧的数据
line([-1 1],[0 0],'Color','k','LineWidth',2)    % 画悬挂弹簧摆的横杆
ball=line(xd(1),yd(1),'Color','k','Marker','.',...    % 画摆球,并获取句柄
    'Markersize',75,'EraseMode','xor');
spring=line(xd,yd,'Color','k','LineWidth',2,'EraseMode', 'Xor');    % 画初始位置弹簧,并获取
句柄
tracer=line(xd(1),yd(1),'color','k','LineStyle','-',...    % 画运动轨迹起点,并获取句柄
    'LineWidth',1.3,'EraseMode','None');
pause(0.9)
for i=1 : length(t)    % 以下计算所需数据,动画演示弹簧摆运动
    yd=-r(i,1):0.01 : 0;
    xd=R * sin(yd./r(i,1) * 30 * pi);
    [thetad,rd]=cart2pol(xd,yd);
    thetad=thetad+theta(i)+pi/2;
```

```
    [xd,yd]=pol2cart(thetad,rd);
    set(ball,'XData',u(i,1),'YData',u(i,3));
    set(spring,'XData',xd,'YData',yd);
    set(tracer,'XData',u(i,1),'YData',u(i,3));
    drawnow;
end
```

函数文件是一个独立文件,文件名为:sspfun.m。

```
function udot=sspfun(t,u,flag,L0,k,m,g)
udot=[u(2);
    -k/m*(1-L0/(u(1).^2+u(3).^2).^0.5).*u(1);
    u(4);
    -g-k/m*(1-L0/(u(1).^2+u(3).^2).^0.5).*u(3)];
```

[范例 8.3] 佛科摆运动的研究

重力场中单摆在长时间的摆动过程中会发生摆动平面旋转的现象,这一现象是法国物理学家佛科在 1851 年首先发现的。他当时在巴黎的一个大厅里悬挂了一个摆长为 67m,摆球质量为 25kg 的单摆。他发现该摆在摆动时,其摆动平面沿顺时针方向每小时转过 11°15′的角度。这种现象显示了地球的自转。北京天文馆也悬挂着一个这样的佛科摆,摆长 10m,其摆动平面每小时沿顺时针方向转过 9°40′。试研究在纬度为 φ 处,佛科摆的运动情况。

[解题分析] 其实所谓佛科摆仍然是范例 8.1 中讨论过的一个单摆问题,只不过在这里解除了惯性系的约束。佛科摆之所以会发生摆平面的旋转,是由于地球是一个旋转的非惯性系。地球的转动使运动的物体受到一个附加的力,这个力称为科里奥利力。科里奥利力是与物体相对此非惯性系的运动速度相垂直的。强热带风暴的漩涡、北半球由南向北的河流东岸受到较严重的冲刷等,都与科里奥利力有关。

用 $\vec{\omega}$ 表示转动参考系的角速度,当质量为 m 的质点,相对转动参考系的速度为 $\vec{v}$ 时,则在转动参考系内观察到的科里奥利力为:$\vec{F}_c = 2m\vec{v}\times\vec{\omega}$,由于佛科摆的摆长很长,当摆做小角度摆动时,可以将摆球视为在平面内运动。以摆球平衡位置为坐标原点,x 轴向南,y 轴向东,建立直角坐标系,如图 8.3.1。

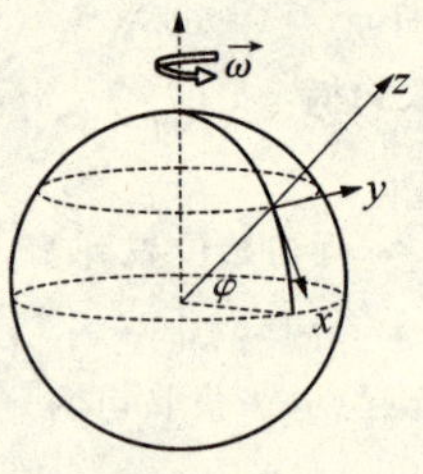

图 8.3.1

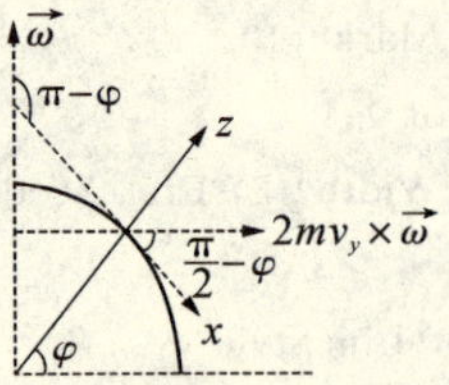

图 8.3.2

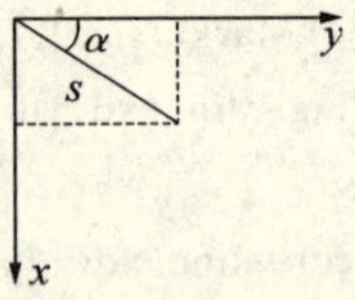

图 8.3.3

摆球受科里奥利力作用,按图 8.3.2 有

$$f_{cx} = 2m\omega v_y \cos\left(\frac{\pi}{2}-\varphi\right) \tag{8.3.1}$$

$$f_{cy} = -2m\omega v_x \sin(\pi-\varphi) \tag{8.3.2}$$

忽略竖直方向的运动，在 xy 面内摆线张力的两个分力，按图 8.3.3 有

$$T_{sx} = -T_s \sin\alpha = -\frac{x}{l}mg \tag{8.3.3}$$

$$T_{sy} = -T_s \cos\alpha = -\frac{y}{l}mg \tag{8.3.4}$$

由此可得摆球在 xy 面内的运动微分方程

$$\frac{\mathrm{d}^2 x}{\mathrm{d}t^2} - 2\omega\sin\varphi\frac{\mathrm{d}y}{\mathrm{d}t} + \frac{g}{l}x = 0 \tag{8.3.5}$$

$$\frac{\mathrm{d}^2 y}{\mathrm{d}t^2} + 2\omega\sin\varphi\frac{\mathrm{d}x}{\mathrm{d}t} + \frac{g}{l}y = 0 \tag{8.3.6}$$

此方程是可以求得解析解的，可以证明：在纬度 φ 处，摆平面的旋转角速度为 $2\pi\sin\varphi$ 弧度/昼夜，这里我们仍然用数值解法求解。

令 $x_1 = x$，$x_2 = \frac{\mathrm{d}x}{\mathrm{d}t}$，$x_3 = y$，$x_4 = \frac{\mathrm{d}y}{\mathrm{d}t}$，则方程(8.3.5)和(8.3.6)式化为如下微分方程：

$$\frac{\mathrm{d}x_1}{\mathrm{d}t} = x_2 \tag{8.3.7}$$

$$\frac{\mathrm{d}x_2}{\mathrm{d}t} = 2\omega x_4\sin\varphi - \frac{g}{l}x_1 \tag{8.3.8}$$

$$\frac{\mathrm{d}x_3}{\mathrm{d}t} = x_4 \tag{8.3.9}$$

$$\frac{\mathrm{d}x_4}{\mathrm{d}t} = -2\omega x_2\sin\varphi - \frac{g}{l}x_3 \tag{8.3.10}$$

程序分两个部分，第一个部分，为了方便演示，使摆动过程加快，将地球转动角速度放大 400 倍，并设摆长为 $l=20\mathrm{m}$，纬度为 $\varphi = \frac{\pi}{6}$。摆球运动的初始值，除 x 初始值设为 2 外，y 初始值及初始速度均设为 0，利用指令 ode45 求解微分方程时，将相应初始值及有关参数传入，然后利用求解出的数值制作出一个三维佛科摆的动画，图 8.3.4 为其中一个截图。在动画设置中请注意语句：

```
ball=line(x(1,1),x(1,3),z(1),'Color','g',...
    'EraseMode','Xor','Marker','.','MarkerSize',30);          % 画摆球
tracer=line(x(1,1),x(1,3),z(1),'color','k',...
    'LineStyle','-','LineWidth',1.2,'EraseMode','None');   % 画摆球轨迹
```

两个语句都是画摆球的，但是第二个语句的 EraseMode 属性设为 None，这两个语句相结合，即画出了摆球动态运动的状况，又使运动轨迹留在摆球所在平面。

程序第二部分用指令 comet 画出了摆球在 xy 平面动态的变化情况，由于拷贝图形时 comet 指令不能保留相应的轨迹，程序中又用指令 plot 补画了一次曲线，结果见图 8.3.5。

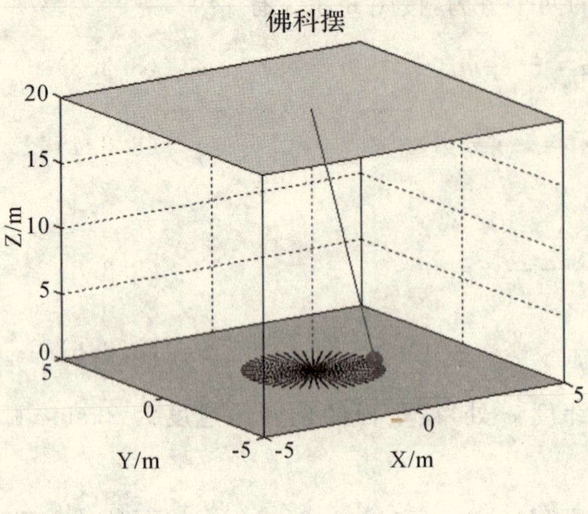

图 8.3.4

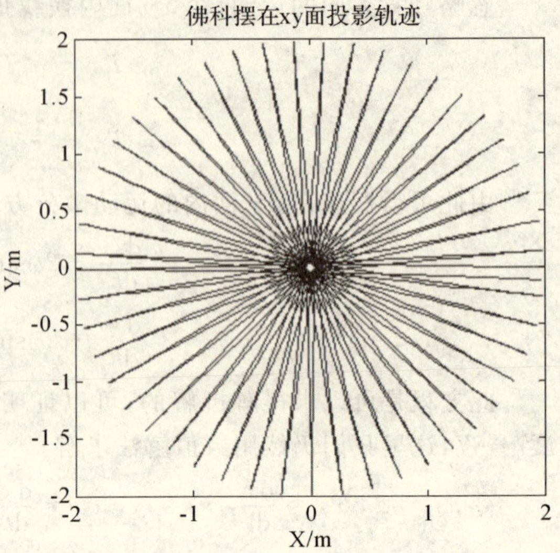

图 8.3.5

［程序实现］ 主程序文件名为 fcp.m。

```
clear all
phi=pi/6;          % 佛科摆所处纬度
l=20;              % 摆长
st=[2,0,0,0];  % 初始条件
[t,x]=ode45('fcpfun',[0:0.1:220],st,[],phi,l);
figure(1)          % 以下画三维摆动
axis([-5,5,-5,5,0,20])
xlabel('X/m');
ylabel('Y/m');
zlabel('Z/m');
title('佛科摆','FontSize',14)
grid on
box on
hold on
fill3([5,5,-5,-5,5],[5,-5,-5,5,5],[l,l,l,l,l],[127/255,1,212/255])  % 画天花板
fill3([5,5,-5,-5,5],[5,-5,-5,5,5],[0,0,0,0,0],[1,0.62,0.40])        % 画地面
line([0,0],[0,0],[0,l],'Color','r','LineStyle',':')                  % 悬点投影线
view(-34,20)     % 观察视角
r=sqrt(x(:,1).^2+x(:,3).^2);
theta=r./l;       % 摆线与 z 轴夹角
z=l-l*cos(theta);
L=plot3([0,x(1,1)],[0,x(1,3)],[l,z(1)],'Color','y',...
    'EraseMode','Xor','LineStyle','-','LineWidth',1.2);      % 画摆线
ball=line(x(1,1),x(1,3),z(1),'Color','g',...
    'EraseMode','Xor','Marker','.','MarkerSize',30);        % 画摆球
tracer=line(x(1,1),x(1,3),z(1),'color','k',...
```

```
    'LineStyle','-','LineWidth',1.2,'EraseMode','None');   % 画摆球轨迹
n=length(t);   % 以下为摆的动画
for i=1:n
    set(L,'XData',[0,x(i,1)],'YData',[0,x(i,3)],'ZData',[l,z(i)]);
    set(ball,'XData',[x(i,1)],'YData',[x(i,3)],'ZData',[z(i)]);
    set(tracer,'XData',[x(i,1)],'YData',[x(i,3)],'ZData',[z(i)]);
    pause(0.001) % 延缓动画速度
    drawnow;
end
pause(1)
figure(2)       % 以下画摆球在 xy 面投影轨迹
set(gcf,'unit','normalized','position',[0.1,0.2,0.4,0.5]);
comet(x(:,1),x(:,3))
plot(x(:,1),x(:,3),'r')
xlabel('X/m');
ylabel('Y/m');
title('佛科摆在 xy 面投影轨迹','FontSize',14)
```

函数文件为一个独立文件,文件名为:fcpfun.m。

```
function xdot=fcpfun(t,x,flag,phi,l)
w=pi/108;     % 地球转速放大 400 倍
g=9.8;
xdot=[x(2);
    2*w*sin(phi)*x(4)-g/l*x(1);
    x(4);
    -2*w*sin(phi)*x(2)-g/l*x(3)];
```

[范例 8.4]　复摆振动中的混沌现象研究

将一个半径为 R 的金属圆盘复摆(图 8.4.1),中心固定,通过连接两只轻弹簧的细绳绕过圆盘,细绳两端分别系于机械振动驱动器上。系统振动的外力由机械振荡驱动器提供,振动的阻尼可由磁阻尼装置调节,摆的重心可由一螺丝 m 来调整,系统振动周期可通过振动驱动器调整。当系统在有外驱动力、摆的重心等条件不变的情况下,通过调节磁阻尼装置,系统将出现一系列非线性现象,试分析这种圆盘复摆的强迫振动。

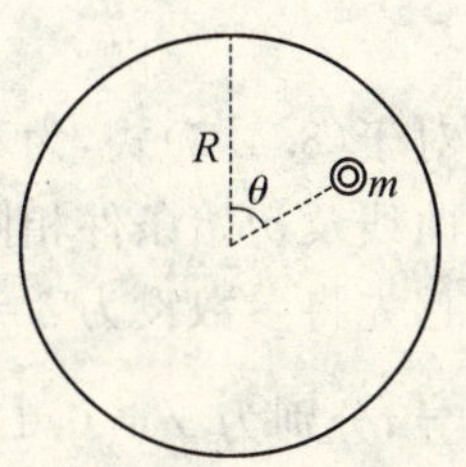

图 8.4.1　圆盘复摆结构图

[解题分析]　混沌学研究的是无序中的有序,主要讨论非线性系统动力学系统的不稳定发散过程。混沌中蕴涵着有序,有序过程也可能出现混沌。混沌科学与其他许多学科领域相互渗透,无论是在物理学、化学、数学、电子学、信息科学、生物学、生理学,还是在天文学、气象学、经济学,甚至在音乐、艺术领域都得到广泛应用,它的应用领域不断在扩大和深入,对混沌科学的研究将使我们对大自然增加更深刻的理解,混沌理论在现代科学中起着十分重要的作用。在工科大学生的本科学习中,其实就会遇到可以导致混沌振动的系统,读者通过对此问题的研究可以初步感受到混沌现象的奥妙。

下面分析此系统能实现混沌的条件：如图 8.4.1，设金属盘半径为 R，质量为 M，则转动惯量 $J_0=\frac{1}{2}MR^2$，设螺丝质量为 m，距离圆盘中心为 l。圆盘在运动中受重力矩：$mgl\sin\theta$，阻力矩：$-c\theta$，空气阻力矩：$-\gamma\frac{d\theta}{dt}$，驱动力矩：$A\cos\Omega t$，则受迫振动的复摆系统，遵守转动定律：$M=J\alpha=J\frac{d^2\theta}{dt^2}$。其中 $J=J_0+ml^2$，有

$$(J_0+ml^2)\frac{d^2\theta}{dt^2}=mgl\sin\theta-c\theta-\gamma\frac{d\theta}{dt}+A\cos\Omega t \tag{8.4.1}$$

将 $\sin\theta$ 做泰勒级数展开，取 $\sin\theta\approx\theta-\frac{\theta^3}{6}$，代入(8.4.1)式，整理得

$$\frac{d^2\theta}{dt^2}+\frac{\gamma}{J_0+ml^2}\frac{d\theta}{dt}-\frac{mgl-c}{J_0+ml^2}\theta+\frac{mgl}{6(J_0+ml^2)}\theta^3=\frac{A}{J_0+ml^2}\cos\Omega t \tag{8.4.2}$$

令 $\Omega_0^2=\frac{mgl-c}{J_0+ml^2}$，则可知系统有两个稳定平衡位置：$\theta_0=\pm\sqrt{6\left(1-\frac{c}{mgl}\right)}$。

取 $T_0=\frac{1}{\Omega_0}$，令 $x=\frac{\theta}{\theta_0}$，$\tau=\frac{t}{T_0}$。对(8.4.2)式做无量纲化处理。

令 $\delta=\frac{\gamma}{\sqrt{(mgl-c)(J_0+ml^2)}}$，$f=\frac{A\sqrt{mgl}}{\sqrt{6}(mgl-c)^{3/2}}$，$\omega=\frac{\Omega}{\Omega_0}$，有

$$\frac{d^2x}{d\tau^2}+\delta\frac{dx}{d\tau}-x+x^3=f\cos\omega\tau \tag{8.4.3}$$

此即著名的杜芬(Duffing)振动方程，是此装置能够实现混沌运动的基本物理条件。

设 $x=y_1$，$\frac{dx}{dt}=y_2$，则方程(8.4.3)式化为一阶微分方程

$$\frac{dy_1}{d\tau}=y_2 \tag{8.4.4}$$

$$\frac{dy_2}{d\tau}=-\delta y_2+y_1-y_1^3+f\cos\omega\tau \tag{8.4.5}$$

对于(8.4.3)式，为不失一般性，我们令 $\omega=1$，通过计算机模拟初始条件有微小变化时的位移曲线及初始条件相同情况下，δ 及 f 不同组合时的周期振动相图。

首先将参数设为 $\delta=0.78$，$f=1$，两次求解微分方程(8.4.3)式，两次求解得初始值有微小差异，分别为 $x=0.1$，$\frac{dx}{dt}=0.1$ 及 $x=0.1$，$\frac{dx}{dt}=0.1001$。求解结果见图 8.4.2 中表示为"位移曲线"的子图。从图中可以看出，在初始阶段，两曲线几乎完全相同，但随着时间推移，两者差异越来越明显。即在长时间运动后一个确定的运动变成无法预言的"随机"行为，这种由确定性方程产生的对初始值敏感的现象，就是通常所说的混沌现象。

我们把振动过程中 $\frac{dx}{dt}$ 与 x 的关系图，称为相图。图 8.4.2 中表示为"奇怪吸引子"的子图，即为复摆混沌相图。由于此系统有两个稳定平衡位置，复摆受激励振动以后，围绕一个稳定平衡位置振动几次后，转而围绕另一个稳定平衡位置振动若干次，然后又跳回原来的稳定平衡位置，周而复始。每次情况不同，但又不是周期运动，故相轨道极其复杂。这种轨道具有局部不稳定，但全局稳定，最终被吸引到相图中的某一点附近的混沌形态，称为奇怪吸引子。

当然复摆只有在特定的情况下才会进入混沌状态的，更多的时候是呈现“正常”的振动状态的，图 8.4.3 给出初始条件相同，但 δ 及 f 不同组合时的周期振动相图，其组合分别为：$\delta=2$，$f=1$；$\delta=0.1$，$f=3.5$；$\delta=0.2$，$f=16.5$；$\delta=0.3$，$f=5$。

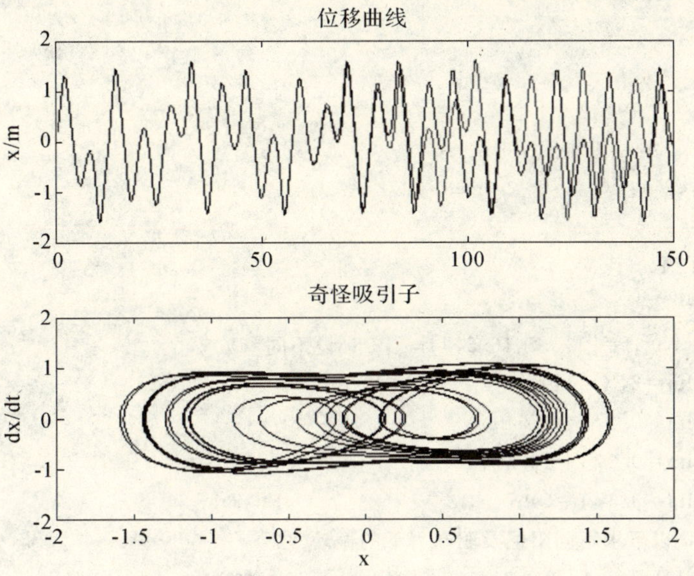

图 8.4.2

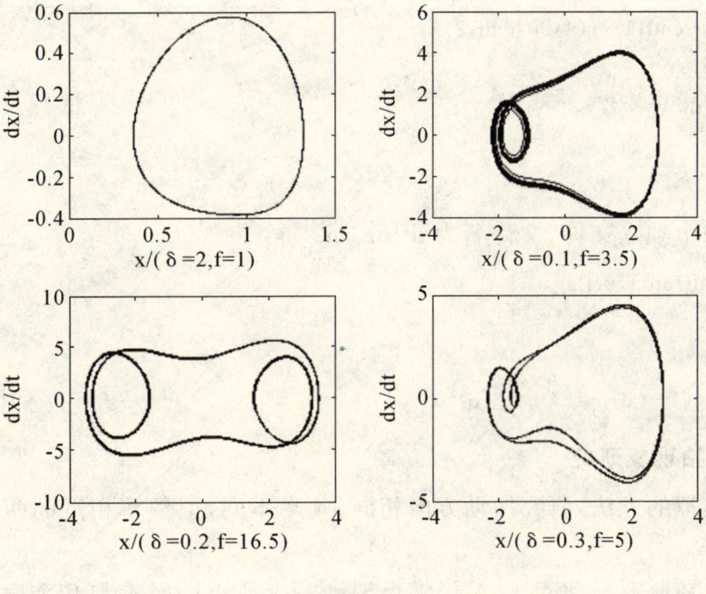

图 8.4.3

[程序实现]　主程序文件名为：chaos. m。

```
clear all
[t,y]=ode45('dffun',[0:0.01:150],[0.1,0.1],[],0.78,1);      % 解方程
[t1,y1]=ode45('dffun',[0:0.01:150],[0.1,0.1001],[],0.78,1);    % 初始值有微小变化
```

```
figure(1)
set(gcf,'unit','normalized','position',[0.2 0.2 0.45 0.7]);
subplot(2,1,1);     % 画振动曲线
plot(t,y(:,1),'r',t1,y1(:,1),'b');
xlabel('t/s');
ylabel('x/m');
title('位移曲线')
subplot(2,1,2);     % 画相图
plot(y(:,1),y(:,2));
xlabel('x');
ylabel('dx/dt');
title('奇怪吸引子')
d=[2,0.1,0.2,0.3];f=[1,3.5,16.5,5];     % 设不同参数
str{1}='x/(\delta=2, f=1)';
str{2}='x/(\delta=0.1, f=3.5)';
str{3}='x/(\delta=0.2, f=16.5)';
str{4}='x/(\delta=0.3, f=5)';
for i=1:4     % 以下求不同阻尼及驱动力下的振动
    [t,y]=ode45('dffun',[0:0.01:100],[1,4],[],d(i),f(i));
    figure(2)
    subplot(2,2,i);
    plot(y(4400:end,1),y(4400:end,2));
    xlabel(str{i});
    ylabel('dx/dt');
    axis auto;
end
```

函数文件为一个独立文件，文件名为 dffun.m。

```
function ydot=dffun(t,y,flag,d,f)
w=1;
ydot=[y(2);
    -y(1)^3+y(1)-d*y(2)+f*cos(w*t)];
```

[范例 8.5]　拍现象研究

通过计算机模拟的方法，研究振动方向相同、频率不同，但频率相近的两个简谐振动的合成规律。

[解题分析]　在研究振动问题时，经常会遇到一个质点同时参与几个振动的情况。例如当两列声波同时传到某一点时，该点处的空气分子就同时参与了两个振动。根据运动的叠加原理，这时质点所作的运动就是两个振动的合成。

大学物理中通常要研究两个同方向、同频率简谐振动的合成，一方面这种振动的合成数学处理较为简单，另一方面这种研究的结果可为后续的波动及波动光学中的干涉、衍射现象的研究打下基础。其实，同方向、不同频率简谐振动的合成，尤其是频率相近的两个简谐振动的研究，即拍

现象的研究，有着其特殊的意义，这种现象在生产实践中有着广泛的应用。例如，管乐器中的双簧管就是利用两个簧片振动频率的微小差别来产生拍音，从而发出独特的音色；给乐器调音时，通常是使某音和标准音叉出现的拍音消失来进行校准。利用拍现象还可以测量未知频率、监视公路上的汽车速度、用卫星进行地面跟踪等。在电子学测量仪器中，也常常用到拍现象。

我们把两个简谐振动的振动方程写为

$$x_1 = A_1\cos(\omega_1 t + \varphi_{10}) \tag{8.5.1}$$

$$x_2 = A_2\cos(\omega_2 t + \varphi_{20}) \tag{8.5.2}$$

当两个简谐振动的圆频率很接近，且 $\omega_2 > \omega_1$，根据振动的叠加原理，两者的合振动是

$$x = x_1 + x_2 = A_1\cos(\omega_1 t + \varphi_{10}) + A_2\cos(\omega_2 t + \varphi_{20}) \tag{8.5.3}$$

为方便起见，令 $A_1 = A_2 = A$，则上式可写成

$$x = 2A\cos\left(\frac{\omega_2 - \omega_1}{2}t + \frac{\varphi_{20} - \varphi_{10}}{2}\right)\cos\left(\frac{\omega_1 + \omega_2}{2}t + \frac{\varphi_{10} + \varphi_{20}}{2}\right) \tag{8.5.4}$$

在 $\omega_2 - \omega_1$ 远小于 ω_1 或 ω_2 的情况下，式(8.5.4)中第一项因子随时间作缓慢变化，第二项因子是圆频率近于 ω_1 或 ω_2 的简谐振动，因此合成振动可近似看成是圆频率为 $\frac{\omega_1 + \omega_2}{2} \approx \omega_1 \approx \omega_2$，振幅为 $\left|2A\cos\left(\frac{\omega_2 - \omega_1}{2}t + \frac{\varphi_{20} - \varphi_{10}}{2}\right)\right|$ 的简谐振动。由于振幅缓慢变化是周期性的，所以振动出现时强时弱的拍现象。

传统的关于拍现象的演示实验是，在课堂上分别敲击频率很接近的两只音叉，结果就会听到“嗡”、“嗡”、“嗡”的声音，由此反映合振幅时强时弱周期性变化的拍现象。我们在程序实现时也模仿了这种演示，不仅可以观其形(画振动合成曲线)，还可闻其声(用指令 sound 模拟发声)。

程序很简单，设 $A_1 = A_2 = 1$，$\varphi_{10} = 0$，$\varphi_{20} = \pi$，频率经反复调整选择为 $f_1 = 43\text{Hz}$ 和 $f_2 = 43.5\text{Hz}$，程序运行时使合振动的拍音通过计算机发出，其声音类似从双簧管发出的音色。程序中先用指令 subplot，将两个分振动及合成振动曲线绘出，见图 8.5.1；然后用指令 sound 分别产生每个分振动及合成振动的声音，注意每次都利用指令 pause 暂停，以便读者能有时间分辨出每个振动发出的不同声音，其暂停时间读者可根据自己计算机的配置来设定，这样通过声卡和音箱就可听到与实物演示一样的拍频现象了。

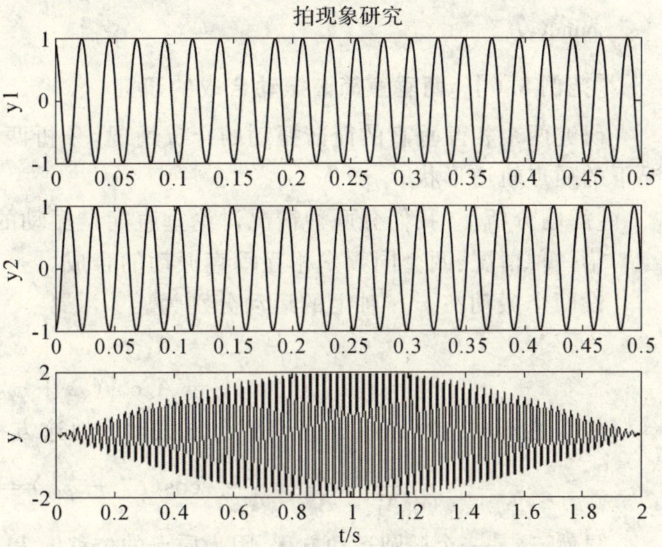

图 8.5.1

［**程序实现**］　主程序文件名为：beat.m。

```
clear all
t=0:0.001:20;
```

```
y1=cos(2*pi*43*t);      % 设两个同方向不同频率的振动
y2=cos(2*pi*43.5*t+pi);
y=y1+y2;     % 合成
figure
subplot(3,1,1)     % 以下分别画出三种振动曲线
plot(t,y1);
axis([0,0.5,-1,1]);
ylabel('y1');
title('拍现象研究','FontSize',12)
subplot(3,1,2);
plot(t,y2);
axis([0,0.5,-1,1]);
ylabel('y2');
subplot(3,1,3);
plot(t,y);
axis([0,2,-2,2])
ylabel('y');
xlabel('\itt\rm/s');
pause(1);
sound(y1);     % 以下分别播放振动时的声音
pause(4);
sound(y2);
pause(4);
sound(y)
```

[范例 8.6]　两垂直简谐振动合成的研究

研究两个相互垂直的简谐振动的合成情况，分析两个垂直方向各种不同频率振动组合情况下的质点轨道形状。

[解题分析]　我们分两种情况讨论垂直简谐振动的合成。

第一种情况：两个同频率相互垂直振动的合成。

设两个振动在 x，y 轴上的运动分别为

$$x = A_1\cos(\omega t + \varphi_{10}) \tag{8.6.1}$$

$$y = A_2\cos(\omega t + \varphi_{20}) \tag{8.6.2}$$

将上述两式中的 t 消去，可得到合成振动的轨迹方程

$$\frac{x^2}{A_1^2} + \frac{y^2}{A_2^2} - \frac{2xy}{A_1A_2}\cos(\varphi_{20} - \varphi_{10}) = \sin^2(\varphi_{20} - \varphi_{10}) \tag{8.6.3}$$

显然，这是一个椭圆运动方程，因为质点的位移 x 和 y 在有限范围内变动，所以椭圆轨道不会超出 $2A_1$ 和 $2A_2$ 为边界的矩形范围，轨道的具体形状由两个分振动的振幅及相位差决定，分别可以是直线（$\varphi_{20}-\varphi_{10}=0,\pi$）、椭圆$\left(\varphi_{20}-\varphi_{10}=\pm\frac{\pi}{2}\right)$和圆$\left(\varphi_{20}-\varphi_{10}=\pm\frac{\pi}{2},A_1=A_2\right)$，而质点运动的方向则与相位差有关。这里其实隐含一个原理：一个沿直线的简谐振动、匀速圆周运动和某些椭圆运动都可以分解为两个相互垂直的简谐振动。我们对运动叠加原理的认识可由

上述运动分析而更深刻。

第二种情况：两个相互垂直但具有不同频率的简谐振动的合成。

由于频率不同，很难给出一个解析式来表明两个合成振动的运动轨迹，其合成运动比较复杂，而且轨迹也不稳定。一般来讲，只有在两振动的圆频率成简单的整数比时，才有稳定的轨迹，但轨迹的形状不仅与两振动的圆频率比及初相差有关，还与 φ_{10} 或 φ_{20} 有关。这些稳定封闭的曲线叫做李萨如图形，利用这些图形，可由一已知频率求得另一个振动的未知频率，若频率比已知，则可利用这种图形，确定相位关系。在无线电等许多科技领域中，常用这种方法测定频率、确定相位关系。对于第二种情况，最好的办法就是借助于计算机技术来处理，通过 MATLAB 编程就可以方便地讨论各种可能的合成变化。

研究垂直简谐振动合成的计算机模拟程序分两个部分，第一个部分先设定相应的参数，将频率的比值置于矩阵 $\boldsymbol{k}=[1,1/2,2/3,3/4]$ 中，然后通过 for 循环，调用指令 axis 将四种比例的李萨如图形绘出，见图 8.6.1。这里请注意其中 axis 指令与常用的子图指令 subplot 指令用法的异同。

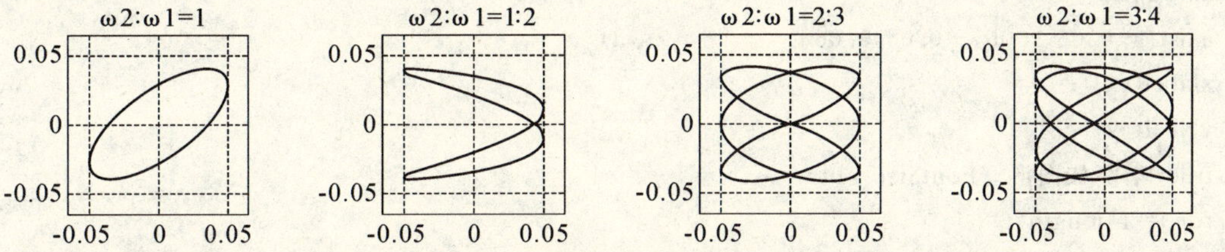

图 8.6.1

程序的第二部分将频率比为 3∶4 的情况用动画表现出来，图 8.6.2 是动画的一个截图。运行本程序通过动画读者可以清楚地看到质点随时变化的特征及运动方向，感觉就像坐在实验室里观察示波器一样。读者可以调整相应的参数，设置不同的相位差和频率比，以便更深入直观地讨论垂直振动合成的规律。

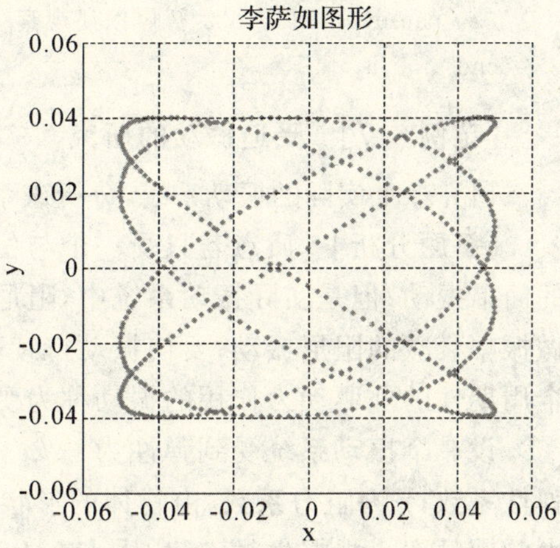

图 8.6.2

［程序实现］　主程序文件名为：lissa.m。

```
clear all
phi=pi/4;     % 设定振动参数
A1=0.05;
A2=0.04;
k=[1,1/2,2/3,3/4];     % 频率比
w1=4*pi;
t=0:0.004:2;
figure
str{1}='\omega2:\omega1=1';     % 用于标示频率比例的基元矩阵
str{2}='\omega2:\omega1=1:2';
str{3}='\omega2:\omega1=2:3';
str{4}='\omega2:\omega1=3:4';
for i=1:4     % 以下画不同比例的李萨如图形
```

```
w2=k(i)*w1;
x=A1*cos(w1*t+2*pi/3);
y=A2*cos(w2*t+2*pi/3+phi);
axes('unit','normalized','position',[0.055+(i-1)*0.24 0.35 0.18 0.25])
plot(x,y)
grid on
axis equal
axis([-0.065,0.065,-0.065,0.065])
title(str{i},'FontSize',12,'FontWeight','Demi')
end
figure      % 以下为动画
grid on
set(gcf,'unit','normalize','position',[0.03 0.1 0.5 0.5]);
h=line(x(1),y(1),'Color','g','EraseMode','None','Marker','.','MarkerSize',5);
axis equal
axis([-0.06,0.06,-0.06,0.06])
xlabel('x');
ylabel('y');
title('李萨如图形','FontSize',14)
for j=1:length(t);
    set(h,'XData',x(j),'YData',y(j));
    drawnow;
    pause(0.1);      % 暂停以便观察
end
```

[范例 8.7] 受迫振动的研究

研究一个实际的振动系统,分析该系统在弹性力、周期性外力、阻尼共同作用下的振动规律。

[解题分析] 质点若只受一个与位移成正比但方向相反的弹性力作用,质点将做等振幅的简谐振动;但是实际振动系统中,阻尼总是客观存在的,若同时考虑阻力作用,则质点一般将做振幅衰减的阻尼振动;要使振动持续不断地进行,还需对系统施加一个周期性外力,加入一个周期性的外驱动力作用的振动称为受迫振动。

设一个振动系统受到弹性力 $-kx$,阻力 $-\gamma v$ 和周期性外驱动力 $f\cos pt$ 的作用。其中 k 为弹性系数;γ 为阻力系数,由物体的形状、大小和介质的性质决定;f 为驱动力的幅值,p 为驱动力的圆频率。根据牛顿定律,质点在上述几个力的作用下,其运动方程为

$$m\frac{\mathrm{d}^2x}{\mathrm{d}t^2}=-kx-\gamma\frac{\mathrm{d}x}{\mathrm{d}t}+f\cos pt \tag{8.7.1}$$

令 $\frac{k}{m}=\omega_0^2$, $\frac{\gamma}{m}=2\beta$, $\frac{f}{m}=h$, 则(8.7.1)式可以写成

$$\frac{\mathrm{d}^2x}{\mathrm{d}t^2}+2\beta\frac{\mathrm{d}x}{\mathrm{d}t}+\omega_0^2x=h\cos pt \tag{8.7.2}$$

这个微分方程是存在解析解的,其解为

$$x=A_0\mathrm{e}^{-\beta t}\cos(\sqrt{\omega_0^2-\beta^2}\,t+\varphi_0)+A\cos(pt+\varphi) \tag{8.7.3}$$

此式表明，受迫振动可以看成是两个振动的合成。一个振动由(8.7.3)式的第一项表示，它是一个振幅衰减的振动。经过一段时间后，这一分振动就减弱到可以忽略不计了。第二项表示振幅不变的振动，即振动稳定后，将做与外驱动力圆频率相同的等幅振动。

因此，稳定后的振动表达式为

$$x = A\cos(pt+\varphi) \tag{8.7.4}$$

振动质点的速度为

$$v = \frac{dx}{dt} = v_m\cos\left(pt+\varphi+\frac{\pi}{2}\right) \tag{8.7.5}$$

将(8.7.4)式代入(8.7.2)式，即可得等幅振动的振幅为

$$A = \frac{h}{[(\omega_0^2-p^2)^2+4\beta^2p^2]^{1/2}} \tag{8.7.6}$$

速度振幅为

$$v_m = \frac{ph}{[(\omega_0^2-p^2)^2+4\beta^2p^2]^{1/2}} \tag{8.7.7}$$

可以证明[对(8.7.6)式和(8.7.7)式微分求极值]：当驱动力频率等于系统固有频率时，即 $p=\omega_0$ 时，速度振幅达到最大值时，此时称为速度共振。驱动频率 $p=\sqrt{\omega_0^2-2\beta^2}$ 时，位移振幅的幅值达到最大值时，此时称为位移共振；由此可知，两种共振只有在弱阻尼（$\beta \ll \omega_0$）的情况下才是相等的。

共振现象是极为普遍的物理现象，在声、光、无线电、原子内部及工程技术中等都经常遇到。共振有其有利的一面，例如，乐器利用共振提高音响效果，收音机利用电磁共振进行选台，医学上用核磁共振来进行诊断等。共振也有不利的一面，例如共振时因为系统振幅过大会导致机器设备的损坏等。

我们这里仍然利用计算机进行数值求解，上述方程包含的较为复杂的振动规律及两种共振条件都可以直观地展现出来。为能进行数值解，令 $x_1=x$，$x_2=\frac{dx}{dt}$，则(8.7.2)式化为一阶微分方程组

$$\frac{dx_1}{dt} = x_2 \tag{8.7.8}$$

$$\frac{dx_2}{dt} = -2\beta x_2-\omega_0^2x_1+h\cos pt \tag{8.7.9}$$

程序分两个部分，第一个部分求解阻尼振动的规律，设 $\omega_0=3$，外驱动力为零，即 $h=0$，$p=0$，将阻尼系数置于 b=[0,0.6,0.99 * w0]中，由(8.7.3)式可知，其分别对应无阻尼、有阻尼和临界阻尼，在相同的初始条件 $x_0=0.2$ 和 $v_0=0$ 情况下，用求解微分方程的指令 ode23，分三次解三种阻尼情况下的振动微分方程，最后再将求解的结果用图形函数绘出，见图 8.7.1。

程序的第二部分求受迫振动及共振的规律，初始条件取 $x_0=0.5$，$v_0=0.5$，并且令 $\omega_0=0.3\pi$，$\beta=0.3$，$h=0.6$。通过 for 循环使得外驱动力的频率由 $0.5\omega_0$ 变化到 $2.25\omega_0$，外驱动频率每变化一次，解一次振动的微分方程，目的就是通过数值分析的方法求解出外驱动频率在固有频率 ω_0 附近变化时，受迫振动的振动情况及产生共振现象的规律。根据前面的分析，位移共振和速度共振的条件是在等幅振动前提下得到的，由于受迫振动在初始阶段的振动是不

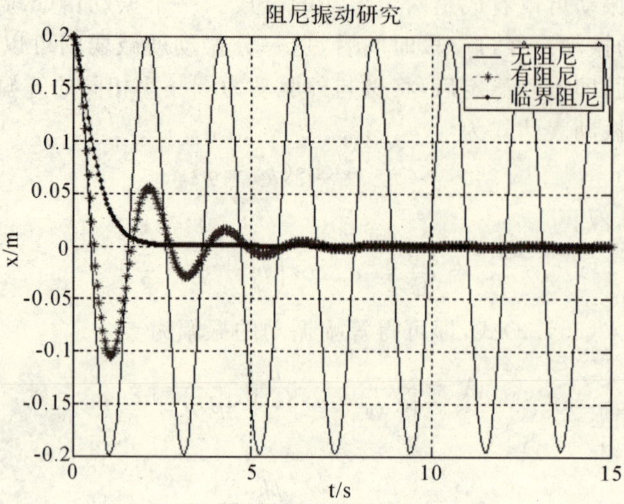

图 8.7.1

稳定的，我们在求解微分方程时共取了 1001 个时间点，为了能够得到稳定振动情况下的位移振幅和速度振幅，故在求每个外驱动频率下的振动振幅和速度振幅时，在 for 循环内使用了语句：a(i)＝max(x(500：end,1))，v(i)＝max(x(500：end,2))。目的是舍弃初始振动的不稳定值，经较长振动时间以后，将系统达到稳定状态时的受迫振动的位移及速度极值求出，这些数值就是在相应外驱动频率下的位移振幅和速度振幅。将求出的数值通过 subplot 指令绘出，其中位移振幅和速度振幅的横坐标用外驱动频率与固有频率的比值表示，见图 8.7.2。由图 8.7.2 可见，速度共振是发生在外驱动频率等于固有频率之时，而位移共振与速度共振是有一个偏移的，这与前述的分析是完全一致的，读者也可以扩展此程序或通过改变阻尼参数，来了解不同阻尼下的共振特征。

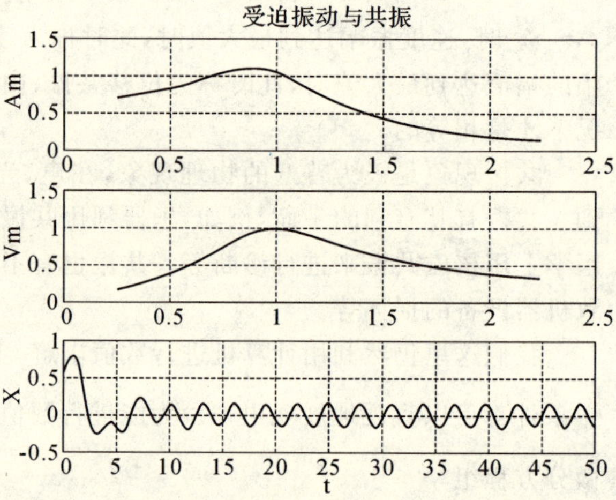

图 8.7.2

［程序实现］ 主程序文件名为：vib. m。

```
clear all
w0=3;     % 固有圆频率
b=[0,0.6,0.99*w0];     % 阻尼系数
h=0;
p=0;
[t1,x1]=ode23('vibrafun',[0:0.05:15],[0.2,0],[],b(1),w0,h,p);% 三种阻尼情况下求解微分方程
[t2,x2]=ode23('vibrafun',[0:0.05:15],[0.2,0],[],b(2),w0,h,p);
[t3,x3]=ode23('vibrafun',[0:0.05:15],[0.2,0],[],b(3),w0,h,p);
```

```
figure
plot(t1,x1(:,1),'b',t2,x2(:,1),'m:*',t3,x3(:,1),'r.-');      % 画三种阻尼振动曲线
grid on
xlabel('t/s')
ylabel('x/m')
legend('无阻尼','有阻尼','临界阻尼')
title('阻尼振动研究','FontSize',14)
i=1;
for k=0.25:0.1:2.25      % 求解位移及速度共振
    r(i)=k;
    w0=0.3*pi;
    p=k*w0;
[t,x]=ode23('vibrafun',[0:0.05:50],[0.5,0.5],[],0.3,w0,0.6,p);
a(i)=max(x(500:end,1));
v(i)=max(x(500:end,2));
i=i+1;
end
figure
set(gcf,'unit','normalized','position',[0.2 0.1 0.45 0.75]);
subplot(3,1,1)      % 以下画共振及受迫振动曲线
plot(r,a)
axis([0,2.5,0,1.5])
xlabel('p/\omega0')
ylabel('Am')
title('受迫振动与共振','FontSize',14)
grid on
subplot(3,1,2)
plot(r,v)
axis([0,2.5,0,1.5])
xlabel('p/\omega0')
ylabel('Vm')
grid on
subplot(3,1,3)
plot(t,x(:,1))
xlabel('t')
ylabel('x')
grid on
```

函数文件是一个独立文件，文件名为：vibrafun.m。

```
function xdot=vibrafun(t,x,flag,b,w0,h,p)
xdot=[x(2);
    -2*b*x(2)-w0.^2*x(1)+h*cos(p*t)];
```

第9章 机 械 波

9.1 概念及规律

9.1.1 机械波

机械波是机械振动在弹性介质中的传播。机械波传播的是波形、相位和能量。

9.1.2 机械波的动力学方程

在一维情况下,机械波的动力学方程为

$$\frac{\partial^2 u}{\partial t^2} = \frac{1}{c^2}\frac{\partial^2 u}{\partial x^2}$$

其中 c 为波速,平面简谐波的运动方程就是这个微分方程的解。

9.1.3 描述波动的几个物理量

波长 λ:在波的传播方向上,相邻的、相位差为 2π 的两个振动质点之间的距离。在波形上表现为,沿着波的传播方向的一个完整波的长度。

波的周期 T:波前进一个波长的距离所需的时间。

波的频率 f:波在单位时间内所传播的完整波形数目。

$$f = \frac{1}{T}$$

圆频率或角频率 ω:波在 2π 秒内传播的完整波形数。

$$\omega = \frac{2\pi}{T} = 2\pi f$$

波速 c:单位时间内振动(相位)所传播的距离。波速只取决于介质的性质。

9.1.4 平面简谐波的波函数

波源和波线上各质点都做简谐运动的波称为简谐波。波前是平面的简谐波称为平面简谐波。

若坐标原点的振动方程为

$$y_o = A\cos(\omega t + \varphi)$$

则平面简谐波的波函数为:

$$y = A\cos\left[\omega\left(t \mp \frac{x}{c}\right) + \varphi\right]$$

式中"$-$"表示波沿 Ox 轴正向传播,"$+$"表示波沿 Ox 轴负向传播。

9.1.5 波的能量

波动过程是一个能量传播的过程,其传播能量的强弱可用单位时间内通过垂直于波传播方向单位面积的能量平均值表示,这个物理量称为能流密度,也称为波强。

$$I = \frac{1}{2}\rho A^2 \omega c$$

9.1.6　惠更斯原理

介质中波动传播到的各点都可以看做是发射子波的波源，而其后的任意时刻，这些子波的包络就是新的波前。

9.1.7　波的叠加原理

几列波相遇之后，仍然保持它们各自原有的特征（频率、波长、振幅、振动方向等）不变，并按照原来的方向继续前进；在相遇区域内，任一点的振动为各列波单独存在时在该点所引起的振动位移的矢量和。

波的干涉：频率相同、振动方向平行、相位差恒定的两列波相遇时，在相遇区域内，某些地方振动始终加强而某些地方振动始终减弱的现象，称为波的干涉。

两列相干波在相遇点引起的振动分别为

$$y_1 = A_1 \cos\left(\omega t + \varphi_1 - \frac{2\pi r_1}{\lambda}\right)$$

$$y_2 = A_2 \cos\left(\omega t + \varphi_2 - \frac{2\pi r_2}{\lambda}\right)$$

相遇点的合振动位移为

$$y = y_1 + y_2 = A\cos(\omega t + \varphi)$$

其中合振动振幅为

$$A = \sqrt{A_1^2 + A_2^2 + 2A_1A_2\cos\Delta\varphi}$$

合振动的相位差为

$$\Delta\varphi = \varphi_2 - \varphi_1 - 2\pi\frac{r_2 - r_1}{\lambda}$$

合振动的强度为

$$I = I_1 + I_2 + 2\sqrt{I_1I_2}\cos\Delta\varphi$$

合振动的初相为

$$\varphi = \arctan\frac{A_1\sin(\varphi_1 - 2\pi r_1/\lambda) + A_2\sin(\varphi_2 - 2\pi r_2/\lambda)}{A_1\cos(\varphi_1 - 2\pi r_1/\lambda) + A_2\cos(\varphi_2 - 2\pi r_2/\lambda)}$$

干涉加强、减弱的条件为

$$\Delta\varphi = \varphi_2 - \varphi_1 - 2\pi\frac{r_2 - r_1}{\lambda} = \pm 2k\pi, \qquad k = 0,1,2,\cdots \quad \text{加强}$$

$$\Delta\varphi = \varphi_2 - \varphi_1 - 2\pi\frac{r_2 - r_1}{\lambda} = \pm(2k+1)\pi, \qquad k = 0,1,2,\cdots \quad \text{减弱}$$

驻波：由振幅、频率和传播速度都相同，并在同一介质中沿反向传播的两列相干波相遇叠加而成的干涉现象，称为驻波。它是无相位传播、无能量传播的一种特殊的“波动”。

9.1.8　多普勒效应

当波源与接收者之间有相对运动时，接收者得到的频率与波源发出的频率不同，这种现象称为多普勒效应。

波源不动，发出的频率为 f_s，波的传播速度为 c，接收者相对介质以速率 v_0 运动时，接收

者接收到波的频率为

$$f=\frac{c\pm v_0}{c}f_s$$

接收者向着波源运动取正号,远离波源运动取负号。

接收者不动,波源相对介质以速率 v_s 运动时,接收者接收到波的频率为

$$f=\frac{c}{c\mp v_s}f_s$$

波源向着接收者取负号,远离接收者运动取正号。

波源与接收者同时相对介质运动时,接收者接收到波的频率为

$$f=\frac{c\pm v_0}{c\mp v_s}f_s$$

接收者向着波源运动 v_0 前取正号,远离时取负号;波源向着接收者运动时,v_s 前取负号,远离时取正号。

9.2 范例解析

[范例 9.1] 波的叠加原理研究

设计一个 MATLAB 程序,动态演示波在传播过程中所具有的独立性和叠加性特征。

[解题分析] 在一般的物理教科书中,讲到机械波的内容时,首先都要介绍波的独立性和叠加性原理。这一原理是分析波的干涉、衍射的基本基础。波之所以具有独立性和叠加性,归根结底是在牛顿经典力学范畴内。力具有独立性和叠加性,因此凡是和力相关的经典物理学现象都具有类似规律,像大家熟悉的电场的叠加原理、磁场的叠加原理等都源于此。这是学习经典物理学非常重要的一个线索。当然到了量子力学的范畴,叠加的概念尽管存在,但是其含义发生了变化,这里不做更多讨论。

一般教科书中,关于波的独立性、叠加性原理,通常会给出一个类似连环画的波相遇时相叠加的图示,我们这里可以通过 MATLAB 完全动态地演示这一过程,对波叠加概念的理解会更加深入。为了在计算机上比较直观将此展现出来,本书通过两个迅速衰减的负指数函数来模拟两个行进中的"孤立波",把函数表示成 $f(x\mp t/u)$ 的行波形式。其中正向波,用函数 $10e^{-(x-t+7)^2}$ 表示,负向波用函数 $5e^{-(x+t-7)^2}$ 表示,这两个指数函数中相关参数究竟取何值才能使叠加的直观效果更好,编程时可随时在 MATLAB 中调整。

编程时为了演示两列波各自运动情况及叠加的过程,采用了 MATLAB 中的子图命令 subplot,在一个图形窗口中创建了三个子图,分别动态演示正向波、负向波和叠加波,使整个运动过程一目了然,编程中首先演示了 $t=0$ 时刻两列波初始情况,通过 pause 指令让图形保持初始状态,然后按任意键开始动态演示,读者也可以设定一个合适的等待时间如pause(0.5)等,让程序稍作停留然后自动运行下面的语句。

做动画演示的程序编制时,首先要注意的是,进入 for 循环前要对行波赋值,由于行波是二元函数,所以赋值时位置变量 x 和时间变量 t 的维数一定要一致,否则运行时会出错。为避免出现类似错误,读者也可以用 meshgrid 指令来产生维数一致的数据,此指令相应的用法可参阅本书其他范例,或利用 help 指令查阅其用法。

其次,在做 for 循环进行动画演示时,为了使演示速度合适,每次循环结束用 pause 暂停一

下，暂停的时间在本书中设定为 pause (0.01)，读者可以根据自己计算机的硬件配置调整该参数，以获得流畅的动画演示效果。图 9.1.1 和图 9.1.2 捕捉了两幅运行中的两列波相遇过程中叠加的瞬间。

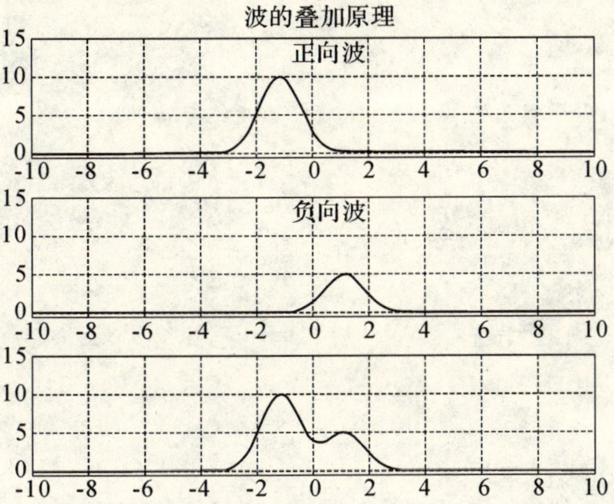

图 9.1.1

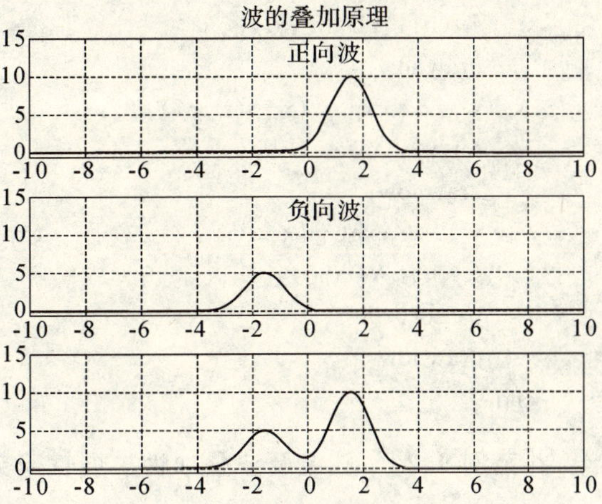

图 9.1.2

[程序实现]　主程序文件名为：superposition. m。

```
clear all
x=-10:0.2:10;
t=0;
y1=10*exp(-(x-t+7).^2);                  % 产生正向波
y2=5*exp(-(x+t-7).^2);                   % 产生负向波
y=y1+y2;                                 % 两波叠加
figure                                   % 以绘制子图的方式演示叠加过程
subplot(3,1,1)
h1=plot(x,y1,'LineWidth',2);             % 画正向波并取句柄
title('波的叠加原理','FontSize',14)       % 标题及说明
text(-0.8,13,'正向波','FontSize',14)
axis([-10,10,-0.5,15])                   % 设定坐标范围
grid on
hold on
subplot(3,1,2)
h2=plot(x,y2,'g','LineWidth',2);         % 画负向波并取句柄
text(-0.8,13,'负向波','FontSize',14)     % 显示说明
axis([-10,10,-0.5,15])                   % 设定坐标范围
grid on
hold on
subplot(3,1,3)
h3=plot(x,y,'r','LineWidth',1);          % 画合成波并取句柄
axis([-10,10,-0.5,15])                   % 设定坐标范围
grid on
hold on
```

```
pause                                   % 暂停,按任意键开始演示动画
t=0:0.15:15;
for i=1:length(t)                       % 以下为动画设置
    y1=10*exp(-(x-t(i)+7).^2);
    set(h1,'YData',y1);
    drawnow;
    y2=5*exp(-(x+t(i)-7).^2);
    set(h2,'YData',y2);
    drawnow;
    y=10*exp(-(x-t(i)+7).^2)+5*exp(-(x+t(i)-7).^2);
    set(h3,'YData',y);
    pause(0.01)
    drawnow
end
```

[范例 9.2] 驻波及波叠加性扩展性研究

研究在同一种介质中两列频率相同、振动方向相同、振幅也相同的简谐波,在同一条直线上沿相反方向传播时叠加形成驻波的情况;若此两列波振幅、频率不同,研究相遇时两波叠加可能出现的情况。

[解题分析] 几列波可以保持各自的特点(频率、波长、振幅、振动方向等),同时通过同一介质,好像在各自的传播过程中没有遇到其他波一样。而在波相遇的区域,任一点的位移,为每个波单独存在时,在该点产生位移的矢量合。这就是波的独立性和叠加性原理。

当几列波满足频率相同、振动方向相同、相遇点有恒定相位差时,所产生的某些区域振动始终加强,而另一些区域振动始终减弱的独特叠加现象就是波的干涉现象。干涉现象是波动所特有的现象,是判断某种运动是否具有波动性的主要依据。干涉现象对于光学、声学和许多工程学科都非常重要,并且有广泛应用。例如大会堂、影剧院的设计就必须考虑声波的干涉问题,以避免某些区域音响过强,而某些区域又音响过弱。在有些需要安静的场所,还可以通过干涉原理消声,以达到消除噪音的目的等。

机械波中的驻波是一种特殊的干涉现象,它是通过在一条直线上,利用相干波反向传播叠加,形成的一种分段振动的现象。

设有两列简谐波,分别沿 x 轴正方向和负方向传播,它们的表达式为

$$y_1 = A\cos\left[\omega\left(t-\frac{x}{u}\right)+\varphi_1\right] \tag{9.2.1}$$

$$y_2 = A\cos\left[\omega\left(t+\frac{x}{u}\right)+\varphi_2\right] \tag{9.2.2}$$

$$y = y_1 + y_2 = A\cos\left[\omega\left(t-\frac{x}{u}\right)+\varphi_1\right]+A\cos\left[\omega\left(t+\frac{x}{u}\right)+\varphi_2\right] \tag{9.2.3}$$

利用三角关系可以求出

$$y = 2A\cos\left(\frac{\omega x}{u}+\frac{\varphi_2-\varphi_1}{2}\right)\cos\left(\omega t+\frac{\varphi_1+\varphi_2}{2}\right) \tag{9.2.4}$$

此式就是驻波的波函数,即常称的驻波方程。由于波函数不呈现 $f=f\left(t\pm\frac{x}{u}\right)$ 的形式,

故不是行波。式中 $\cos\left(\omega t+\frac{\varphi_1+\varphi_2}{2}\right)$ 表示简谐振动；而 $\left|2A\cos\left(\frac{\omega x}{u}+\frac{\varphi_2-\varphi_1}{2}\right)\right|$ 是弦线上各点的振幅。由此可知，两列相干波反向传播形成驻波时，弦线上的各点振幅不同，但均做圆频率为 ω 的简谐振动。这就是将其称为驻波(stationary wave)的缘由。其中振幅最大的地方称为波腹，振幅为 0 的地方称为波节。驻波有很多用途，像弦乐器发声就是服从驻波原理的。

驻波是一个非常经典的波动叠加特例，由于其叠加过程非常直观，解析式也容易导出，因此，几乎所有大学物理教材均将其收录。但是波的叠加在实际生产、生活中是变化无穷的，很多情况下是无法给出一个清晰、简单的解析式的，多数教材或回避了这些问题，或一笔带过，这往往会给学生一种误导，仿佛波动叠加只有驻波一种情况。当然，这在传统教材中也确实是一项难以完成的任务，而一旦你熟悉了 MATLAB，就可以超越这些局限，轻松进入到复杂的波动世界中去。

在用计算机进行数值模拟时，我们设置一个振幅矩阵，一个频率矩阵，将不同的振幅数值和频率数值存储其中，以便动态模拟振幅和频率相同、振幅和频率不同的两列波叠加时所用，另外还设置了一个基元列阵 str，把将要在图形窗口标题中显示的字符存储在其中。

动态演示是通过 for 循环实现的，第一次循环跳出第一个窗口，动态演示振幅均为 $A=1$，圆频率均为 $\omega=2\pi$，波速均为 $u=2.5$，初相分别为 π 和 0 的两列反向行进波的叠加情况，即驻波现象；第二次循环跳出第二个窗口，动态演示振幅均为 $A=1$，但圆频率分别为 $\omega=2\pi$ 和 $\omega=\pi$ 的两列反向波叠加的情况；第三次循环跳出第三个窗口，动态演示振幅分别为 $A=1$ 和 $A=0.5$，圆频率分别为 $\omega=2\pi$ 和 $\omega=12\pi$ 的两列反向波叠加的情况。

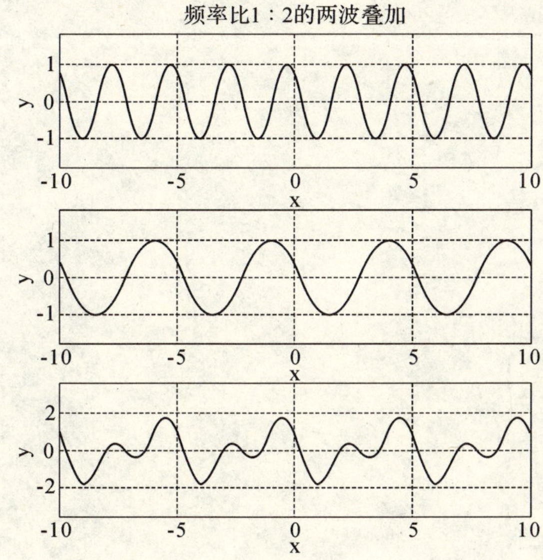

图 9.2.1

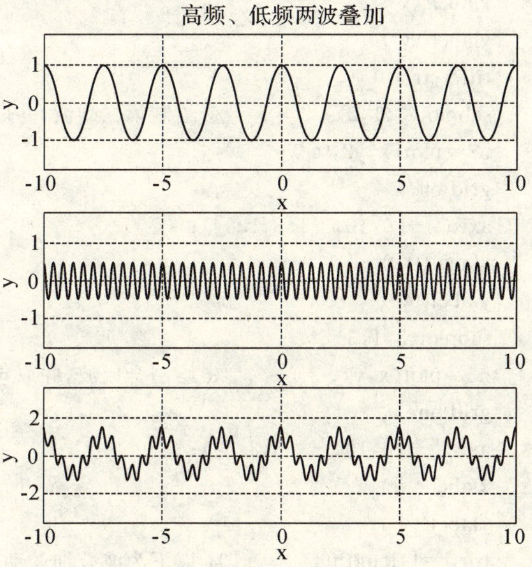

图 9.2.2

每演示一种叠加情况时，均利用 subplot 指令，在一个图形窗口中再开出三个子窗口来分别显示正向波、负向波和叠加波，每次动画演示均会感觉像是在实验室里用示波器观察一样：像驻波中的波腹和波节、高频和低频波叠加时波形的变化，都非常直观地呈现出来。其实读者还可以设置更复杂的，难以用解析式描述的波动叠加情况。图 9.2.1 和图 9.2.2 是程序 station.m 运行时的两个截图，在图中可以观察到频率不同的两波实时叠加的瞬间。

[程序实现] 主程序的文件名是：station. m。

```
clear all
A=[1;1;0.5];              % 设置波方程的振幅
w=[2*pi;pi;12*pi];  % 设置波方程的频率
u=2.5;                    % 设置波速
t=0:0.005:2.5;
x=-10:0.04:10;
str{1}='驻波';
str{2}='频率比1:2的两波叠加';
str{3}='高频、低频两波叠加';
for i=1:3
y1=A(1)*cos(w(1)*(t-x/u)+pi);   % 正向波
y2=A(i)*cos(w(i)*(t+x/u));      % 负向波
y=y1+y2;                          % 两波叠加
figure(i)
set(gcf,'unit','normalized','position',[0.02+0.08*i 0.25-0.05*i 0.5 0.65]); %设置图像窗口参数
subplot(3,1,1)
h1=plot(x,y1,'r');      % 绘制第一列波,并取句柄
grid on
axis([-10,10,-1.8,1.8]);
xlabel('x')
ylabel('y')
title(str{i})
subplot(3,1,2)           % 绘制第二列波,并取句柄
h2=plot(x,y2,'g');
grid on
axis([-10,10,-1.8,1.8]);
xlabel('x')
ylabel('y')
subplot(3,1,3)
h3=plot(x,y);            % 绘制合成波,并取句柄
grid on
axis([-10,10,-3.5,3.5]);
xlabel('x')
ylabel('y')
for j=1:length(t)        % 以下为波叠加的动画设置
    y1=A(1)*cos(w(1)*(t(j)-x/u)+pi);
    set(h1,'YData',y1);
    drawnow;
    y2=A(i)*cos(w(i)*(t(j)+x/u));
    set(h2,'YData',y2);
    drawnow;
    y=A(1)*cos(w(1)*(t(j)-x/u)+pi)+A(i)*cos(w(i)*(t(j)+x/u));
    set(h3,'YData',y)
```

```
    pause(0.01)
    drawnow;
  end
end
```

［范例9.3］ 多普勒效应研究

当波源相对观察者运动时，观察者接收到波的频率会发生变化，试研究其中变化的规律。

［解题分析］ 在讨论波动问题时，通常都设波源相对于观察者静止，但在日常生活和科学观测中，经常会遇到波源相对观察者运动的情况。大家都有这样的经验，高速行驶的火车鸣笛而来时，我们听到汽笛的音调变高，当它鸣笛而去时，我们又听到音调变低。这种因波源或观察者运动，而使观察者接收到的频率发生变化的现象，是由多普勒(J. C. Doppler)在1842年首先发现的，故称为多普勒效应。

按题意这里只讨论观察者不动、波源运动这一种情况，其余情况请参阅有关教科书。设波速为c，波源相对地面的运动速度为v_s，在一个周期T_s内，波相对地面传播cT_s。当波源向着观察者运动时，波源移动了v_sT_s，由于波源的运动，对观察者而言实际波长变为

$$\lambda_1 = cT_s - v_sT_s = \frac{c - v_s}{f_s} \tag{9.3.1}$$

当波源远离观察者时，相对观察者而言，实际波长变为

$$\lambda_2 = cT_s + v_sT_s = \frac{c + v_s}{f_s} \tag{9.3.2}$$

这样观察者静止时，波源朝向观察者运动，观察者接收到的频率为

$$f_1 = \frac{c}{c - v_s} f_s \tag{9.3.3}$$

此时观察者接收到的频率大于波源的频率。

当波源远离观察者运动，观察者接收到的频率为

$$f_2 = \frac{c}{c + v_s} f_s \tag{9.3.4}$$

此时观察者接收到的频率低于波源的频率。

一般情况下，波源和观察者并不一定沿连线运动，这时相应的速度只要考虑连线方向分量，上述公式仍然成立，而垂直于连线方向的速度分量不产生多普勒效应。定性地讲，只要波源和观察者互相接近，接收的频率就高于原来波源的频率；当波源和观察者互相远离，接收的频率就低于原来的频率。

不仅机械波有多普勒效应，电磁波也有多普勒效应。多普勒效应在工程技术中有着广泛的应用，如多普勒声呐定位、医学上的多普勒超声心电图、监测公路上车辆速度的多普勒雷达等。

在用计算机做数值模拟时，设声源在$x_0=600$m以外，以50m/s的速度对观察者直线驶来，观察者与声源的运动轨迹垂直距离为$y_0=10$m，这样声源与观察者的距离为：$r=\sqrt{(x_0-vt)^2+y_0^2}$。为使模拟与实际情况相似，将声源取为较接近的两个频率的叠加，其分别为150Hz和151.5Hz。

在程序中用语句：u=cos(2*pi*f*t)+cos(1.01*2*pi*f*t)表示静止波源发出的信号，用语句：ur=cos(2*pi*f*(t-r/c))+cos(1.01*2*pi*f*(t-r/c))表示运动波源发

出的信号。然后用指令 fft 分别对上述信号源作傅立叶变换，求出相应的频率，再用图形命令将其绘出，结果见图 9.3.1。由图 9.3.1 可以非常直观地看到，与原来约 150Hz 的声音频率相比，运动的波源使频率出现变化，观察者接收到低于和高于原频率的声音信号，这和前述理论分析是一致的。

程序还将形成拍音的声源信号在静止和运动两种情况下，把其在同样时间间隔内的变化情况图示出来，见图 9.3.2。最后用指令 sound 将两种信号恢复成声音，第一声模拟声源静止时发出的声音，中间用 pause 语句暂停一刻，随之第二声模拟静止观察者听到的运动声源的声音，它的频率先是高于原来的频率，后又低于原来的频率，读者运行该程序时，就可以直观地用听觉在计算机上体验多普勒效应了。

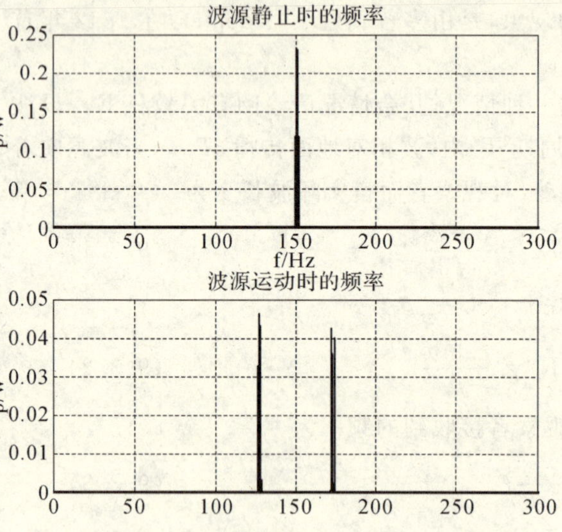

图 9.3.1

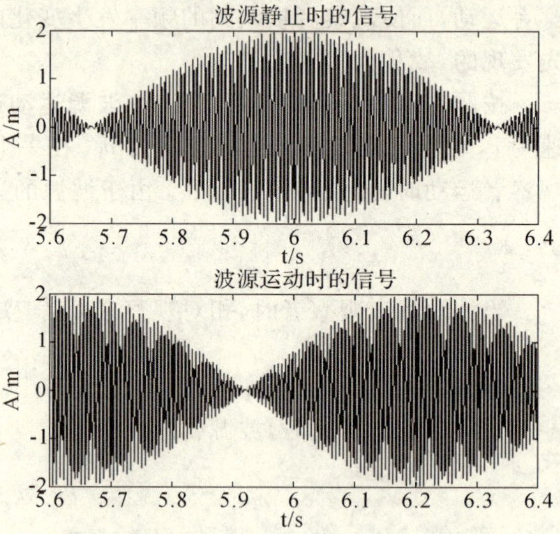

图 9.3.2

［程序实现］ 主程序的文件名为：doppler.m。

```
clear all
x0=600;        % 设定声源的参数
y0=10;
v=50;
c=330;         % 波速
f=150;         % 声源频率
t=0:0.001:24;
r=sqrt((x0-v*t).^2+y0.^2);
u=cos(2*pi*f*t)+cos(1.01*2*pi*f*t);       % 静止声源信号
ur=cos(2*pi*f*(t-r/c))+cos(1.01*2*pi*f*(t-r/c));      % 观察者接收到的信号
y1=fft(u);     % 对静止声源信号作傅立叶变换
y1(1)=[];      % 去掉零分频
n1=length(y1)/2;
fre1=1000*(1:n1)/length(y1);       % 静止波源频率
power1=abs(y1(1:n1)).^2/(length(y1).^2);      % 信号功率
y2=fft(ur);    % 以下处理运动信号
```

```
y2(1)=[];
n2=length(y2)/2;
fre2=1000*(1:n2)/length(y2);
power2=abs(y2(1:n2)).^2/(length(y2).^2);
figure(1)          % 以下将计算结果图示
set(gcf,'unit','normalized','position',[0.1,0.1,0.5,0.6]);
cla;
subplot(2,1,1)
plot(fre1,power1)
grid on
title('波源静止时的频率')
axis([0,300,0,0.25])
xlabel('f/Hz')
ylabel('p/w')
subplot(2,1,2)
plot(fre2,power2)
grid on
title('波源运动时的频率')
axis([0,300,0,0.05])
xlabel('f/Hz')
ylabel('p/w')
figure(2)
set(gcf,'unit','normalized','position',[0.2,0.2,0.5,0.6]);
subplot(2,1,1)
plot(t,u)
title('波源静止时的信号')
axis([5.6,6.4,-2,2])
xlabel('t/s')
ylabel('A/m')
subplot(2,1,2)
plot(t,ur)
title('波源运动时的信号')
axis([5.6,6.4,-2,2])
xlabel('t/s')
ylabel('A/m')
sound(u);     % 原信号的声音
pause(4);
sound(ur);    % 运动信号的声音
```

第10章　气体分子运动论和热力学基础

10.1　概念及规律

10.1.1　理想气体及物态方程

气体分子视为质点，分子间作用力不计，分子间及分子与器壁间的碰撞，视为完全弹性碰撞的一种理想化的气体模型，称为理想气体。

实验和理论证明，处于平衡状态下的理想气体，其压强、体积和温度之间满足

$$pV=\frac{M}{\mu}RT \text{ 或 } p=nkT$$

其中，n 为分子数密度，k 为玻尔兹曼常量，M 为气体质量，μ 为气体摩尔质量，R 为气体普适常量。$k=\frac{R}{N_A}=1.38\times10^{-23}\,\mathrm{J\cdot K^{-1}}$，其中，$N_A$ 为阿伏伽德罗常数，$N_A=6.03\times10^{23}/\mathrm{mol}$；$R=8.31\,\mathrm{J/(mol\cdot K)}$。

10.1.2　统计意义下的理想气体压强、温度及平均动能

在平衡态下，个别分子的运动虽然具有偶然性，但大量分子的整体表现都是有规律的，即描述理想气体状态的可测量的宏观量与描述分子热运动的不可测量的微观量之间存在相互关系。

根据单个分子的力学行为和大量分子遵循的统计规律，可导出

$$p=\frac{1}{3}nm\overline{v^2}=\frac{2}{3}n\overline{\varepsilon_k}$$

$$\overline{\varepsilon_k}=\frac{1}{2}m\overline{v^2}=\frac{3}{2}kT$$

气体压强正比于分子数密度 n 和分子平均平动动能 $\overline{\varepsilon_k}$；气体温度是气体分子平均动能的量度，是大量分子无规则热运动的集体表现。

10.1.3　能量均分原理

在温度为 T 的平衡态下，气体分子的平均能量按自由度均分，即分子任何一个自由度上都具有 $\frac{1}{2}kT$ 的平均能量。

自由度为 i 的分子的平均能量为　$\overline{\varepsilon}=\frac{i}{2}kT$

理想气体的内能为　$E=\frac{M}{\mu}N_A\frac{i}{2}kT=\frac{M}{\mu}\frac{i}{2}RT$

10.1.4　麦克斯韦速率分布律

处于平衡态下的气体，尽管由于热运动，各分子速率不尽相同，但实验和理论证明，大量分

子速率具有一定的分布规律：$\frac{\mathrm{d}N}{N}=f(v)\mathrm{d}v$，式中 $f(v)=\frac{\mathrm{d}N}{N\mathrm{d}v}$ 称为速率分布函数，其物理意义是：分子处于速率 v 附近、单位速率间隔内分子数占总分子数的比率（概率）。速率分布函数与气体种类、气体在平衡态时的温度有关。

麦克斯韦速率分布律为：$f(v)=4\pi\left(\frac{m}{2\pi kT}\right)^{3/2}v^2\exp\left(-\frac{mv^2}{2kT}\right)$，速率分布函数满足归一化条件，即 $\int_0^\infty f(v)\mathrm{d}v=1$。

根据麦克斯韦速率分布函数可以导出具有统计意义的三种典型速率。

最概然速率：由 $\frac{\mathrm{d}f(v)}{\mathrm{d}v}\Big|_{v=v_p}=0$，得

$$v_p=\sqrt{\frac{2kT}{m}}=\sqrt{\frac{2RT}{\mu}}$$

平均速率：由 $\bar{v}=\frac{\int_0^\infty v\mathrm{d}N}{N}=\int_0^\infty vf(v)\mathrm{d}v$，得

$$\bar{v}=\sqrt{\frac{8kT}{\pi m}}=\sqrt{\frac{8RT}{\pi\mu}}$$

均方根速率：由 $\overline{v^2}=\frac{\int_0^\infty v^2\mathrm{d}N}{N}=\int_0^\infty v^2 f(v)\mathrm{d}v$，得

$$v_{\mathrm{rms}}=\sqrt{\overline{v^2}}=\sqrt{\frac{3kT}{m}}=\sqrt{\frac{3RT}{\mu}}$$

10.1.5　分子之间的碰撞

分子通过碰撞实现分子间的动量和能量交换，达到并维持平衡态。通常用分子平均碰撞频率和分子平均自由程来描述分子间碰撞的频繁程度。

分子平均碰撞频率　　$\bar{Z}=\sqrt{2}\pi d^2\bar{v}n$

分子平均自由程　　$\bar{\lambda}=\frac{\bar{v}}{\bar{Z}}=\frac{1}{\sqrt{2}\pi d^2 n}$

10.1.6　热力学第一定律

系统从外界吸收的热量，一部分用于系统对外界做功，另一部分用来增加系统的内能。热力学第一定律是能量守恒定律在热现象中的具体体现。其数学表达式为

$$Q=\Delta E+W$$

其中，$Q>0$ 时，系统吸热，$Q<0$ 时，系统放热；$\Delta E>0$ 时，系统内能增加，$\Delta E<0$ 时，系统内能减少；$W>0$ 时，系统对外界做功，$W<0$ 时，外界对系统做功。

10.1.7　循环过程和效率

循环过程：系统从某一状态出发，经过一系列变化之后又回到原来状态的过程。在此过程中，系统内能变化恒为零，故有 $\sum Q_i=\sum W_i$，通过循环过程，可以完成热与功的连续转换。

循环可分为正循环（热机）和负循环（制冷机）两种。对两种循环分别定义了热机效率和制冷机系数来描述其中热量和功的转换关系。

热机效率：
$$\eta = \frac{W}{Q_1} = 1 - \frac{Q_2}{Q_1}$$

制冷机系数：
$$e = \frac{Q_2}{W} = \frac{Q_2}{Q_1 - Q_2}$$

式中，Q_1 是系统吸热总量，Q_2 是系统放热总量，均取正值；W 是系统对外做的功。

卡诺循环：由两个绝热过程和两个等温过程（其中高温热源温度为 T_1，低温热源温度为 T_2）组成的准静态循环过程，称为卡诺循环。

卡诺热机效率：
$$\eta = 1 - \frac{T_2}{T_1}$$

卡诺制冷机系数：
$$e = \frac{T_2}{T_1 - T_2}$$

10.1.8 热力学第二定律

开尔文表述：不可能从单一热源吸热使之完全变成有用功而不引起其他变化。

克劳修斯表述：热量不可能自动地从低温物体传向高温物体。

热力学有各种表述，但其本质是一致的，即一切与热现象相关的实际宏观物理过程都是不可逆的。其微观意义是，一切与热现象相关的自然宏观实际过程总是沿着无序性增大的方向进行。

10.1.9 熵和熵增加原理

熵是一个态函数。这个态函数在始、末两个平衡态之间的增量，等于这两个平衡态之间任意一个可逆过程热温比的积分：$S_B - S_A = \int_A^B \frac{dQ}{T}$。

熵是一个与能量同等重要的物理量，熵在本质上是系统无序性的一个量度，熵越大表明系统无序程度越高。

熵增加原理：孤立系统中的可逆过程，其熵不变；孤立系统中的不可逆过程，其熵永远不会减少，即 $\Delta S \geqslant 0$。

玻尔兹曼关系式：系统的无序度可用与其宏观态相应的系统的微观状态数 Ω 或称热力学概率来表述，热力学熵 S 与系统的微观状态数 Ω 之间的关系为 $S = k\ln\Omega$。

10.2 范例解析

[范例 10.1] 气体分子热运动微观过程研究

在一个封闭的容器中，用一个隔板将其一分为二，开始时气体分子都在容器左半边，右半边为真空，然后在隔板上开出一个小洞，经过足够长时间后，由于分子的热运动，容器两边将达到平衡状态，两边的气体分子数将趋于相等。用 MATLAB 动态演示气体分子运动情况，并研究气体动态平衡过程的规律。

[解题分析] 在经典物理学理论的框架下，气体分子热运动的研究是一个非常独特的领域。微观上它将气体分子视为质点，忽略分子之间的作用力，把分子之间及分子与器壁之间的碰撞，当成完全弹性碰撞，然后将概率统计的方法引入，将牛顿经典力学与统计理论完美地结合在一起，成功地建立起一个桥梁，跨越了微观世界和宏观世界的鸿沟。

这里所谓的统计规律，简单说就是无序中的有序，因为微观上尽管将分子视为遵循牛顿定律的微粒，但由于分子数目极其巨大，分子间碰撞极其频繁，即使给定初始条件，你也无法通过建立牛顿运动定律方程来确定每个气体分子下一时刻的位置及速度。但是我们也不是束手无策，尽管每个分子出现在何处、速度如何都是偶然的，但是气体处于平衡态时，容器中温度、压强等宏观量却处处相同，这表明大量偶然、无序的分子运动，在整体上一定包藏一种规律，这就是所谓的统计规律。经典的气体运动的理论就是基于统计理论和牛顿经典力学这两块基石的。通过诸如气体压强的经典推导、麦克斯韦速率分布的建立等，完美地将微观运动和宏观可测量关联在一起，使得唯象的热力学理论有了一个微观上强有力的支撑。

"微观"在经典物理学的概念下，是"不可见"的代名词，但是由于有了计算机技术，我们完全可以根据气体分子在经典框架下所遵循的统计规律将其可视化，把分子运动图景从一种抽象的想象变成一种真实的画面。

作为一个基于 MATLAB 的可视化分析，一方面要按物理规律办事，另一方面还要简化细节，否则就会让物理规律淹没在技术细节中而令人不知所云。根据题意，编制程序时我们还要再做两点简化：一是忽略分子之间的碰撞，只考虑分子与器壁之间的弹性碰撞；二是只研究气体分子的平面运动。可以想见，如果不作出这样一个进一步的简化，MATLAB 程序的编制将变得极其复杂，这将背离我们这本书是面向大学物理这个层面的主旨。

在作出上述简化之后，要先分析分子与器壁完全弹性碰撞时坐标变化的情况，才能编制出符合题意的程序。

设某气体分子在直角坐标系下，做平面运动时速度分量分别为 v_x 和 v_y，初始坐标为 (x_0,y_0)。由于忽略分子间碰撞，且分子与器壁碰撞是完全弹性的，所以每个分子一旦被赋予一个速度分量值后，在碰撞过程中将始终保持不变。

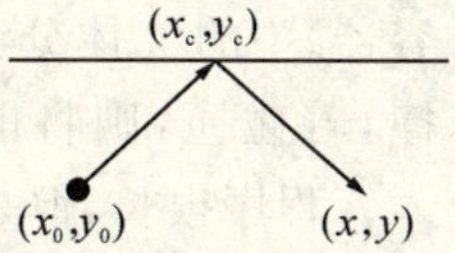

图 10.1.1

分子的初始位置 (x_0,y_0)，器壁的边界 x_m 和 y_m 及分子运动的时间间隔 Δt 由程序设定，可认为是已知量。在前述简化条件下，如图 10.1.1 所示，下面就开始分析分子与容器上壁相碰撞过程中坐标变化关系，设上器壁的纵坐标为 y_m。

先求分子与上器壁碰撞后的坐标：分子从初始位置 (x_0,y_0) 经 Δt_1 时间与上器壁发生碰撞，碰撞点坐标设为 (x_c,y_c)，再经 Δt_2 时间运动到位置 (x,y)，其中 $y_c=y_m$，$\Delta t=\Delta t_1+\Delta t_2$，因此有

$$x=x_0+v_x\Delta t \tag{10.1.1}$$

$$y_m-y_0=v_y\Delta t_1 \tag{10.1.2}$$

$$y_m-y=v_y\Delta t_2 \tag{10.1.3}$$

由(10.1.2)式和(10.1.3)式，及 $\Delta t=\Delta t_1+\Delta t_2$ 可得

$$y=2y_m-y_0-v_y\Delta t \tag{10.1.4}$$

同理，利用(10.1.2)式，可求得碰撞点坐标 (x_c,y_c) 为

$$x_c=x_0+v_x\Delta t_1=x_0+\frac{v_x}{v_y}(y_m-y_0) \tag{10.1.5}$$

$$y_c=y_m \tag{10.1.6}$$

碰撞后分子位移为

$$\Delta x=x-x_c=v_x\Delta t-(x_c-x_0) \tag{10.1.7}$$

$$\Delta y=y-y_c=-[v_y\Delta t-(y_m-y_0)] \tag{10.1.8}$$

这样,在分子运动时间间隔 Δt 设定好的情况下,由分子的初始位置 (x_0, y_0),可推知分子碰撞点的坐标 (x_c, y_c),由碰撞点的坐标就可推知碰撞后分子的坐标:$x = x_c + \Delta x$, $y = y_c + \Delta y$ 。这就是编程时求解分子运动位置变化的依据。

分子与其他器壁碰撞后坐标变化情况,可仿此过程依次求出,这里不再赘述。

程序分两大部分,第一部分依照上述坐标变化关系,以动画方式演示分子热运动过程。先设定容器的尺寸也就是坐标的取值范围,分子的初始位置调用 MATLAB 产生随机数的函数 rand 来设定,它可以产生 0~1 之间的随机数。这里要注意的是,根据题意,分子初始时是在容器左半部分的,因此用语句 x0＝xm＊(rand(1,n)－1),使初始横坐标值均为负,用语句 y0＝ym＊(2＊rand(1,n)－1),确定初始纵坐标值。为了动画演示效果及方便编程,将分子热运动速度放慢,使分子速度分量值分布在－10～10,采用类似坐标设定的方法,用语句 vx＝20＊rand(1,n)－10 和 vy＝20＊rand(1,n)－10 实现速度分量值的初始设定。

为了能模拟分子的随机热运动过程,本书采用一个 for 循环来实现,这里设定循环 500 次,当然读者可根据实际情况自行更改此设定。接下来采用 if—else if 的分支结构,先判断气体分子是处于左半容器还是右半容器,然后嵌套 if—end 语句,再一次判断在左半容器(或右半容器)中的气体分子,是否和上、下、左、右壁碰撞,若碰撞,则将前面分析的坐标变化关系代入。程序很长,但是原理是一样的,读者只要把 if…else if 的一个分支弄清楚就可以举一反三了。怎么样?根据界面提示输入分子数后,再按任意键,分子在容器中的随机热运动情况是不是就展现出来了?图 10.1.2 就是运动一段时间后隔板两侧分子分布的情况。经过 500 次循环后,分子大致分布均匀。当然,即使只有几百个分子,运动起来还是令人眼花缭乱,你是根本无法数清隔板两边分子数的,但没问题,计算机帮助你解决!

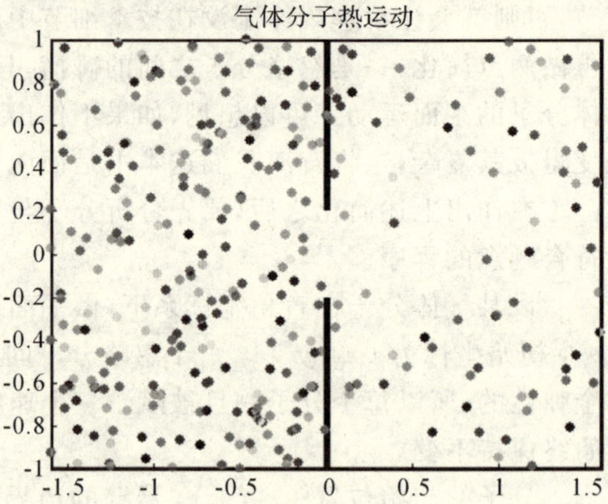

图 10.1.2

程序的第二部分,对气体分子热运动统计规律做了一个定量分析:开始时 n 个气体分子全部集中在左半容器,经过一段时间后,设右半容器有 m 个分子。下一时刻,一个分子穿过隔板的概率,对于右半容器的分子而言,是 $P_r = m/n$,对左半容器的分子而言,是 $P_l = 1 - P_r = 1 - m/n$ 。此后,每当一个分子穿过隔板,右半容器的分子数变化为

$$\Delta m = P_l - P_r = 1 - 2m/n \tag{10.1.9}$$

设 t 时刻有 z 个气体分子穿过了隔板,这其中既包括向右穿过隔板的分子,也包括向左穿过隔板的分子,每一次发生状态变化记为 Δz,则有

$$\Delta z = z(t_{i+1}) - z(t_i) = 1 \tag{10.1.10}$$

这样,(10.1.9)式可以表示为

$$\Delta m = (1 - 2m/n)\Delta z \tag{10.1.11}$$

若把 m 和 z 看成是连续变化的,则有

$$\mathrm{d}z = \frac{\mathrm{d}m}{1 - 2m/n} \tag{10.1.12}$$

因为 $t=0$ 时，$z=0$，$m=0$，将(10.1.12)式积分，可得

$$z=-\frac{n}{2}\ln\left(1-\frac{2m}{n}\right) \tag{10.1.13}$$

由此可得

$$P_r=m/n=0.5(1-\mathrm{e}^{-\frac{2z}{n}}) \tag{10.1.14}$$

这部分程序很简单，先用一个 $\boldsymbol{L}$ 矩阵表示全部分子的编号，在左半容器规定其值为 1，在右半容器规定其值为 −1，然后通过一个 for 循环每次随机选择一个分子，若此分子穿过隔板则改变符号，与前面动画编程一样，也经过 s=500 次随机选择(穿越)，随时统计左半容器的分子数。统计分子数时用到一个向正向取整的指令函数 ceil。循环结束后隔板两侧分子数应基本各占一半。将统计结果用子图指令 subplot 图示，同时将解析式(10.1.14)也用 subplot 图示，两者相比较，这样读者对分子运动的统计规律就会有一个非常直观的认识了。

我们有意模拟了两种情况，从图 10.1.3 和图 10.1.4 中可以看到，当分子数比较少的时候，统计起伏涨落很大；当分子数比较多时，起伏涨落就很小了。

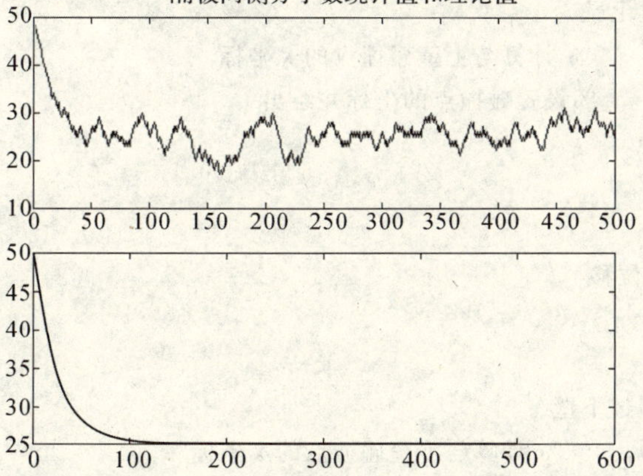

图 10.1.3

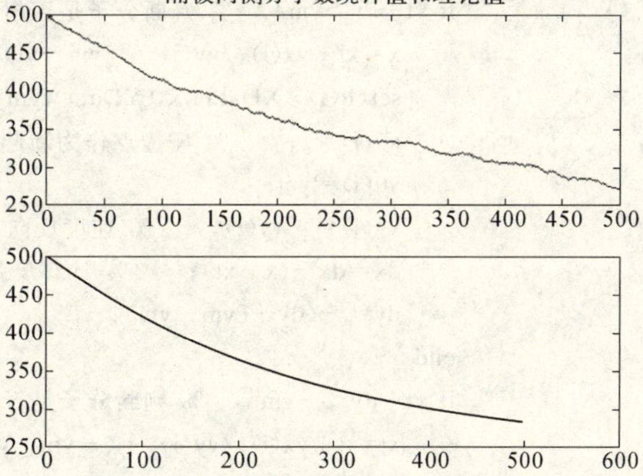

图 10.1.4

[程序实现]　主程序文件名为：equilibrium.m。

```
clear all
n=input('请输入分子数：');
xm=1.6;                              %设定容器尺寸
ym=1;
axis([-xm,xm,-ym,ym])
x0=xm*(rand(1,n)-1);                 % 取分子初始坐标
y0=ym*(2*rand(1,n)-1);
vx=20*rand(1,n)-10;                  % 取分子初始速度分量
vy=20*rand(1,n)-10;
dt=1e-2;                             % 设时间间隔
s=500;                               % 设定随机运动次数
figure(1)                            % 开始动态演示
line([-1,1,1,-1,-1]*xm,[-1,-1,1,1,-1]*ym,'LineWidth',3,'Color','k')    % 画器壁
```

```
line([0,0],[ym,0.2*ym],'LineWidth',4,'Color','k')      % 画有孔的隔板
line([0,0],[-0.2*ym,-ym],'LineWidth',4,'Color','k')
title('气体分子热运动','FontSize',14)
hold on
for i=1:n                    % 画初始分子所在点并取句柄
    h(i)=plot(x0(i),y0(i),'.','MarkerSize',18,'Color',rand(1,3),'EraseMode','Xor');
end
pause     % 按任意键开始动画演示
for j=1:s;    % 用循环模拟分子随机运动
    for i=1:n   % 分子初始运动计算
        xt=x0(i);     % 初始坐标
        yt=y0(i);
        dx=vx(i)*dt;     % dt 间隔内位移
        dy=vy(i)*dt;
    if xt+dx<0     % 先判断坐标是否为负(分子是否在左半容器)
        if yt+dy>ym     % 判断分子是否超过上壁
            x=xt+vx(i)./vy(i).*(ym-yt);      % 计算与上壁碰撞点的 x 坐标
            set(h(i),'XData',x,'YData',ym)     %设置碰撞点的坐标并绘出
            x0(i)=x;     % 碰撞点作为新起点
            y0(i)=ym;
            vy(i)=-vy(i);     % 速度反向
            dx=dx-(x-xt);      % 计算反弹位移
            dy=-(dy-(ym-yt));
        end
        if yt+dy<-ym      % 判断分子是否超过下壁
            x=xt+vx(i)./vy(i).*(-ym-yt);      % 计算与下壁碰撞点的 x 坐标
            set(h(i),'XData',x,'YData',-ym)      % 设置碰撞点的坐标并绘出
            x0(i)=x;     % 碰撞点作为新起点
            y0(i)=-ym;
            vy(i)=-vy(i);     % 速度反向
            dx=dx-(x-xt);      % 计算反弹位移
            dy=-(dy-(-ym-yt));
        end
        if xt+dx<-xm      % 判断分子是否超过左壁
            y=yt+vy(i)./vx(i).*(-xm-xt);      % 计算与左壁碰撞点的 y 坐标
            set(h(i),'XData',-xm,'YData',y)      % 设置碰撞点的坐标并绘出
            x0(i)=-xm;     % 碰撞点作为新起点
            y0(i)=y;
            vx(i)=-vx(i);     % 速度反向
            dx=-(dx-(-xm-xt));      % 计算反弹位移
            dy=dy-(y-yt);
        end
        if xt+dx>-0.15&(yt+dy>0.2*ym|yt+dy<-0.2*ym)  % 判断分子是否超过右隔板
```

```
            y=yt+vy(i)./vx(i).*(0-xt);      % 计算与右隔板碰撞点的 y 坐标
            set(h(i),'XData',0,'YData',y)    % 设置碰撞点的坐标并绘出
            x0(i)=0;       % 碰撞点作为新起点
            y0(i)=y;
            vx(i)=-vx(i);       % 速度反向
            dx=-(dx-(0-xt));       % 计算反弹位移
            dy=dy-(y-yt);
        end
    elseif xt+dx>0       % 再判断坐标是否为正(分子是否在右半容器)
        if yt+dy>ym       % 判断分子是否超过上壁
            x=xt+vx(i)./vy(i).*(ym-yt);
            set(h(i),'XData',x,'YData',ym)
            x0(i)=x;
            y0(i)=ym;
            vy(i)=-vy(i);
            dx=dx-(x-xt);
            dy=-(dy-(ym-yt));
        end
        if yt+dy<-ym       % 判断分子是否超过下壁
            x=xt+vx(i)./vy(i).*(-ym-yt);
            set(h(i),'XData',x,'YData',-ym)
            x0(i)=x;
            y0(i)=-ym;
            vy(i)=-vy(i);
            dx=dx-(x-xt);
            dy=-(dy-(-ym-yt));
        end
        if (xt+dx)<0.15&(yt+dy>0.2*ym|yt+dy<-0.2*ym)   % 判断分子是否超过左隔板
            y=yt+vy(i)./vx(i).*(0-xt);
            set(h(i),'XData',0,'YData',y)
            x0(i)=0;
            y0(i)=y;
            vx(i)=-vx(i);
            dx=-(dx-(0-xt));
            dy=dy-(y-yt);
        end
        if xt+dx>xm       % 判断分子是否超过右壁
            y=yt+vy(i)./vx(i).*(xm-xt);
            set(h(i),'XData',xm,'YData',y)
            x0(i)=xm;
            y0(i)=y;
            vx(i)=-vx(i);
            dx=-(dx-(xm-xt));
```

```
            dy=dy-(y-yt);
        end
    end
        x0(i)=x0(i)+dx;        % 设置分子位移后新起点坐标
        y0(i)=y0(i)+dy;
        set(h(i),'XData',x0(i),'YData',y0(i))     % 设置各分子的坐标并绘出
        drawnow
    end
end
figure(2)     % 以下进行定量计算
L=ones(1,n);     % 初始分子在隔板左边,设其值为 1
for j=1:s     % 设定分子随机穿越的次数
    k=ceil(n*rand(1));     % 每次随机选穿过隔板的分子
    L(k)=-L(k);    % 穿过后改变符号
    lt=length(find(L==1));     % 统计左边分子数
    c(j)=lt;
end
subplot(2,1,1)
plot(c)     % 绘制统计结果
title('隔板两侧分子数统计值和理论值','FontSize',14)
subplot(2,1,2)
m=0:s;
p=n*0.5*(1+exp(-2*m./n));
plot(p)     % 绘制解析计算结果
```

[范例 10.2] 麦克斯韦气体速率分布规律研究

根据麦克斯韦气体速率分布定律,分析同种气体在不同温度下、不同气体在相同温度下的速率分布特征,计算最概然速率、平均速率及方均根速率。

[解题分析] 麦克斯韦根据气体在平衡态下,分子热运动具有各向同性的特点,运用概率论的方法,求出了在平衡态下气体分子速率分布规律

$$f(v) = 4\pi\left(\frac{m}{2\pi kT}\right)^{3/2} v^2 \mathrm{e}^{-\frac{mv^2}{2kT}} \qquad (10.2.1)$$

这是一个复杂的公式,要研究某个参量对分布律的影响是比较困难的,合理地运用计算机技术则可以方便、直观地把速度分布规律表现出来。

为了能利用计算机通过数值模拟的方式求解速度分布律,首先将速率分布函数置于一个独立的函数文件 maxwell.m 中,以方便计算中的调用。在主程序中,将氢气、氧气和氮气的摩尔质量置于 mu=[2e-3,32e-3,28e-3]中,将三种温度置于 T=[200,500,700]中。从理论上说,速率分布区间是[0,+∞),但是较大速率的概率很小,故在程序中将速率区域定为[0,4500]。

主程序分两部分,第一部分先通过一个 for 循环,调用速率分布函数,用指令 subplot(2,1,1)将氧气在 200K 和 500K 时的速率分布规律画出,如图 10.2.1。由图可见,同种气体随着温度升高,分子速率分布向高端移动。然后再通过一个 for 循环,调用速率分布函

数，用指令 subplot(2,1,2)将温度为 200K 时氢气和氧气的速率分布规律画出，相同温度下，质量较大气体的速率分布向低端移动。麦克斯韦速率分布律的内涵，通过这样的直观分析就体现出来了。

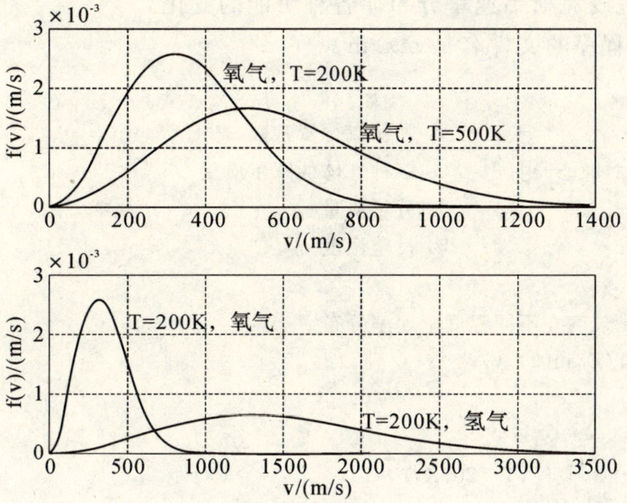

图 10.2.1

主程序的第二部分以氮气为研究对象，求解在温度为 700K 时的最概然速率、平均速率和方均根速率。由于最概然速率对应速率分布曲线的峰值处，所以在调用了速率分布函数后，用语句 M＝max(y3)求出速率分布函数的最大值，用 n＝find(y3＝＝M)，找到此值的下标，则与 n 值对应的速率就是最概然速率。

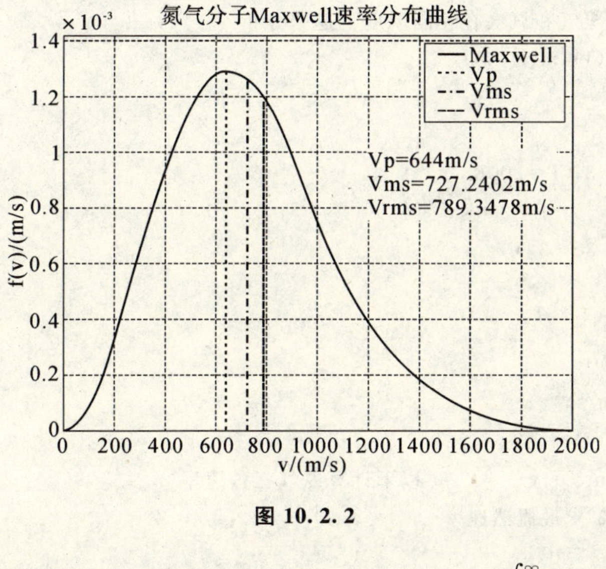

图 10.2.2

按速率分布函数的意义，平均速率的求解可表示为：$v_{ms}=\int_0^\infty vf(v)\mathrm{d}v$，方均根速率的求解可表示为：$v_{rms}=\sqrt{\int_0^\infty v^2f(v)\mathrm{d}v}$，程序中调用积分函数 trapz 分别求解。最后，将求出的速率分布数值及三种速率用图形绘出，见图 10.2.2。在图形绘制的过程中用指令 text，同时结合指令 num2str 将三种速率分别标示于图 10.2.2 中指定的位置，三种速率的位置及大小一目了然，体现了计算机技术在这方面的优势。程序中的参数都可以调整，读者可以做相应修改或扩展，以便进一步研究麦克斯韦速率分布律各种可能的变化。

［程序实现］ 主程序的文件名是 mx.m。

```
clear all
NA=6.02e23;                         % 阿伏伽德罗常数
mu=[2e-3,32e-3,28e-3];              % 三种气体的摩尔质量
m=mu/NA;                            % 分子质量
T=[200,500,700];                    % 设定温度
v=0:4500;
for i=1:2       % 画氧气在不同温度下速率分布
    y1=maxwell(T(i),m(2),v);
    subplot(2,1,1)
    plot(v,y1)
    text(450,2.2e-3,'氧气,T=200K')
    text(800,1.2e-3,'氧气,T=500K')
    axis([0,1400,0,3e-3])
    grid on
    hold on
    xlabel('v/(m/s)')
    ylabel('f(v)/(m/s)')
end
for i=1:2       % 画氢气和氧气在相同温度下速率分布
    y2=maxwell(T(1),m(i),v);
    subplot(2,1,2)
    plot(v,y2)
    text(500,2.2e-3,'T=200K,氧气')
    text(2000,0.5e-3,'T=200K, 氢气')
    axis([0,3500,0,3e-3])
    grid on
    hold on
    xlabel('v/(m/s)')
    ylabel('f(v)/(m/s)')
end
y3=maxwell(T(3),m(3),v);        % 以下计算氮气三种速率
M=max(y3);      % 求最概然速率
n=find(y3==M);
Vp=v(n);
Vms=trapz(v.*y3);       % 求平均速率
Vrms=sqrt(trapz(v.^2.*y3));  % 求方均根速率
figure      % 以下将计算结果绘成图
```

```
set(gcf,'unit','normalized','position',[0.2 0.1 0.55 0.55])
plot(v,y3,'r','LineWidth',1.5)
text(1200,0.75*M,['Vp=',num2str(Vp),'m/s'],'FontSize',12)
text(1200,0.7*M,['Vms=',num2str(Vms),'m/s'],'FontSize',12)
text(1200,0.65*M,['Vrms=',num2str(Vrms),'m/s'],'FontSize',12)
axis([0,2000,0,1.1*M])
grid on
hold on
line([Vp,Vp],[0,maxwell(T(3),m(3),Vp)],'Color','b','LineStyle',':','LineWidth',1.5)
line([Vms,Vms],[0,maxwell(T(3),m(3),Vms)],'Color','m','LineStyle','-.','LineWidth',1.5)
line([Vrms,Vrms],[0,maxwell(T(3),m(3),Vrms)],'Color','g','LineStyle','--','LineWidth',1.5)
xlabel('v/(m/s)')
ylabel('f(v)/(s/m)')
legend('Maxwell','Vp','Vms','Vrms')
title('氮气分子 Maxwell 速率分布曲线','FontSize',14)
```

函数文件是一个独立文件，文件名是：maxwell.m。

```
function f=maxwell(T,m,v)
k=1.38e-23;
f=4*pi*(m/(2*pi*k*T)).^(3/2).*exp(-m*v.^2/(2*k*T)).*v.^2;
```

［范例 10.3］　热力学过程研究

利用热力学第一定律，研究理想气体经历等体、等压、等温和绝热等各种典型的热力学过程在 pV 图上做功的情况。

［解题分析］　根据热力学知识，在平衡态的情况下，理想气体状态方程为

$$pV=\frac{M}{\mu}RT \tag{10.3.1}$$

其中 $R=8.31\text{J}/(\text{mol}\cdot\text{K})$，是普适气体恒量，$M$ 为理想气体的质量，μ 为这种理想气体的摩尔质量。

根据热力学第一定律，在准静态的前提条件下，气体所做的微元功为：$\mathrm{d}W=p\mathrm{d}V$，则经历某一热力学过程后，其总功为

$$W=\int_{V_1}^{V_2}p\mathrm{d}V \tag{10.3.2}$$

上述总功在 pV 图上是过程曲线下的面积，只要知道确定的热力学过程，就可以求出相应过程所做的功。

常见的热力学过程有：等体、等压、等温、绝热四种。

等体过程因为没有宏观位移，因而此过程做功为零；等压过程由于压强不变，所以由(10.3.2)式可得：$W=\int_{V_1}^{V_2}p\mathrm{d}V=p(V_2-V_1)$；对等温过程，可将理想气体状态方程代入气体做功公式(10.3.2)，由此可得等温过程做的功为：$W=\int_{V_1}^{V_2}p\mathrm{d}V=\frac{M}{\mu}RT\ln\frac{V_2}{V_1}$；绝热过程在遵守理想气体状态方程的同时，还满足 $pV^{\gamma}=\text{const}$，其中 γ 为比热比，这样可得绝热过程气体所

做功为：$W=\dfrac{p_1V_1-p_2V_2}{\gamma-1}$。

热力学的研究有很强的实际应用意义，像热机的设计、热机的最高循环效率等问题，一直是人们感兴趣的课题。不过相应的计算通常比较烦琐，而利用计算机就可以便捷直观地分析各种可能的热力学过程，以了解其中的规律。

在用计算机进行数值模拟时，由于绝热过程涉及比热比，为了简单起见，在程序中只针对双原子气体设定比热比 $\gamma=1.4$。程序中先调用了图形界面菜单指令 menu，其界面见图 10.3.1。在图形界面菜单中，读者可以根据实际情况选择四种热力学过程中的一种，在进入某一个具体的热力学过程后，再调用指令 input，在程序运行过程中根据提示，从键盘输入过程参数便可完成计算，完成每一个过程后既可以选择退出，也可以继续下一个过程的计算。因此，这个程序可以计算某个具体过程，也可以计算循环过程。最后将过程曲线图示出来，用指令 text 结合 sprintf 将每一步骤做的功和总功的计算结果标示在过程曲线图上。

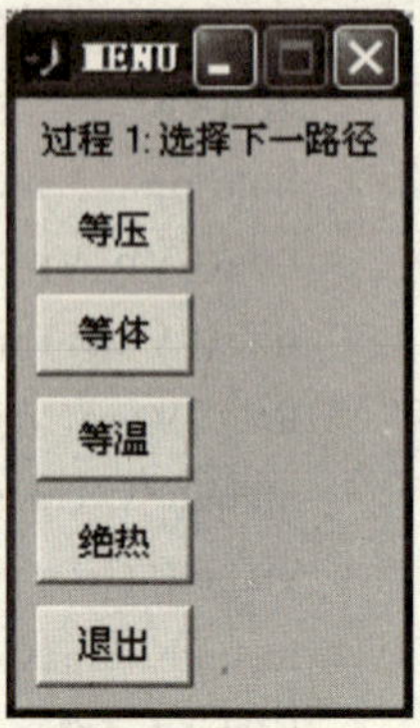

图 10.3.1

图 10.3.2 为一个 3mol 双原子理想气体的卡诺循环。其相应的参数为：$p_1=10^6\,\mathrm{Pa}, V_1=10^{-2}\,\mathrm{m}^3$；$p_2=5\times10^5\,\mathrm{Pa}, V_2=2\times10^{-2}\,\mathrm{m}^3$；$p_3=1.42\times10^5\,\mathrm{Pa}, V_3=4.9\times10^{-2}\,\mathrm{m}^3$；$p_4=2.8\times10^5\,\mathrm{Pa}, V_4=2.45\times10^{-2}\,\mathrm{m}^3$。

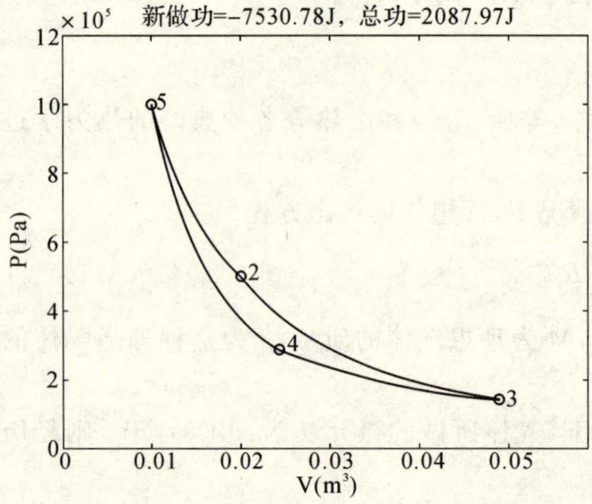

图 10.3.2

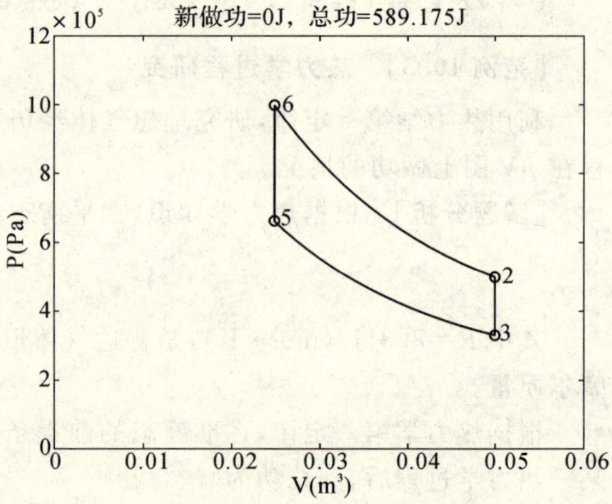

图 10.3.3

图 10.3.3 为 10mol 双原子理想气体做两个等温、两个等体的正循环过程图，相应的参数为：$p_1=10^5\,\mathrm{Pa}, V_1=2.5\times10^{-2}\,\mathrm{m}^3$；$p_2=5\times10^4\,\mathrm{Pa}, V_2=5\times10^{-2}\,\mathrm{m}^3$；$p_3=3.3\times10^4\,\mathrm{Pa}, V_3=5\times10^{-2}\,\mathrm{m}^3$；$p_4=6.6\times10^4\,\mathrm{Pa}, V_4=2.5\times10^{-2}\,\mathrm{m}^3$。

[程序实现] 主程序的文件名是：thermo.m。

```
clear all;
nMoles=input('输入气体的摩尔数：');
P(1)=input('输入初始压强(Pa)：');
V(1)=input('输入初始体积(m^3)：');
```

```
R=8.314;     % 气体常数 J/(mol·K)
r=1.4;     %双原子气体分子摩尔热容比
T(1)=P(1) * V(1)/(nMoles * R);     % 初始温度
PPlot=P(1);     % 记下初始压强以便绘图
VPlot=V(1);     % 记下初始体积以便绘图
WTotal=0;     % 初始化做功值 (J)
i=1;     % 过程初始点
N=50;     % 画过程曲线用的点数
% 在菜单上选择 quit 之前不断循环
QuitType=5;     % 菜单上第五个选项是 Quit
PathType=0;     % 进入循环时 PathType 的值
while(PathType ~=QuitType)     % 选择路径类型或退出
    i=i+1;
    fprintf('对过程 #%g\n',i-1);
    PathType=menu(sprintf('过程 %g:选择下一路径',i-1), ...
        '等压', '等体', '等温','绝热','退出');     % 图形界面菜单生成语句
    switch PathType
    case 1     % 等压过程
        V(i)=input('输入等压过程结束时的体积:');
        P(i)=P(i-1);     % 压强不变
        T(i)=P(i) * V(i)/(nMoles * R);     % 等压过程结束时的温度
        W=P(i) * ( V(i)-V(i-1) );     % 计算等压过程所做的功
        VPlot=[VPlot V(i)];
        PPlot=[PPlot P(i)];
    case 2     % 等体过程
        P(i)=input('输入等体过程结束时的压强:');
        V(i)=V(i-1);     %体积不变
        T(i)=P(i) * V(i)/(nMoles * R);
        W=0;     % 等体路径上所做的功为零
        VPlot=[VPlot V(i)];     % 加上绘图的新体积和压强点
        PPlot=[PPlot P(i)];
    case 3     % 等温过程
        V(i)=input('输入等温过程结束时的体积:');
        T(i)=T(i-1);     % 温度不变
        P(i)=nMoles * R * T(i)/V(i);     % 等温过程结束时的压强
        W=nMoles * R * T(i) * log(V(i)/V(i-1));     % 等温过程所做的功
        VNew=linspace(V(i-1),V(i) ,N);     % 求等温路径上的 P 和 V
        PNew=nMoles * R * T(i)./VNew;
        VPlot=[VPlot VNew];     % 将新的 V,P 点加入绘图数据中
        PPlot=[PPlot PNew];
    case 4     %绝热过程
        V(i)=input('输入绝热过程结束时的体积:');
        C=P(i-1).* V(i-1).^r;     %计算过程常数
```

```
            P(i)=C/V(i).^r;     %绝热结束时的压强
            T(i)=P(i) * V(i)/(nMoles * R);     %绝热结束时的温度
            W=(P(i-1) * V(i-1)-P(i) * V(i))/(r-1);     %绝热过程的功
            VNew=linspace(V(i-1),V(i),N);     %求绝热路径上的 P 和 V
            PNew=C./VNew.^r;
            VPlot=[VPlot VNew];     % 将新的 V,P 点加入绘图数据中
            PPlot=[PPlot PNew];
        otherwise
        end
        % 画出到目前为止的 PV 图
        if( PathType ~=QuitType )
            WTotal=WTotal+W;     % 将新做的功加进总功
            figure(gcf);
            plot(V,P,'o',VPlot,PPlot,'-')
            axis([0 1.1 * max(V) 0 1.1 * max(P)]);
            xlabel('V(m^3)');ylabel('P(Pa)');
            for j=1:i
                text(V(j),P(j),sprintf('%g',j));     % 标注每一点
            end
            title(sprintf('新做功=%g J, 总功=%g J',W,WTotal));
        end
    end
    WTotal
```

第11章 电 磁 学

11.1 概念及规律

11.1.1 点电荷和库仑定律

点电荷:若带电体的尺寸相对于所研究的问题可以忽略时,可以把带电体看做一个带电的点。点电荷是电学中一个理想的物理模型。

库仑定律:真空中距点电荷 q_1 为 r 距离的点电荷 q_2 受到点电荷 q_1 的作用力

$$\vec{F}=\frac{1}{4\pi\varepsilon_0}\frac{q_1q_2}{r^2}\vec{e}_r$$

其中,$\vec{e}_r$ 为从 q_1 指向 q_2 的单位矢量,ε_0 为真空电容率,$\varepsilon_0=8.85\times10^{-12}\mathrm{C}^2\cdot\mathrm{N}^{-1}\cdot\mathrm{m}^{-2}$。

11.1.2 电场强度、电势及叠加原理

电场:是由电荷激发的一种特殊的物质存在形态,电场的基本属性之一是对处于其中的其他电荷施加力的作用。

电场强度:若实验电荷 q_0 在电场中某点所受的作用力为 $\vec{F}$,则定义 $\vec{E}=\dfrac{\vec{F}}{q_0}$ 为 q_0 所在处的电场强度。电场强度与实验电荷无关,完全由激发电场的带电体所决定,是空间坐标的函数。

点电荷电场强度:根据库仑定律及电场强度的定义,点电荷 q 的电场强度为

$$\vec{E}=\frac{1}{4\pi\varepsilon_0}\frac{q}{r^2}\vec{e}_r$$

其中,$\vec{e}_r$ 是从点电荷 q 指向场点的单位矢量。

电场叠加原理:空间中某点的电场强度为所有电荷在该点产生电场强度的矢量和。

对于由 n 个点电荷组成的点电荷组,

$$\vec{E}=\sum_{i=1}^{n}\vec{E}_i$$

其中,$\vec{E}_i=\dfrac{1}{4\pi\varepsilon_0}\dfrac{q_i}{r_i^2}\vec{e}_i$。

对于连续带电体,则要将其分割成很多个点电荷,每个点电荷产生的电场强度为

$$\mathrm{d}\vec{E}=\frac{\mathrm{d}q}{4\pi\varepsilon_0 r^2}\vec{e}$$

总电场强度为 $\vec{E}=\int\mathrm{d}\vec{E}$,具体计算时要利用分量式作数值积分求解。

11.1.3 静电场中的高斯定理和环路定理

电场线:在电场中引入一组曲线,其切线方向与场强方向相同,其疏密与场强大小一致。

电场线是电场的一种形象描述方式。

电通量:通过空间中某曲面的电场线的条数。

高斯定理:在真空静电场中,通过任意闭合曲面(高斯面)的电通量,等于该曲面所包围的所有电荷电量的代数和除以 ε_0。

$$\oiint_S \vec{E}\cdot d\vec{S} = \frac{1}{\varepsilon_0}\sum_i q_i$$

环路定理:在静电场中,电场强度沿任意闭合路径的线积分为 0。

$$\oint_L \vec{E}\cdot d\vec{l} = 0$$

这表明静电场是保守力场,是引入电势标量描述电场的理论基础。

11.1.4 电势

等势面:由电势相同点构成的面。等势面与电场线正交。

空间中任意一点的电势,等于把单位正电荷沿任意路径移到电势零点,电场力所做的功。

$$V_P = \int_P^{0点} \vec{E}\cdot d\vec{l}$$

点电荷电势:若以无穷远为电势零点,则距点电荷 q 为 r 处的电势为

$$V = \frac{q}{4\pi\varepsilon_0 r}$$

电势叠加原理:点电荷系所激发的电场中某点的电势,等于各点电荷单独存在时在该点产生的电势的代数和。

对于由 n 个点电荷组成的点电荷组,

$$V = \sum_{i=1}^{n} V_i$$

其中,$V_i = \dfrac{1}{4\pi\varepsilon_0}\dfrac{q_i}{r_i}$(以无穷远为电势零点)。

对于连续带电体,则要将其分割成很多个点电荷,每个点电荷产生的电势为

$$dV = \frac{dq}{4\pi\varepsilon_0 r}\text{(以无穷远为电势零点)}$$

总电势要通过积分求解,为 $V = \int dV$ 。

11.1.5 电场强度与电势的关系

电场既可以用电场强度矢量描述,也可以用电势标量描述,两者的关系为

$$\vec{E} = -\nabla V$$

其中,∇是拉普拉斯微分算符,即电场强度等于电势梯度的负值。

在直角坐标系下

$$\nabla = \frac{\partial}{\partial x}\vec{i} + \frac{\partial}{\partial y}\vec{j} + \frac{\partial}{\partial z}\vec{k}$$

电场强度分量为

$$E_x = -\frac{\partial V}{\partial x},\ E_y = -\frac{\partial V}{\partial y},\ E_z = -\frac{\partial V}{\partial z}$$

11.1.6　磁场和磁感应强度

磁场：由运动电荷所激发的一种特殊的物质存在形态，磁场的基本属性之一是对处于其中的其他运动电荷施加力的作用。

磁感应强度：描述磁场的物理量。

磁感应强度的大小：为运动电荷在磁场某点所受最大磁力与运动电荷电量 q 和速度 v 的比值

$$B = \frac{f_{\max}}{qv}$$

磁感应强度的方向：电量为正的运动电荷不受磁场力时速度的方向。

磁场的叠加原理：载流导线在空间中某点产生的磁场，等于各段导线在该点产生磁场的矢量和

$$\vec{B} = \sum_i \vec{B}_i$$

11.1.7　毕奥-萨伐尔定律

以 $Id\vec{l}$ 表示恒定电流的一个电流元，以 r 表示从该电流元到场点的距离，则该电流元在空间一点产生的磁感应强度 $d\vec{B}$ 为

$$d\vec{B} = \frac{\mu_0}{4\pi}\frac{Id\vec{l} \times \vec{e}_r}{r^2}$$

其中，μ_0 为真空磁导率，$\mu_0 = 4\pi \times 10^{-7}\mathrm{N} \cdot \mathrm{A}^{-1}$，$\vec{e}_r$ 为电流元到场点的单位矢量。

11.1.8　磁场中的高斯定理和安培环路定理

磁感应线：在磁场中引入一组曲线，其切线方向与磁场方向相同，其疏密与磁场大小一致。磁感应线是磁场的一种形象描述方式。

磁通量：通过空间中某曲面的磁感应线的条数。

磁场中的高斯定理：任意磁场中通过任意封闭曲面的磁通量为零，即

$$\oiint_S \vec{B} \cdot d\vec{S} = 0$$

安培环路定理：在恒定磁场中，磁感应强度矢量沿任意闭合路径的积分，等于该闭合路径所包围的电流的代数和与真空磁导率的乘积，即

$$\oint_L \vec{B} \cdot d\vec{l} = \mu_0 \sum_i I_i$$

其中电流正负的判定：以右手四指沿闭合积分路径绕向，与伸直的大拇指方向一致的电流为正，反之为负。

11.1.9　磁场对运动电荷及载流导线的作用

洛伦兹力：电荷量为 q，速度为 v 的粒子在磁感应强度为 $\vec{B}$ 的磁场中所受的力为

$$\vec{F} = q\vec{v} \times \vec{B}$$

安培力：电流元 $Id\vec{l}$ 在磁场 $\vec{B}$ 中所受的磁场力为

$$d\vec{F} = Id\vec{l} \times \vec{B}$$

有限长载流导线所受的安培力，等于导线上各电流元所受安培力的矢量和

$$\vec{F}=\int_L \mathrm{d}\vec{F}=\int_L I\mathrm{d}\vec{l}\times\vec{B}$$

具体计算时要利用分量式作数值积分求解。

11.1.10 电磁感应定律

法拉第电磁感应定律：当穿过闭合回路所围面积的磁通量发生变化时，回路中将产生感应电动势，此感应电动势等于磁通量随时间变化率的负值，即

$$\varepsilon=-\frac{\mathrm{d}\Phi}{\mathrm{d}t}$$

楞次定律：闭合回路中感应电流的方向总是使感应电流产生的磁通量阻碍引起感应电流的磁通量的变化。

11.1.11 动生电动势和感生电动势

动生电动势：磁场不随时间变化，导体相对磁场运动而产生的电动势。

$$\varepsilon_{ab}=\int_a^b(\vec{v}\times\vec{B})\cdot\mathrm{d}\vec{l}$$

感生电动势：因磁场变化产生的电动势。变化的磁场在周围空间激发的电场称为涡旋电场。

$$\varepsilon=\oint_L\vec{E}_k\cdot\mathrm{d}\vec{l}=-\frac{\mathrm{d}\Phi}{\mathrm{d}t}=-\iint_S\frac{\partial\vec{B}}{\partial t}\cdot\mathrm{d}\vec{S}$$

其中涡旋电场 $\vec{E}_k$ 不同于静电场，其电场线是闭合曲线。

11.1.12 位移电流、麦克斯韦方程组的积分形式

位移电流：通过电场中任意截面的位移电流等于通过该截面的电位移通量对时间的变化率，其本质是变化的电场也会激发一个变化的磁场。

$$I_d=\frac{\mathrm{d}\Phi_d}{\mathrm{d}t}=\iint_S\frac{\partial\vec{D}}{\partial t}\cdot\mathrm{d}\vec{S}$$

麦克斯韦方程组的积分形式：

$$\oiint_S\vec{D}\cdot\mathrm{d}\vec{S}=\sum_i q_{0i}$$

$$\oint_L\vec{E}\cdot\mathrm{d}\vec{l}=-\frac{\mathrm{d}\Phi}{\mathrm{d}t}=\iint_S\frac{\partial\vec{B}}{\partial t}\cdot\mathrm{d}\vec{S}$$

$$\oiint_S\vec{B}\cdot\mathrm{d}\vec{S}=0$$

$$\oint_L\vec{H}\cdot\mathrm{d}\vec{l}=I+\frac{\mathrm{d}\Phi_d}{\mathrm{d}t}=\iint_S\left(\vec{j}+\frac{\partial\vec{D}}{\partial t}\right)\cdot\mathrm{d}\vec{S}$$

麦克斯韦电磁场理论的基本概念是：变化的电场与变化的磁场是密切联系在一起的，存在变化电场的空间必存在变化的磁场，同样存在变化磁场的空间也必存在变化的电场，它们构成一个统一的电磁场整体。

11.2 范例解析

[范例 11.1] 点电荷电场的研究

真空中有两个点电荷，研究在不同电荷电量组合的情况下，这两个点电荷电势、电场分布

情况。

［解题分析］　凡是学过大学物理的人，在学到电学部分时，恐怕都会对教材中那些精美的电场线、等势面图感到惊奇，在感叹物理学所展现的自然之美的同时，也许会想：这些图形是怎么画出来的呢？其实只要掌握了 MATLAB 的一些基本知识，每个人都可以通过计算机画出同样精美的图形。

根据电学知识，若电荷在空间激发的电势分布为 V，则电场强度等于电势梯度的负值，即

$$\vec{E} = -\nabla V \tag{11.1.1}$$

电势和电场强度均满足叠加原理。

根据题意，真空中若以无穷远为电势零点，则在两个点电荷的电场中，空间的电势分布为

$$V = V_1 + V_2 = \frac{q_1}{4\pi\varepsilon_0 r_1} + \frac{q_2}{4\pi\varepsilon_0 r_2} \tag{11.1.2}$$

在如图 11.1.1 所示的坐标系中，若两个点电荷 q_1 和 q_2 分别被置于 $-a$ 和 a 处，对于给定的场点 P 而言，则：$r_1 = \sqrt{(x+a)^2 + y^2}$，$r_2 = \sqrt{(x-a)^2 + y^2}$。

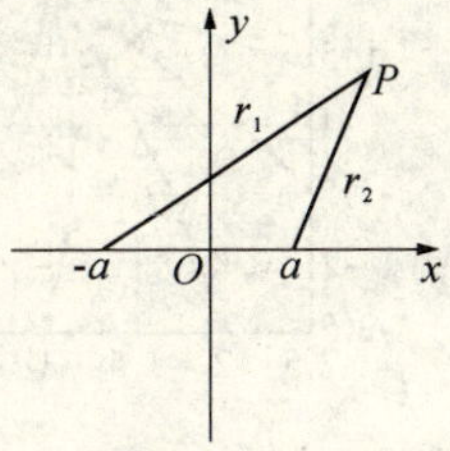

图 11.1.1

这样，两个点电荷的电势可以表示为

$$V = \frac{q_1}{4\pi\varepsilon_0 \sqrt{(x+a)^2 + y^2}} + \frac{q_2}{4\pi\varepsilon_0 \sqrt{(x-a)^2 + y^2}} \tag{11.1.3}$$

在直角坐标系下，由(11.1.1)式，通过电势梯度计算，便可以求出两个点电荷的电场强度分量式分别为

$$E_x = -\frac{\partial V}{\partial x} = \frac{q_1(x+a)}{4\pi\varepsilon_0 [(x+a)^2 + y^2]^{3/2}} + \frac{q_2(x-a)}{4\pi\varepsilon_0 [(x-a)^2 + y^2]^{3/2}} \tag{11.1.4}$$

$$E_y = -\frac{\partial V}{\partial y} = \frac{q_1 y}{4\pi\varepsilon_0 [(x+a)^2 + y^2]^{3/2}} + \frac{q_2 y}{4\pi\varepsilon_0 [(x-a)^2 + y^2]^{3/2}} \tag{11.1.5}$$

在用计算机模拟两个点电荷电场时，为了有较好的直观效果，取 $q_1 = 1.6 \times 10^{-10}$ C，同时设两电荷电量之比为：$k = \frac{q_2}{q_1}$。并且将 4 种电荷电量比值置于矩阵 $\boldsymbol{k}$ 中。然后设定坐标取值范围，用数据网格指令 meshgrid(x,y)，把 xy 平面取值区域内的所有场点都表示出来。设两个点电荷分别位于±1m 处，然后再将两个点电荷距场点的距离 r_1 和 r_2 分别求出。

程序中，根据(11.1.3)、(11.1.4)和(11.1.5)式，通过 for 语句做 4 次循环，将 $\boldsymbol{k}$ 矩阵中不同电荷电量比值的电势分布分别求出，用指令 contour 画出等高线，也就是等势分布图。在绘制电场线时，先计算出电场线的起点，然后用 streamline 指令利用电场分布的对称性将电场线绘出。由于电场线不仅表示电场的指向，其疏密还与电场强度的大小相关，故而在 for 循环中设定一个 if—end 判断语句，判定每次循环中电荷电量比 k 是否大于零，即右侧的电荷电量是否大于左侧电荷电量，若是，则减小右侧绘制电场线的角度步长，以模拟电场强度数值大则电场线密集这一情况。

有两点在学习中要注意，一是由于本问题较为简单，故先求出电势分布，再根据场强与电势的微分关系，求出电场强度分量式的解析式，由此就可绘制电场线了。但在其后的范例中读者可以看到，在很多实际问题中，电势、电场的解析式其实很难求出，在 MATLAB 中无论是否可求出场强的解析式，都可利用指令 gradient 来求电势梯度的负值，由此即可将电场分布的数

值解求出，读者可将程序改写一下，试试指令 gradient。二是在表示电场分布画电场线时，多数 MATLAB 教材均采用 quiver 指令，但由于其绘出的电场线图形是带有箭头的短线，效果并不直观，这里我们采用指令 streamline，请读者通过程序体会其用法，用这个指令绘出的不同电荷电量比值的电场分布见图 11.1.2、图 11.1.3、图 11.1.4 和图 11.1.5，效果与一般教科书上的电场分布图相仿。读者可以比较指令 quiver 与指令 streamline 的异同，并上机试验。

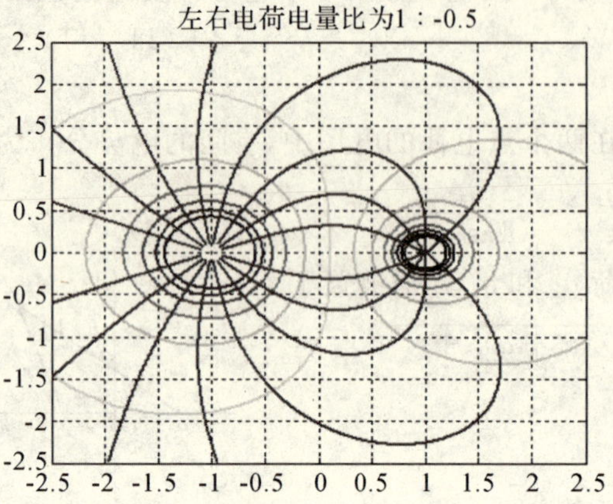

图 11.1.2

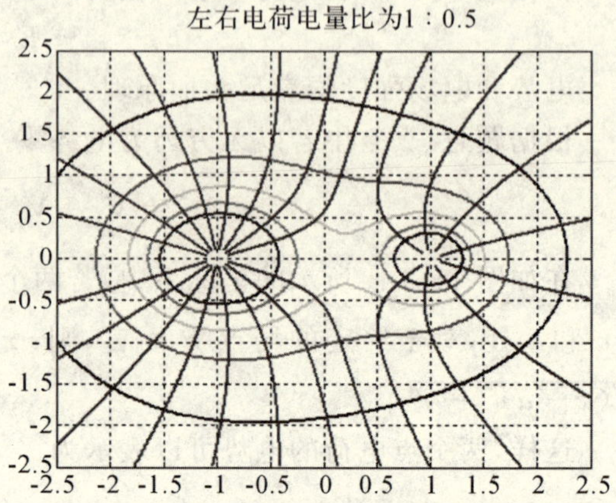

图 11.1.3

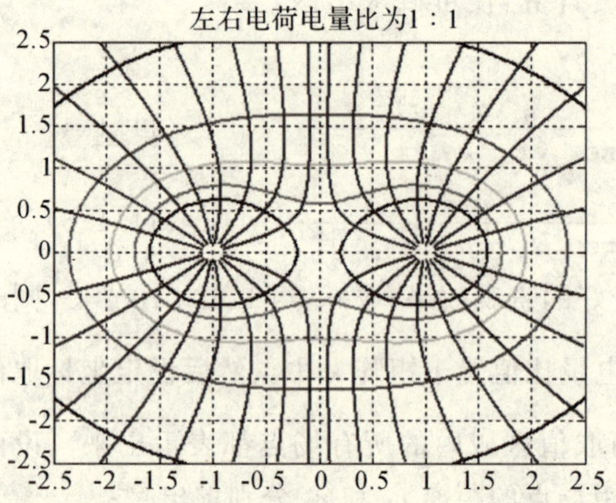

图 11.1.4

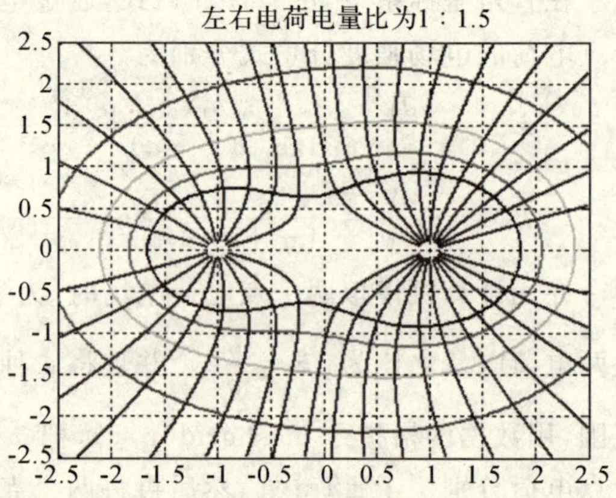

图 11.1.5

［**程序实现**］ 程序文件名为：pointcharge.m。

```
clear all
ep0=8.85*1e-12;                          % 真空电容率
q1=1.6e-10;
c0=q1/(4*pi*ep0);                        % 归并常数
k=[-0.5;0.5;1;1.5];                      % 两点电荷的比值
str{1}='左右电荷电量比为 1：-0.5';
str{2}='左右电荷电量比为 1：0.5';
str{3}='左右电荷电量比为 1：1';
str{4}='左右电荷电量比为 1：1.5';
```

```
xm=2.5;                                % 设定坐标
ym=2.5;
x=linspace(-xm,xm);
y=linspace(0,ym);
[X,Y]=meshgrid(x,y);                   % 设置计算电势、电场坐标点
R1=sqrt((X+1).^2+Y.^2);                % 左边电荷到场点的距离
R2=sqrt((X-1).^2+Y.^2);                % 右边电荷到场点的距离
for i=1:4
figure(i)
set(gcf,'unit','normalized','position',[0.1+0.04*i 0.2-0.05*i 0.5 0.5]); % 每个图形窗口不遮挡
V=c0*((1./R1)+k(i)*(1./R2));  % 计算电势
v=-3:0.5:3;                            % 等势面分布
[C,h]=contour(X,Y,V,v);                % 画上部等势线并取等势线的坐标和句柄
set(h,'LineWidth',1.5)                 % 设置等势面参数
grid on
axis([-2.5,2.5,-2.5,2.5]);
%axis equal
hold on
[C,h]=contour(X,-Y,V,v);               % 画下部等势线并取等势线的坐标和句柄
set(h,'LineWidth',1.5)
Ex=c0*((X+1)./R1.^3+k(i)*(X-1)./R2.^3);   % 计算场强分量
Ey=c0*((Y./R1.^3+k(i)*Y./R2.^3));
r0=0.1;                                % 电场线起点半径
th=pi9:pi9:8*pi/9;                     % 角度取值
sx1=r0*cos(th)-1;                      % 画电场线的起点坐标
sy1=r0*sin(th);
h=streamline(X,Y,Ex,Ey,sx1,sy1);              % 画左上部电场线并取句柄
set(h,'LineWidth',2,'Color','r')              % 设置电场线参数
h=streamline(X,-Y,Ex,-Ey,sx1,-sy1);           % 画左下部电场线并取句柄
set(h,'LineWidth',2,'Color','r')
if k(i)>0
    dth=pi/(9*k(i));                          % 若是同种电荷,右边电场线密度增大
    th=pi/9:dth:8*pi/9;                       % 角度取值
    sx2=r0*cos(th)+1;                         % 画电场线起点坐标
    sy2=r0*sin(th);
    h=streamline(X,Y,Ex,Ey,sx2,sy2);          % 画右上部电场线并取句柄
    set(h,'LineWidth',2,'Color','r')
    h=streamline(X,-Y,Ex,-Ey,sx2,-sy2);% 画右下部电场线并取句柄
    set(h,'LineWidth',2,'Color','r')
end
    title(str(i) ,'FontSize',14)
end
```

[范例 11.2]　有限长带电细棒电场的研究

若电荷 Q 均匀分布在长为 L 的细棒上，求真空中，带电细棒的电场在 xy 平面内的分布情况。

[解题分析]　按照有关电学知识，在真空中，对均匀带电的细棒，根据场强的叠加原理，可在一些特定位置上通过积分求出电场强度的解析解。如在带电细棒的延长线上，且距棒中心为 r 处的电场强度为

$$E=\frac{1}{\pi\varepsilon_0}\frac{Q}{4r^2-L^2} \tag{11.2.1}$$

在细棒的垂直平分上，离棒为 r 处的电场强度为

$$E=\frac{1}{2\pi\varepsilon_0 r}\frac{Q}{\sqrt{4r^2+L^2}} \tag{11.2.2}$$

而对于其他位置的电场强度的求解，由于电场不具有对称性，很难得到解析解，只能借助计算机求数值解。计算机不仅可以求出数值解，还可以将所得数值解通过图形直观地表现出来。

为了能积分叠加，本问题在求解时，沿带电细棒方向取为 y 轴，垂直带电细棒且通过其中心取为 x 轴，在带电棒上距原点为 l 处取一个点电荷 $\mathrm{d}q$，则其在空间产生的电势为

$$\mathrm{d}V=\frac{\mathrm{d}q}{4\pi\varepsilon_0[x^2+(y-l)^2]^{1/2}} \tag{11.2.3}$$

设电荷线密度为 $\lambda=\dfrac{Q}{L}$，由电势叠加原理，空间的电势分布可通过积分求出。

$$V=\int_{-L/2}^{L/2}\frac{\lambda\mathrm{d}y}{4\pi\varepsilon_0[x^2+(y-l)^2]^{1/2}} \tag{11.2.4}$$

然后再利用电场强度和电势之间的数学关系 $\vec{E}=-\nabla V$，便求出均匀带电细棒的电场分布。

程序中设电荷线密度为 10^{-9}C/m，带电细棒长为 6m，先用数据网格指令 meshgrid 求出空间的场点及电荷分布点，对每一个点电荷产生的电势根据叠加原理，用积分指令 trapz 积分求电势分布数值解，然后再用 gradient 求出电场分布数值解。最后将求出的电势分布的数据通过指令 contour 画出电势分布，电场分布的数据通过指令 streamline 画出电场线的分布。最后带电细棒的电场和电势分布效果如图 11.2.1 所示。

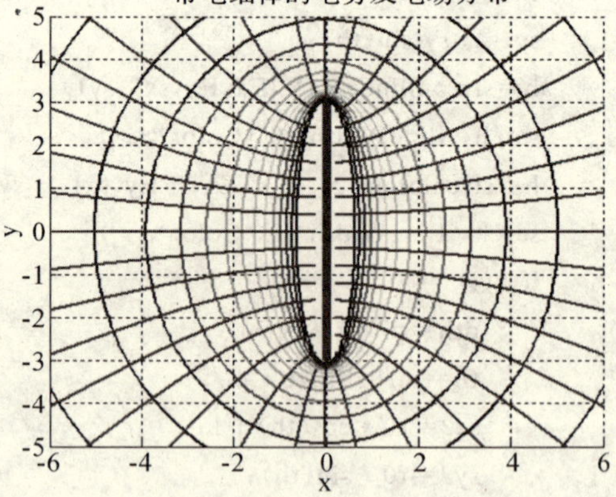

图 11.2.1

[程序实现]　程序文件名为：el.m。

```
clear all
lam=1e-9;                          % 带电棒的电荷线密度
ep0=8.85*1e-12;                    % 真空中的电容率
c0=lam/(4*pi*ep0);                 % 归并常数
Lh=3;                              % 带电棒长度设定
l=-Lh:0.1:Lh;
```

```
x=-6.5:0.11:6.5;                  % 设定坐标范围
y=-5.5:0.11:5.5;
[X,Y,L]=meshgrid(x,y,l);          % 设置计算电势、电场坐标点
r=sqrt((Y-L).^2+X.^2);            % 场点位置
dv=c0./r;
v=pi/40*trapz(dv,3);              % 求电势
[Ex,Ey]=gradient(-v,0.2);         % 求电场
figure
axis([-6,6,-5,5]);
grid on
L=line([0,0],[-3,3],'color','r','linestyle','-','linewidth',5.5);   % 画带电棒
hold on
[C,h]=contour(X(:,:,1),Y(:,:,1),v,[6,8,10,12,14,16,18,20,22,24,26,28,30,32]); % 画电势分布
set(h,'LineWidth',1.5);
hold on
sx=0.2;
sy=[-3.2:0.4:3.2];
[Sx,Sy]=meshgrid(sx,sy);          % 计算电场线起点
h=streamline(X(:,:,1),Y(:,:,1),Ex,Ey,Sx,Sy);            % 利用对称性画左面电场线
set(h,'LineWidth',2,'Color','r');                       % 设置电场线参数
hold on;
h=streamline(-X(:,:,1),Y(:,:,1),-Ex,Ey,-Sx,Sy);         % 利用对称性画右面电场线
set(h,'LineWidth',2,'Color','r');                       % 设置电场线参数
h=streamline(X(:,:,1),Y(:,:,1),Ex,Ey,0,3);              % 以下画沿棒电场线
set(h,'LineWidth',2,'Color','r');
h=streamline(X(:,:,1),Y(:,:,1),Ex,Ey,0,-3);
set(h,'LineWidth',2,'Color','r');
xlabel('x');
ylabel('y');
title('带电细棒的电势及电场分布','FontSize',14)
```

[范例 11.3]　带电细圆环电场的研究

真空中，一个半径为 R 的圆形细环上，均匀地分布着电荷 Q，求其电场强度的空间分布。

[解题分析]　带电细圆环的电场在圆环轴线上的分布是可以解析求解出的，这在一般的大学物理教科书中都有相应的例题，若带电细圆环的轴线取为 z 轴，通过电场的叠加原理积分可得

$$E=\frac{1}{4\pi\varepsilon_0}\frac{Qz}{(z^2+R^2)^{3/2}} \tag{11.3.1}$$

而带电圆环电场在空间其他位置的分布是很难求出解析解的，通过计算机则可求出数值解，并可将所求结果直观地图示出来。如图 11.3.1 建立坐标，设带电细圆环的带电线密度为 λ，则其在空间 P 点的电势为

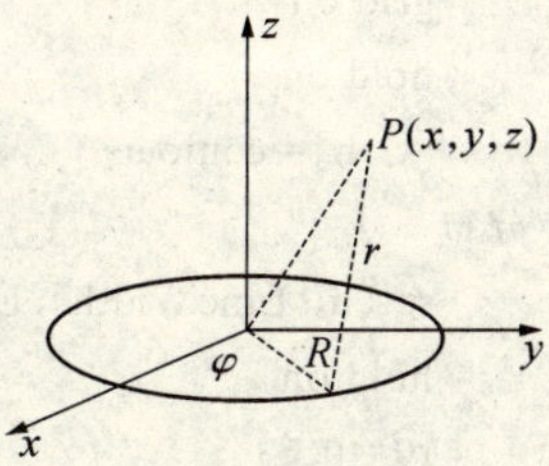

图 11.3.1

$$V=\frac{1}{4\pi\varepsilon_0}\int_0^{2\pi}\frac{\lambda R\,\mathrm{d}\varphi}{\sqrt{(x-R\cos\varphi)^2+(y-R\sin\varphi)^2+z^2}} \tag{11.3.2}$$

利用电场强度与电势梯度之间的关系 $\vec{E}=-\nabla V$，就可以求出电场分布了。

在用计算机求解时，为简单起见，令 $x=0$，即只研究 yz 平面内的电场分布。设带电细圆环的电荷线密度为 $10^{-9}\mathrm{C/m}$，圆环半径为 1.2m。

在程序中仍然是先用网格数据指令 meshgrid 求出圆环电场的场点，在 $x=0$ 的前提条件下，利用(11.3.2)式，求出圆环上任意一个点电荷在空间产生的电势，然后按电势的叠加原理，调用指令 trapz 积分求出圆环总的电势分布。对求出的电势分布数据，调用指令 gradient 即可求出电场的 y、z 分量。对上述电场和电势分布的数据，利用指令 contour 便可画出带电圆环的电势分布，利用指令 streamline 便可画出带电细圆环的电场分布。带电细圆环空间电场和电势的分布情况见图 11.3.2。

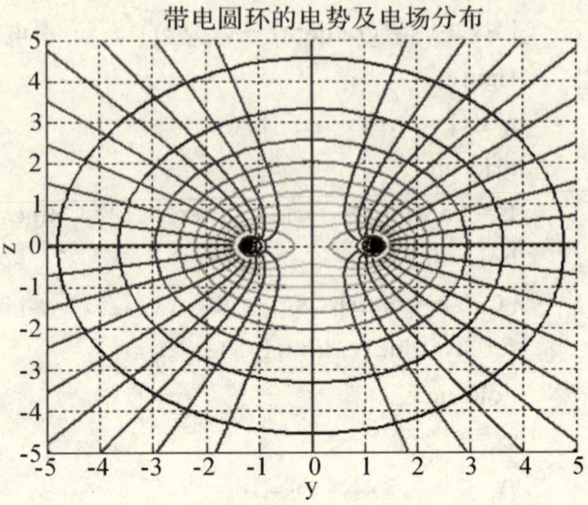

图 11.3.2

[程序实现] 程序文件名为：ering.m。

```
clear all
lam=1e-9;                          % 带电环的电荷线密度
ep0=8.85*1e-12;                    % 真空中电容率
c0=lam/(4*pi*ep0);                 % 归并常数
R=1.2;                             % 带电环半径
y=-6:0.11:6;
z=-6:0.11:6;
phi=0:pi/20:2*pi;
[Y,Z,PHI]=meshgrid(y,z,phi);        % 设置计算电势、电场坐标点
r=sqrt((R*cos(PHI)).^2+(Y-R*sin(PHI)).^2+Z.^2);      % 场点位置
dv=c0./r;
V=pi/40*trapz(dv,3);               % 求电势
[Ey,Ez]=gradient(-V,0.2);          % 求电场
figure
axis([-5,5,-5,5]);
line(R,0,'marker','.','markersize',25,'color','k');   % 画带电环的 yz 截面
line(-R,0,'marker','.','markersize',25,'color','k');
grid on
hold on
[C,h]=contour(Y(:,:,1),Z(:,:,1),V,[2,4,6,8,10,12,14,16,18,20,22,24,28,30,32]); %画电势
分布
set(h,'LineWidth',1.5)                               % 设置等势面参数
hold on
r0=0.3;                                              % 电场线起点半径
th=pi9:pi9:8*pi/9;
```

```
sy1=r0 * cos(th)-R;                                          % 画左部电场线的起点坐标
sz1=r0 * sin(th);
h=streamline(Y(:,:,1),Z(:,:,1),Ey,Ez,sy1,sz1) ;              % 画左上部电场线
set(h,'LineWidth',2,'Color','r')                             % 设置电场线参数
h=streamline(-Y(:,:,1),Z(:,:,1),-Ey,Ez,-sy1,sz1);            % 画左下部电场线
set(h,'LineWidth',2,'Color','r')
th=pi9:pi9:8 * pi/9;
sy2=r0 * cos(th)+R;                                          % 画右部电场线的起点坐标
sz2=r0 * sin(th);
h=streamline(-Y(:,:,1),-Z(:,:,1),-Ey,-Ez,-sy2,-sz2);         % 画右上部电场线
set(h,'LineWidth',2,'Color','r')
h=streamline(Y(:,:,1),-Z(:,:,1),Ey,-Ez,sy2,-sz2);            % 画右下部电场线
set(h,'LineWidth',2,'Color','r')
h=streamline(Y(:,:,1),Z(:,:,1),Ey,Ez,0,0);                   % 以下画过环中心电场线
set(h,'LineWidth',1.5,'Color','r')
h=streamline(Y(:,:,1),-Z(:,:,1),Ey,-Ez,0,0);
set(h,'LineWidth',1.5,'Color','r')
h=streamline(Y(:,:,1),Z(:,:,1),Ey,Ez,1.5,0);                 % 以下画过环平面电场线
set(h,'LineWidth',1.5,'Color','r')
h=streamline(Y(:,:,1),Z(:,:,1),Ey,Ez,-1.5,0);
set(h,'LineWidth',1.5,'Color','r')
xlabel('y');
ylabel('z');
title('带电圆环的电势及电场分布','FontSize',14)
```

[范例 11.4]　载流圆环磁场的研究

在真空中，有一个半径为 R 的圆环形载流导线环，通过的电流为 I，求这个载流圆环产生的磁感强度 $\vec{B}$ 的空间分布。

[解题分析]　求解真空中的磁场，我们可以把一载流导线看成是由许多电流元 $I\mathrm{d}\vec{l}$ 连接而成，这样，载流导线在磁场中某点的磁感应强度，就是由这导线的所有电流元在该点产生的 $\mathrm{d}\vec{B}$ 的矢量叠加。根据毕奥-萨伐尔定律，每个电流元在距离其 r 处产生的磁感应强度 $\mathrm{d}\vec{B}$ 为

$$\mathrm{d}\vec{B}=\frac{\mu_0}{4\pi}\frac{I\mathrm{d}\vec{l}\times\vec{r}}{r^3} \tag{11.4.1}$$

对于载流圆环，其轴线上的磁感应强度由于具有对称性，是可以解析求解出来的，若其轴线取为 z 轴，则磁感应强度的方向垂直圆形线圈平面沿 Oz 轴

$$B=\frac{\mu_0}{2}\frac{R^2 I}{(R^2+z^2)^{3/2}} \tag{11.4.2}$$

而空间其他位置磁感应强度，由于不具有对称性，其解析解就很难求出了，而通过计算机求出数值解，再利用绘图的可视化方法，便可以直观地将磁场的空间分布表示出来了。

求载流圆环磁场时，建立如图 11.4.1 所示的直角坐标系，则(11.4.1)式中的矢量积在此坐标系中有

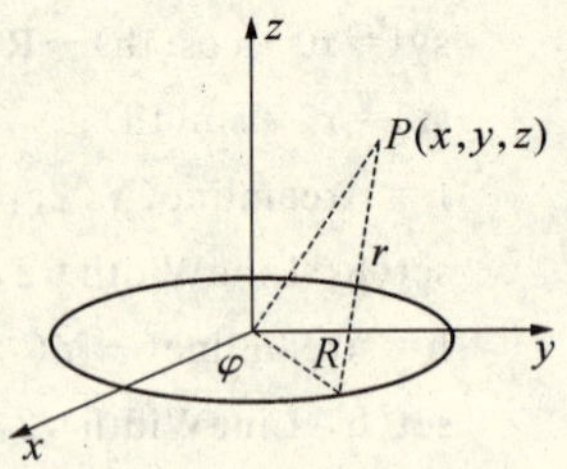

图 11.4.1

$$\mathrm{d}\vec{l}\times\vec{r}=\begin{vmatrix}\vec{i} & \vec{j} & \vec{k}\\ \mathrm{d}x & \mathrm{d}y & \mathrm{d}z\\ r_x & r_y & r_z\end{vmatrix} \tag{11.4.3}$$

展开计算有

$$\mathrm{d}\vec{l}\times\vec{r}=(r_z\mathrm{d}y-r_y\mathrm{d}z)\vec{i}+(r_x\mathrm{d}z-r_z\mathrm{d}x)\vec{j}+(r_y\mathrm{d}x-r_x\mathrm{d}y)\vec{k} \tag{11.4.4}$$

这样，

$$\mathrm{d}B_x=\frac{\mu_0 I}{4\pi}\frac{r_z\mathrm{d}y-r_y\mathrm{d}z}{r^3} \tag{11.4.5}$$

$$\mathrm{d}B_y=\frac{\mu_0 I}{4\pi}\frac{r_x\mathrm{d}z-r_z\mathrm{d}x}{r^3} \tag{11.4.6}$$

$$\mathrm{d}B_z=\frac{\mu_0 I}{4\pi}\frac{r_y\mathrm{d}x-r_x\mathrm{d}y}{r^3} \tag{11.4.7}$$

根据几何关系，其中 $r_x=x-R\cos\varphi$，$r_y=y-R\sin\varphi$，$r_z=z$。电流元到场点 P 的距离：$r=\sqrt{(x-R\cos\varphi)^2+(y-R\sin\varphi)^2+z^2}$。

考虑到要进行积分运算，对于圆环上的任意一个线元 $\mathrm{d}l$，有几何关系：$\mathrm{d}x=-\mathrm{d}l\sin\varphi$，$\mathrm{d}y=\mathrm{d}l\cos\varphi$，$\mathrm{d}z=0$。

为了简单起见，本范例只考虑 yz 平面内磁感应强度二维分布的情况，即令 $x=0$，这样(11.4.6)和(11.4.7)式化为

$$\mathrm{d}B_y=\frac{\mu_0 I}{4\pi}\frac{z\sin\varphi\mathrm{d}l}{r^3} \tag{11.4.8}$$

$$\mathrm{d}B_z=\frac{\mu_0 I}{4\pi}\frac{(R-y\sin\varphi)\mathrm{d}l}{r^3} \tag{11.4.9}$$

其中 $\mathrm{d}l=R\mathrm{d}\varphi$。对(11.4.8)和(11.4.9)式进行积分，即可求出磁场在 yz 平面内的分布规律。

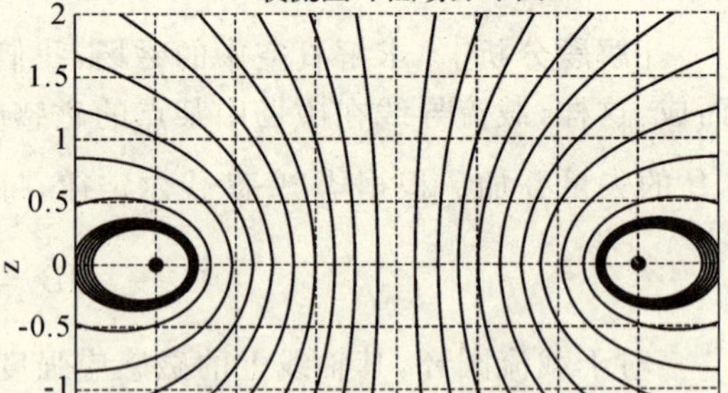

图 11.4.2

经过上述准备，就可以通过 MATLAB 进行计算机模拟研究了。在程序编制时，设载流圆环中的电流为 100A，圆环半径为 1.5m。

程序中先调用数据网格指令 meshgrid 求出 yz 平面内的场点，然后利用(11.4.8)和(11.4.9)式表示出相应场点的 $\mathrm{d}B_y$ 和 $\mathrm{d}B_z$，再调用积分指令 trapz，求出 B_y 和 B_z 的空间分布数值。将求出的数据用指令 streamline 绘出磁场线的分布图，见图 11.4.2。为了能观察到磁场的空间分布特征，程序中还调用了指令 mesh，以便将磁场的 y 分量、z 分量的空间分布及磁场的大小的空间分布绘出，其结果见图 11.4.3。

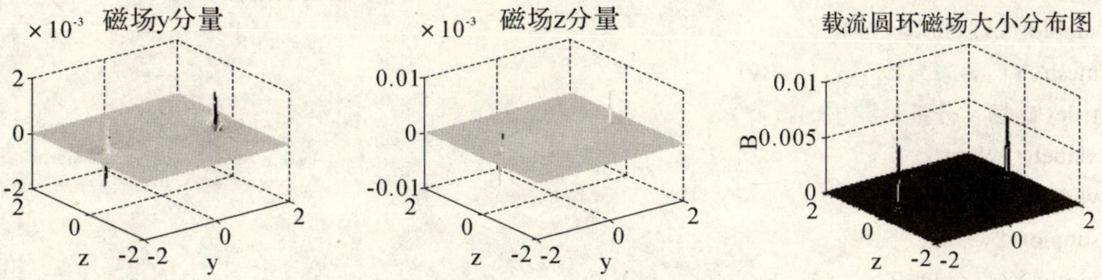

图 11.4.3

[程序实现]　程序文件名为:bring. m。

```
clear all
I0=1e2;                                  % 载流圆环中的电流
mu0=4*pi*1e-7;                           % 真空中的磁导率
c0=I0*mu0/(4*pi);                        % 归并常数
R=1.5;                                   % 载流圆环半径
y=-2:0.04:2;
z=-2:0.04:2;
phi=0:pi/40:2*pi;
[Y,Z,PHI]=meshgrid(y,z,phi);
r=sqrt((R*cos(PHI)).^2+(Y-R*sin(PHI)).^2+Z.^2);
r3=r.^3;
dBy=c0*R*Z.*sin(PHI)./r3;                % 求磁场的 y,z 分量
dBz=c0*R*(R-Y.*sin(PHI))./r3;
By=pi/20*trapz(dBy,3);
Bz=pi/20*trapz(dBz,3);
B=sqrt(By.^2+Bz.^2);
figure
axis([-2,2,-2,2]);
line(R,0,'marker','.','markersize',30,'color','r');    % 画载流圆环的 yz 截面
line(-R,0,'marker','.','markersize',30,'color','r');
hold on
sz=0;
sy=[0.11:0.13:1.28];
[Sy,Sz]=meshgrid(sy,sz);                               % 计算磁场线起点
streamline(Y(:,:,1),Z(:,:,1),By,Bz,Sy,Sz) ;            % 以下利用对称性画磁场线
streamline(-Y(:,:,1),Z(:,:,1),-By,Bz,-Sy,Sz);
streamline(-Y(:,:,1),-Z(:,:,1),-By,-Bz,-Sy,-Sz);
streamline(Y(:,:,1),-Z(:,:,1),By,-Bz,Sy,-Sz);
grid on
title('载流圆环磁场分布图','FontSize',14)
xlabel('y');
ylabel('z');
```

```
figure                                                    % 以下画磁场空间分布
subplot(2,2,1)
mesh(Y(:,:,1),Z(:,:,1),By)
title('磁场 y 分量')
xlabel('y');
ylabel('z');
subplot(2,2,2)
mesh(Y(:,:,1),Z(:,:,1),Bz)
title('磁场 z 分量')
xlabel('y')
ylabel('z')
subplot(2,2,3)
mesh(Y(:,:,1),Z(:,:,1),B);
title('载流圆环磁场大小分布图')
xlabel('y');
ylabel('z');
zlabel('B');
```

[范例 11.5]　带电粒子在电磁场中运动的研究

有均匀电场 $\vec{E}$ 和均匀磁场 $\vec{B}$ 两者方向互相垂直，分三种情况研究带电粒子在其中的运动情况：(1) 电场强度和磁感应强度都不为 0；(2) 电场强度为零，磁感应强度不为 0；(3) 电场强度不为零，磁感应强度为 0。

[解题分析]　带电粒子在电场和磁场中受到电场力和洛仑兹力的作用，设其质量为 m，带电量为 q，则在电磁场中带电粒子受到的合力为

$$\vec{F} = q\vec{E} + q\vec{v} \times \vec{B} \tag{11.5.1}$$

带电粒子的运动微分方程为

$$m\frac{\mathrm{d}^2\vec{r}}{\mathrm{d}t^2} = q\vec{E} + q\vec{v} \times \vec{B} \tag{11.5.2}$$

根据题意，电场与磁场相互垂直，故设电场沿 Oz 方向，磁场沿 Oy 方向。则其运动方程在直角坐标系中的分量式可表示为

$$\frac{\mathrm{d}^2 x}{\mathrm{d}t^2} = -\frac{qB}{m}\frac{\mathrm{d}z}{\mathrm{d}t} \tag{11.5.3}$$

$$\frac{\mathrm{d}^2 y}{\mathrm{d}t^2} = 0 \tag{11.5.4}$$

$$\frac{\mathrm{d}^2 z}{\mathrm{d}t^2} = \frac{qE}{m} + \frac{qB}{m}\frac{\mathrm{d}x}{\mathrm{d}t} \tag{11.5.5}$$

这一组微分方程是存在解析解的，对其积分求解可得运动方程

$$x = -C_1\sin\left(\frac{qB}{m}t + C_2\right) - \frac{E}{B}t + C_3 \tag{11.5.6}$$

$$y = C_5 t + C_6 \tag{11.5.7}$$

$$z = C_1\cos\left(\frac{qB}{m}t + C_2\right) + \frac{m}{qB}\left(\frac{E}{B} + C_4\right) \tag{11.5.8}$$

其中 $C_1 \sim C_6$ 为积分常数，由初始条件决定。由运动方程可见，带电粒子在电磁场中的运动方式是较为复杂的。

在用计算机求解时，设，$y_1 = x$，$y_2 = \frac{\mathrm{d}x}{\mathrm{d}t}$，$y_3 = y$，$y_4 = \frac{\mathrm{d}y}{\mathrm{d}t}$，$y_5 = z$，$y_6 = \frac{\mathrm{d}z}{\mathrm{d}t}$，则(11.5.3)～(11.5.5)式变为

$$\frac{\mathrm{d}y_1}{\mathrm{d}t} = y_2 \tag{11.5.9}$$

$$\frac{\mathrm{d}y_2}{\mathrm{d}t} = -\frac{qB}{m}y_6 \tag{11.5.10}$$

$$\frac{\mathrm{d}y_3}{\mathrm{d}t} = y_4 \tag{11.5.11}$$

$$\frac{\mathrm{d}y_4}{\mathrm{d}t} = 0 \tag{11.5.12}$$

$$\frac{\mathrm{d}y_5}{\mathrm{d}t} = y_6 \tag{11.5.13}$$

$$\frac{\mathrm{d}y_6}{\mathrm{d}t} = \frac{qE}{m} + \frac{qB}{m}y_2 \tag{11.5.14}$$

将上述微分方程，用一个独立的函数文件 ebfun.m 表示，以便在求解时调用。程序中取带电粒子电量 $q=1.6\times10^{-27}$C，带电粒子质量 $m=2\times10^{-27}$kg。

按题意，通过 for 循环，调用指令 ode23 三次求解粒子运动的微分方程，每一次求解题目所要求的一种情况，每一次循环都将求解出的数值，通过指令 comet 动态地显示出来。其中电场强度和磁感应强度都不为零时，带电粒子的运动轨迹见图 11.5.1；电场强度为零，磁感应强度不为零时，带电粒子的运动轨迹见图 11.5.2；电场强度不为零，磁感应强度为零时，带电粒子的运动轨迹见图 11.5.3。

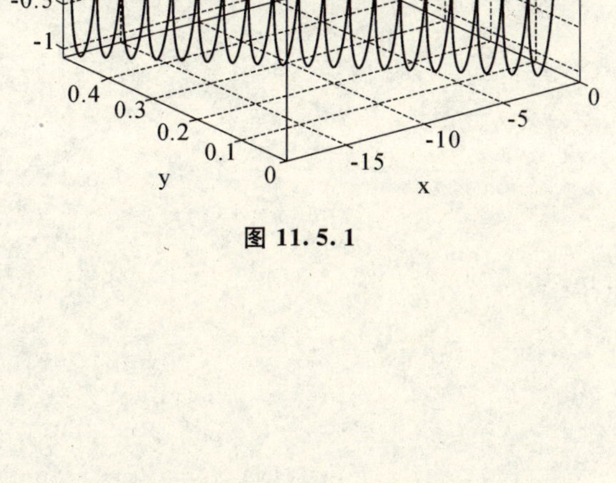

图 11.5.1

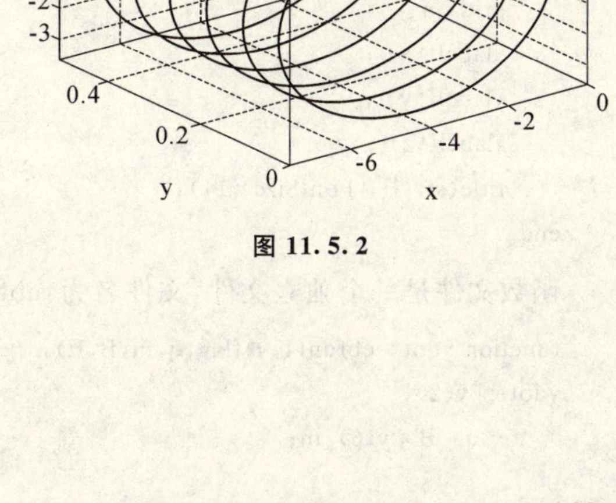

图 11.5.2

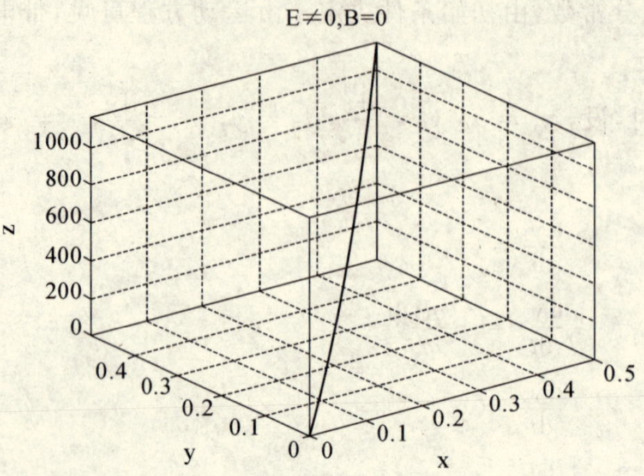

图 11.5.3

[程序实现] 主程序的文件名为:eb. m。

```
clear all
q=1.6e-27;        % 设定参数
m=2e-27;
B=[3;1;0];        % 磁感强度
E=[1;0;1];        % 电场强度
str{1}='E \neq0,B\neq 0';        % 用于标示的基元矩阵
str{2}='E=0,B \neq0';
str{3}='E \neq0,B=0';
for i=1:3
    [t,y]=ode23('ebfun',[0:0.1:50],[0,0.1,0,0.1,0,6],...
        [],q,m,B(i),E(i));   % 求解方程
    figure(i)
    set(gcf,'unit','normalized','position',[0.1+i*0.1 0.01+i*0.1 0.5 0.5]);
    comet3(y(:,1),y(:,3),y(:,5));
    hold on
    box on
    plot3(y(:,1),y(:,3),y(:,5),'color','b');
    grid on
    xlabel('x');
    ylabel('y');
    zlabel('z');
    title(str{i},'FontSize',14);
end
```

函数文件是一个独立文件,文件名为:ebfun. m。

```
function ydot=ebfun(t,y,flag,q,m,B,E)
ydot=[y(2);
    -q*B*y(6)/m;
```

```
y(4);
0;
y(6);
q*E/m+q*B*y(2)/m];
```

[范例 11.6] 圆盘发电机耦合的研究

两个圆盘状发电机,以每个圆盘转动中产生感应电流流过一个线圈为对方提供磁场的方式耦合在一起,研究两个发电机圆盘转动过程中,电流及转动角速度的变化规律。

[解题分析] 这是一个比较复杂的电磁感应和动力学相结合的综合性问题。

为研究问题方便,首先设两个圆盘及相连线圈的物理参数均相同(半径 r,转动惯量 J,电感 L,电阻 R,线圈单位长度匝数 n),两圆盘所受到的外力矩相同均为 M,线圈看成无限长直螺线管。

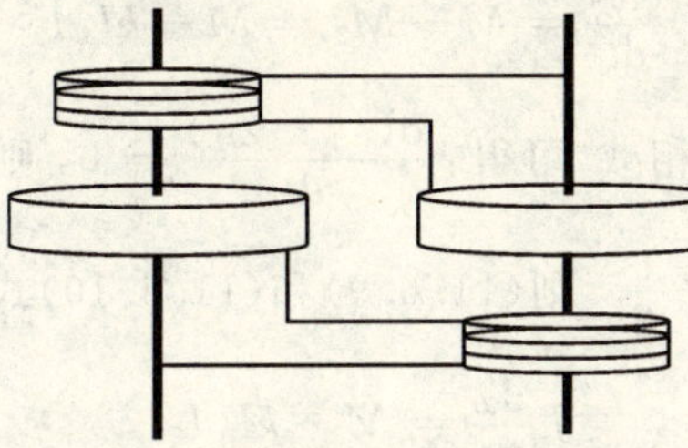

图 11.6.1

电路分析:

左边圆盘转动起来,在右盘处产生的磁场

$$B_1 = \mu_0 n I_1 \tag{11.6.1}$$

右边圆盘转动起来,在左盘处产生的磁场

$$B_2 = \mu_0 n I_2 \tag{11.6.2}$$

左盘以角速度 ω_1 转动时,动生电动势分布在圆盘的径向,圆盘径向距轴 l 处的 $\mathrm{d}l$ 线元上,有:$\mathrm{d}\varepsilon_1 = (\vec{v}_1 \times \vec{B}_2) \cdot \mathrm{d}\vec{l} = l\omega_1 B_2 \mathrm{d}l$,积分可得

$$\varepsilon_1 = \int_0^r \omega_1 B_2 l \mathrm{d}l = (\frac{1}{2}\mu_0 n r^2) I_2 \omega_1 = k I_2 \omega_1 \tag{11.6.3}$$

其中,$k = \frac{1}{2}\mu_0 n r^2$,由圆盘及线圈性质决定。

同理,右盘以角速度 ω_2 转动时,

$$\varepsilon_2 = k I_1 \omega_2 \tag{11.6.4}$$

在忽略互感,只考虑自感的情况下,两圆盘的电路方程为

$$\varepsilon_1 - L\frac{\mathrm{d}I_1}{\mathrm{d}t} = I_1 R \tag{11.6.5}$$

$$\varepsilon_2 - L\frac{\mathrm{d}I_2}{\mathrm{d}t} = I_2 R \tag{11.6.6}$$

动力学分析:

转动时,两盘均受恒定外力矩 M 作用,左盘中由于有右盘提供的磁场,在距转轴 l 处,$\mathrm{d}l$

线元上受到阻力为 $\mathrm{d}\vec{f}_1 = I_1\mathrm{d}\vec{l} \times \vec{B}_2$ 。方向垂直半径，大小为 $\mathrm{d}f_1 = I_1B_2\mathrm{d}l$ 。

因此，电磁阻尼力矩为 $\mathrm{d}\vec{M}_1 = \vec{l} \times \mathrm{d}\vec{f}_1$，方向沿转轴，大小为 $\mathrm{d}M_1 = l\mathrm{d}f_1 = I_1B_2l\mathrm{d}l$，积分可得

$$M_1 = \int_0^r I_1B_2l\mathrm{d}l = \frac{1}{2}r^2I_1B_2 = \frac{1}{2}r^2I_1\mu_0nI_2 = kI_1I_2 \tag{11.6.7}$$

同理，右盘受到的电磁阻尼力矩同样为

$$M_2 = kI_1I_2 \tag{11.6.8}$$

设两个圆盘转动中转轴无摩擦，外力矩为 M，由转动定律，结合(11.6.7)和(11.6.8)式，则两圆盘转动的动力学方程为

$$J\frac{\mathrm{d}\omega_1}{\mathrm{d}t} = M - M_1 = M - kI_1I_2 \tag{11.6.9}$$

$$J\frac{\mathrm{d}\omega_2}{\mathrm{d}t} = M - M_2 = M - kI_1I_2 \tag{11.6.10}$$

将(11.6.9)和(11.6.10)式相减，可得：$\dfrac{\mathrm{d}(\omega_1 - \omega_2)}{\mathrm{d}t} = 0$，则，$\omega_1 - \omega_2 = c$，$c$ 为常数。

令：$\omega_1 = \omega + \dfrac{c}{2}$，$\omega_2 = \omega - \dfrac{c}{2}$，则(11.6.9)和(11.6.10)式可简化为一个方程式

$$J\frac{\mathrm{d}\omega}{\mathrm{d}t} = M - kI_1I_2 \tag{11.6.11}$$

将电路方程(11.6.5)、(11.6.6)和动力学方程(11.6.11) 联立并化简，即可求解耦合圆盘电磁感应的问题了。

$$\frac{\mathrm{d}I_1}{\mathrm{d}t} = -\frac{R}{L}I_1 + \frac{kc}{2L}I_2 + \frac{k}{L}I_2\omega \tag{11.6.12}$$

$$\frac{\mathrm{d}I_2}{\mathrm{d}t} = -\frac{R}{L}I_2 - \frac{kc}{2L}I_1 + \frac{k}{L}I_1\omega \tag{11.6.13}$$

$$\frac{\mathrm{d}\omega}{\mathrm{d}t} = \frac{M}{J} - \frac{k}{J}I_1I_2 \tag{11.6.14}$$

为求解方便，分别设 $a = \dfrac{R}{L}$，$b = \dfrac{k}{2L}$，$d = \dfrac{M}{J}$，$e = \dfrac{k}{J}$ 。

最终上方程组改写为

$$\frac{\mathrm{d}I_1}{\mathrm{d}t} = -aI_1 + bcI_2 + 2bI_2\omega \tag{11.6.15}$$

$$\frac{\mathrm{d}I_2}{\mathrm{d}t} = -aI_2 - bcI_1 + 2bI_1\omega \tag{11.6.16}$$

$$\frac{\mathrm{d}\omega}{\mathrm{d}t} = d - eI_1I_2 \tag{11.6.17}$$

这是一组“你中有我、我中有你”的非线性方程组，只能求数值解。用 MATLAB 求解时，首先令 $a=b=d=1$，$c=3$，$e=0.5$，两次调用 ode45 指令求解该微分方程组，求解时为简化起见，在初始条件中设两转动盘中电流相同，且均令其为 1，只是 ω 相差 0.01，求解后通过图 11.6.2可见，尽管初始条件相差很小，两次分别求解的电流曲线初始阶段也几乎完全重合，但是随着时间的推移，电流波形却呈现出了巨大差异，系统显示出对初始条件的敏感。从相图上可看出，此时出现了奇怪吸引子，两个圆盘中的电流围绕一个平衡点变化一段时间，转而跳

向另一个平衡点，如此周而复始，但又不是周期运动。这种复杂的运动变化情况表明，耦合发电机圆盘的运动此时呈现出所谓的"混沌"状态。当然，这个系统并不总是陷于"混沌"之中的，当满足一定条件时，它还存在周期解，此时电流和角速度是有规律变化的。

其后的程序，通过 for 循环两次，在初始条件相同，参数 c 和 e 不同情况下，将耦合发电机圆盘的"混沌解"和"周期解"求出，同时将这两种情况下电流、角速度变化情况用 subplot 指令绘制出来，见图 11.6.3 和图 11.6.4，这个复杂、抽象的过程由此便一目了然。读者可以通过修改其中的参数来探寻混沌产生的奥秘。

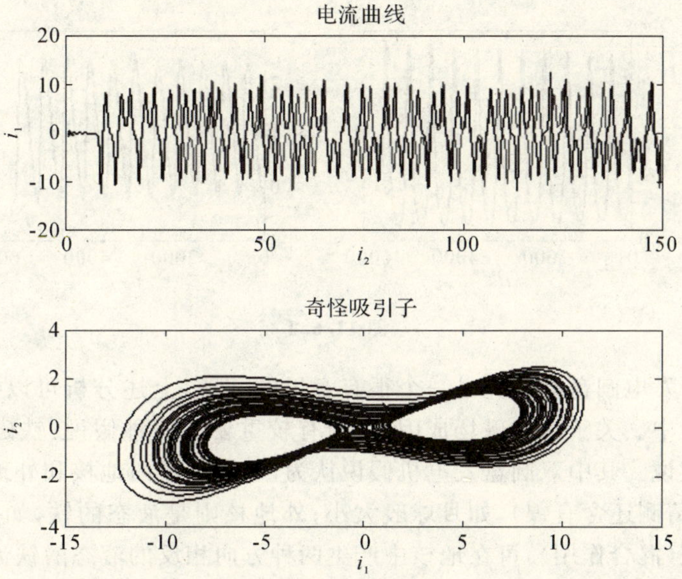

图 11.6.2

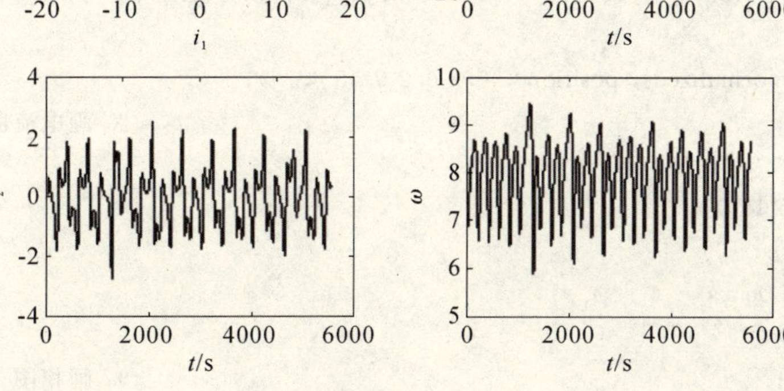

图 11.6.3

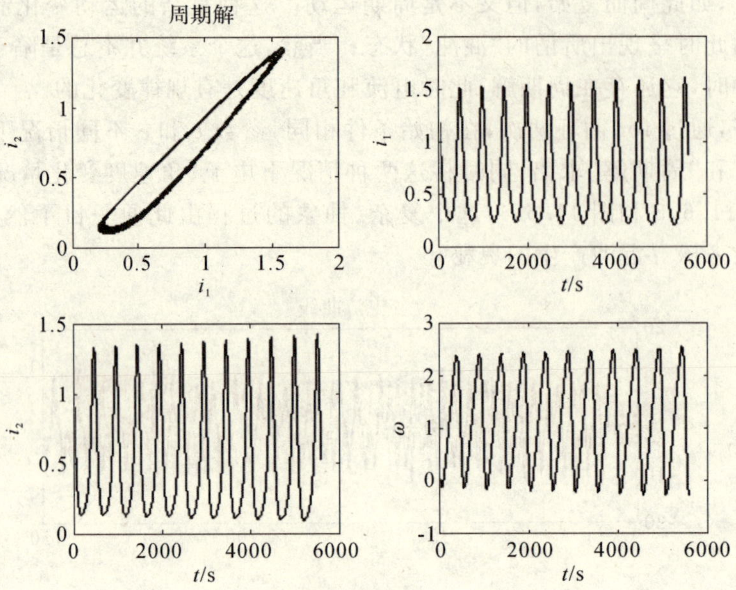

图 11.6.4

这里关于耦合发电圆盘的研究是一个很有意思的问题，上述分析可以扩展应用到关于地球磁场成因的假说中。关于地球磁场成因，目前有较重要的三种假说：铁磁体假说、热电假说和双圆盘发电机假说。其中双圆盘发电机假说认为，地核分成内地核和外地核两部分，内地核是固态的铁芯（据猜测还含有镍），如月球般大小；外地核则是液态的铁，如火星般大小。液态外核物质的热对流（混合作用），可在地核中产生两种方向相反的液态的铁流动，从而产生两种相反方向的电流，犹如两个耦合的金属圆盘，地球的磁场就产生于这种外地核液态铁的对流。该假说不仅可以解释磁场的异常飘移现象，还可以解释地磁极反转情况，因此是目前获得最多支持的假说。有科学家认为正是热对流的偶然特性，导致磁极倒转是随机发生的。发生这种情况时，地球磁场首先要发生完全的“混乱”，要经过一万年左右的时间，才能在相反方向上建立一个新的稳定磁场。有兴趣的读者可查阅有关资料，这里就不再赘述。

［**程序实现**］ 主程序文件名为：coplate.m。

```
clear all
[t,y]=ode45('cfun',[0:0.01:150],[1,1,0],[],1,1,3,1,0.5);        % 解方程
[t1,y1]=ode45('cfun',[0:0.01:150],[1,1,0.01],[],1,1,3,1,0.5);% 初始值有微小变化
figure(1)
set(gcf,'unit','normalized','position',[0.2 0.2 0.45 0.7]);
subplot(2,1,1);                                                  % 画电流曲线
plot(t,y(:,1),'r',t1,y1(:,1),'b');
axis([0 130 -15 15])
xlabel('\itt');
ylabel('{\it i}_1');
title('电流曲线')
subplot(2,1,2);                                                  % 画相图
plot(y(:,1),y(:,2));
```

```
xlabel('{\it i}_1');
ylabel('{\it i}_2');
title('奇怪吸引子')
a=[1,1];                                          % 设不同参数
b=[1,0.5];
c=[3,0.2];
d=[1,1];
e=[0.5,2];
str{1}='混沌解';
str{2}='周期解';
for i=1:2                                         % 以下求参数不同的耦合盘之解
    [t,y]=ode45('cfun',[0:0.01:100],[1,1,0],[],a(i),b(i),c(i),d(i),e(i));
    figure(i+1)
    subplot(2,2,1);
    plot(y(4400:end,1),y(4400:end,2));
    xlabel('{\it i}_1');
    ylabel('{\it i}_2');
    title(str{i},'FontSize',10)
    subplot(2,2,2)
    plot(y(4400:end,1))
    xlabel('{\it t}/s')
    ylabel('{\it i}_1')
    subplot(2,2,3)
    plot(y(4400:end,2))
    xlabel('{\it t}/s')
    ylabel('{\it i}_2')
    subplot(2,2,4)
    plot(y(4400:end,3)+c(i)/2)
    xlabel('\itt/s')
    ylabel('{\it\omega}')
    axis auto;
end
```

其中函数文件是一个独立文件，文件名为 cfun. m。

```
function ydot=cfun(t,y,flag,a,b,c,d,e)
ydot=[-a*y(1)+2*b*c*y(2)+a*y(2).*y(3);
    a*y(1).*y(3)-2*b*c*y(1)-a*y(2);
    d-e*y(1).*y(2)];
```

第12章　波动光学

12.1　概念及规律

12.1.1　光的干涉

光波的相干性：当两个或多个存在相互平行的振动分量、频率相同、相位差恒定的光波在空间某个区域相遇时，在此区域的某些点的光振动始终加强，而另一些点的光振动始终减弱，从而在该区域内形成稳定的强弱光强分布，这一现象称为光的干涉现象。满足上述条件的光波称为相干光波，相应的光源称为相干光源。

获得相干光的方法：由于普通光源的发光过程以自发辐射为主，每个原子或分子随机发出一个个或长或短的波列，每个波列的振动方向和相位都是随机的，不满足光波的相干条件，一般通过分波振面法和分振幅法来实现光的干涉。

分波振面法：在同一个波面上，取出两部分或两部分以上的面元作为相干子波波源进行干涉的方法。

分振幅法：利用反射和折射使一束光的强度（光强与振幅平方成正比）分成两部分或两部分以上进行相干的方法。

光程和光程差：光通过折射率为 n、厚度为 r 的介质时，其相位改变为

$$\Delta\varphi = 2\pi\frac{r}{\lambda}$$

其中，λ 是光在折射率为 n 的介质中的波长。光在真空中波长为 λ_0，则进入介质后，$\lambda = \frac{\lambda_0}{n}$，这样相位差又可表示为

$$\Delta\varphi = 2\pi\frac{nr}{\lambda_0}$$

将 n 与 r 的乘积 nr 称为光程。光波此时相位差的改变与其在真空中通过路程 nr 所引起的相位改变是相同的，光程将介质中的相位改变折合为真空中的相位改变，便于比较光波通过不同介质时相位的变化。

当两列光波通过折射率分别为 n_1 和 n_2，厚度分别为 r_1 和 r_2 的介质时，相位差为

$$\Delta\varphi = 2\pi\frac{n_1r_1 - n_2r_2}{\lambda_0} = 2\pi\frac{\delta}{\lambda_0}$$

其中，$\delta = n_1r_1 - n_2r_2$ 称为光程差。

半波损失：光从光疏介质进入光密介质并在分界面上发生反射时，反射光产生 π 的相位突变，相当于反射光与入射光之间附加了半个波长的光程差。

光强：当两束相干光相遇时，合成光的强度为

$$I = I_1 + I_2 + 2\sqrt{I_1I_2}\cos\Delta\varphi$$

$$\Delta\varphi = 2k\pi,\quad k = 0, \pm 1, \pm 2, \cdots \text{ 时为明条纹}$$

$$\Delta\varphi = (2k+1)\pi,\quad k = 0, \pm 1, \pm 2, \cdots \text{ 时为暗条纹}$$

分波振面法中的杨氏双缝干涉，分振幅法中的劈尖干涉、牛顿环干涉等都可应用此公式计算干涉条纹的明暗分布。

12.1.2　光的衍射

惠更斯-菲涅耳原理： 波在传播过程中所到达的空间每一个点，都可看成是新的波源，这些波源向外发出子波，子波的包迹就是下一时刻的波前。同一波面上发出的子波是相干的，在传播到空间某一点时，各子波进行相干叠加，使波的强度重新分布，在屏幕上产生衍射图案。

衍射的分类： 光源到衍射屏，衍射屏到接收屏其中任一距离为有限远的衍射称为菲涅耳衍射；光源到衍射屏，衍射屏到接收屏的距离均为无限远的衍射称为夫琅和费衍射。

夫琅和费单缝衍射光强公式为

$$I = I_0\left(\frac{\sin u}{u}\right)^2$$

其中，$u = \dfrac{\pi a\sin\theta}{\lambda}$，$a$ 为缝宽，θ 为衍射角，λ 为入射光波长。

$$a\sin\theta = \pm 2k\frac{\lambda}{2},\quad k = 1, 2, \cdots \text{ 暗纹中心}$$

$$a\sin\theta = \pm(2k+1)\frac{\lambda}{2},\quad k = 1, 2, \cdots \text{ 明纹中心(近似)}$$

光栅衍射： 夫琅和费光栅衍射光强公式为

$$I = I_0\left(\frac{\sin u}{u}\right)^2\left(\frac{\sin Nv}{\sin v}\right)^2$$

其中，N 为光栅的缝数，$u = \dfrac{\pi a\sin\theta}{\lambda}$，$v = \dfrac{\pi(a+b)\sin\theta}{\lambda}$，$a$ 为透光部分的缝宽，b 为不透光部分宽度，$d=a+b$ 称为光栅常数。光栅衍射的光强分布由单缝衍射因子与缝间干涉因子的乘积所决定。

缝间干涉明条纹(主极大)的形成条件是

$$v = \frac{\pi(a+b)\sin\theta}{\lambda} = k\pi,$$

即光栅方程　　$(a+b)\sin\theta = k\lambda,\ k = 0, \pm 1, \pm 2, \cdots$

如果缝间干涉的明条纹和单缝衍射的暗条纹的衍射角相等，这个主极大明条纹将缺损，称为缺级，所缺级次为

$$k = \frac{a+b}{a}k',\ k' = \pm 1, \pm 2, \cdots$$

夫琅和费圆孔衍射与瑞利判据： 半径为 R 的圆孔产生的夫琅和费圆孔衍射光强分布要通过惠更斯-菲涅耳原理积分求解，其中

明纹：$\sin\theta = 0.819\dfrac{\lambda}{R}, 1.333\dfrac{\lambda}{R}, 1.847\dfrac{\lambda}{R}, \cdots$

暗纹：$\sin\theta = 0.61\dfrac{\lambda}{R}, 1.116\dfrac{\lambda}{R}, 1.619\dfrac{\lambda}{R}, \cdots$

瑞利判据： 当一个点光源形成的衍射光斑中心与另一个点光源形成的衍射亮斑的第一极

小重叠时，这两个强度相同、不相干的点光源恰好可以被光学仪器所分辨。

此时两个点光源对圆孔中心所张的角为最小分辨角

$$\theta_R = 0.61\frac{\lambda}{R} = 1.22\frac{\lambda}{D}$$

其中，R 为圆孔半径，D 为圆孔直径。

12.1.3 光的偏振

自然光：光是横波，如果光矢量在垂直于光传播方向的平面上是均匀分布的，则这种光称为自然光。

偏振光：光矢量只在一个固定方向振动的称为偏振光(完全偏振光、线偏振光、面偏振光)。

部分偏振光：光矢量在某一方向的振动比与之相垂直方向上的振动占优势，则称为部分偏振光。

马吕斯定律：光强为 I_0 的偏振光通过偏振片后的光强为

$$I = I_0\cos^2\alpha$$

其中 α 为偏振光振动方向与偏振片偏振化方向间的夹角。

布儒斯特定律：自然光在两种各向同性介质分界面上发生反射和折射时，如果入射角 i_B 满足

$$\tan i_B = \frac{n_2}{n_1}$$

则反射光是光振动垂直于入射面的偏振光，折射光仍然是光振动平行入射面多于垂直入射面的部分偏振光。此时折射线垂直于入射线。

其中，i_B 称为起偏角或布儒斯特角，n_1 为入射方折射率，n_2 为折射方折射率。

12.2 范例解析

[范例 12.1] 杨氏双缝干涉光强分析

分别研究单色光和非单色光两种情况下的杨氏双缝干涉实验结果。设实验装置的双缝间距为 d，屏与缝距离为 D。

[解题分析] 杨氏双缝干涉实验是最早利用分波阵面法获得相干光，从而观测到光波干涉现象的典型实验装置。

如图 12.1.1 所示，两狭缝间距为 d，双缝所在平面与屏幕平行，两者之间的垂直距离为 D，O 为屏幕上的坐标原点且与两狭缝对称。两个狭缝光源满足振动方向相同、频率相同、相位差恒定的相干条件。故两列光在空间相遇，将产生干涉现象。屏幕上将出现明暗相间的干涉条纹。设 $OP=y$，则由几何关系可知，两个相干光源到达屏幕上任意点 P 的距离分别为

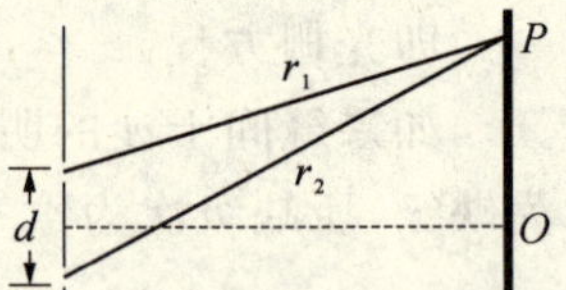

图 12.1.1

$$r_1 = \sqrt{D^2 + \left(y - \frac{d}{2}\right)^2} \tag{12.1.1}$$

$$r_2 = \sqrt{D^2 + \left(y + \frac{d}{2}\right)^2} \tag{12.1.2}$$

这样两列相干光的光程差为 $\Delta r = r_2 - r_1$，相位差为 $\Delta\varphi = \frac{2\pi\Delta r}{\lambda}$。设两狭缝光源的光波单独到达屏幕 P 点处的振幅分别为 E_1 和 E_2，光强分别为 I_1 和 I_2。则两列光波叠加后的振幅为 $E = \sqrt{E_1^2 + E_2^2 + 2E_1E_2\cos\Delta\varphi}$，而叠加后的光强为 $I = I_1 + I_2 + 2\sqrt{I_1I_2}\cos\Delta\varphi$。设两列光波在屏幕上相遇点振幅相等，则 P 点光强为

$$I = 4I_0\cos^2\left(\frac{\Delta\varphi}{2}\right) \tag{12.1.3}$$

干涉明条纹满足：

$$\Delta\varphi = \pm 2k\pi, \qquad k=0,1,2,3,\cdots \tag{12.1.4}$$

干涉暗条纹满足：

$$\Delta\varphi = \pm(2k+1)\pi, \quad k=0,1,2,3,\cdots \tag{12.1.5}$$

其实绝对的单色光只在理论上存在，实际的“单色光”都是有一定谱线宽度的准单色光，这种准单色光入射到干涉装置后，其中的每一种波长成分都将产生自己的干涉条纹，由于波长不同，除零级明条纹外，其他级次的条纹将彼此错开，并发生不同级条纹的重叠。在重叠处总的光强为各种波长条纹光强的非相干相加。随着级次的增大，干涉条纹的明暗对比减小，当级次增大到某一值后，干涉条纹就消失了。对于谱线宽度为 $\Delta\lambda$ 的准单色光，干涉条纹消失的位置应是波长为 $\lambda + \frac{\Delta\lambda}{2}$ 成分的 k 级明条纹与波长为 $\lambda - \frac{\Delta\lambda}{2}$ 成分的 $k+1$ 级明条纹重合的位置。由于两成分在此位置上有同一光程差，根据光程差与明纹级次的关系可知，条纹消失时，应满足：$\left(\lambda + \frac{\Delta\lambda}{2}\right)k = \left(\lambda - \frac{\Delta\lambda}{2}\right)(k+1)$。由于 $\Delta\lambda \ll \lambda$，于是可得

$$k = \frac{\lambda}{\Delta\lambda} \tag{12.1.6}$$

由此可知，$\Delta\lambda$ 愈大，即光的单色性愈差，能观察到的干涉条纹级次就愈小。

在用计算机模拟时，设入射光波长为 535nm，缝间距为 2×10^{-3}m，屏缝间距为 1m。对于单色光的干涉，由于相邻明条纹或暗条纹的间距为 $\frac{D\lambda}{d}$，为了在屏幕上显示除零级外共 10 条明条纹，程序中取 y 方向的计算范围为 $\pm 5.5\frac{D\lambda}{d}$，调用指令 linspace 求出此范围内的空间点数值。针对单色光和非单色光两种情况，在一个 for 循环内，分两步完成相应的计算。第一步，利用(12.1.1)、(12.1.2)及(12.1.3) 式，求出单色光的光强；第二步，根据前述有关非单色光的分析，假定光谱的宽度为中心波长的 10%，近似取 18 根谱线，分别求每一根谱线的光强，然后再对计算出的每一根谱线产生的光强取平均值，这个平均值就是非单色光的总光强，由此即可模拟出非单色光的干涉问题了。

循环结束后，为了模拟实际的干涉图样，要将亮度用灰色等级表现出来，设灰度等级为 255 级，将循环中求出的光强矩阵值除以 255，即将最大光强对应于最大灰度，也就是最大光强为白色。

通过指令 subplot，先调用指令 image 及 colormap，模拟实际屏幕上出现的干涉图样，然后将干涉强度分布曲线通过 plot 绘出。程序分别绘制了两个图形，图 12.1.2 为单色光的模拟干涉图样和干涉强度分布曲线；图 12.1.3 为非单色光的模拟干涉图样和干涉强度分布曲线。

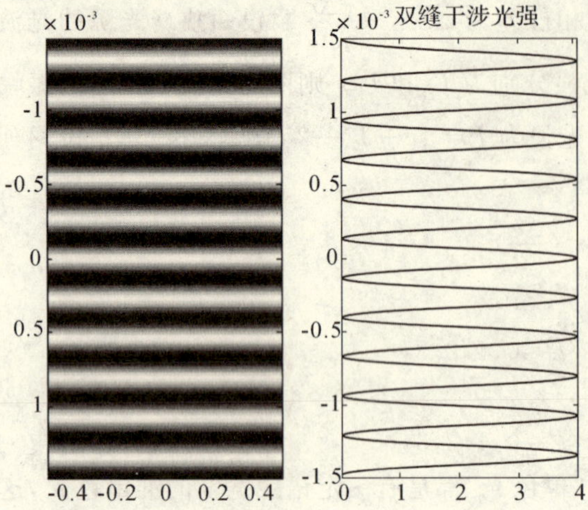

图 12.1.2

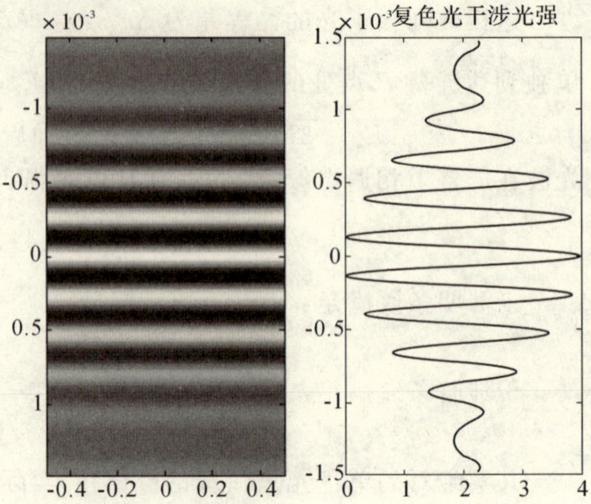

图 12.1.3

［程序实现］ 主程序的文件名是：young. m。

```
clear all
lambda＝535e－9；              % 设定入射波长
d＝2e－3；                      % 缝间距
D＝1；                          % 屏缝间距
ym＝5.5＊lambda＊D/d；         % 设定屏幕范围
xs＝ym；
n＝201；
ys＝linspace(－ym,ym,n)；
for i＝1:n
      r1＝sqrt((ys(i)－d/2).^2＋D^2)；
      r2＝sqrt((ys(i)＋d/2).^2＋D^2)；
      phi＝2＊pi＊(r2－r1)/lambda；
      I(i,:)＝4＊cos(phi/2).^2；             % 干涉光强
      N1＝18；
dl＝linspace(－0.1,0.1,N1)；                % 非单色光谱线宽度
lambda1＝lambda＊(1＋dl)；
phi1＝2＊pi＊(r2－r1)./lambda1；
I1(i,:)＝sum(4＊cos(phi1/2).^2)/N1；        % 非单色光干涉强度
end
N＝255；              % 设定灰度等级
Ir＝(I/4.0)＊N；      % 最大光强为最大灰度(白色)
I1r＝(I1/4.0)＊N；
figure
subplot(1,2,1)
image(xs,ys,Ir)；     % 画干涉条纹
colormap(gray(N))；
```

```
xlabel('I')
subplot(1,2,2);
plot(I,ys)
xlabel('I')
title('双缝干涉光强','FontSize',12)
figure
subplot(1,2,1)
image(xs,ys,I1r); % 画非单色光干涉条纹
colormap(gray(N));
xlabel('I')
subplot(1,2,2);
plot(I1,ys)
xlabel('I')
title('复色光干涉光强','FontSize',12)
```

[范例 12.2]　劈尖干涉光强分析

研究一个介质劈尖在不同波长单色光入射的情况下产生的等厚干涉条纹分布情况。

[解题分析]　劈尖是一种在实际中有较多应用的干涉装置。如图 12.2.1 所示，为了能够通过此装置产生干涉条纹，劈尖角通常非常小，可视其为厚度均匀增加的薄膜。劈尖可以用介质制备，也可以用两块平板玻璃夹一细丝制成空气劈。

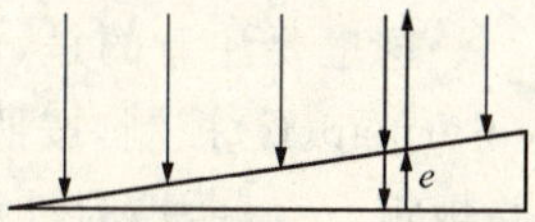

图 12.2.1

下面以介质劈为例，分析干涉时条纹及光强分布规律。当一束单色光垂直入射到介质劈上表面时，一部分直接反射，另一部分进入薄膜再经下表面反射，然后与上表面直接反射的光相遇，由于是同一束光分成了两束，因而是相干的，因此在介质劈表面附近形成干涉条纹，这就是所谓的分振幅法。

两束相干光在上下表面反射相遇时产生的光程差为 $2ne$。上表面反射时是光疏到光密，故有半波损失，下表面反射时是光密到光疏，没有半波损失，因此两束相干光的总光程差为

$$\delta = 2ne + \frac{\lambda}{2} \tag{12.2.1}$$

明纹条件为：

$$\delta = 2ne + \frac{\lambda}{2} = k\lambda, \qquad k = 1,2,3,\cdots \tag{12.2.2}$$

暗纹条件为：

$$\delta = 2ne + \frac{\lambda}{2} = (2k+1)\frac{\lambda}{2}, \quad k = 0,1,2,\cdots \tag{12.2.3}$$

由 (12.2.3) 式可知，当 $k=0$ 时，$e=0$，故劈尖的棱边应是暗条纹。劈尖干涉的光程差分析表明，同一级干涉条纹对应的介质劈尖厚度是相同的，因此这种干涉又称为等厚干涉。

由 (12.2.2) 和(12.2.3) 式可知，相邻明纹或暗纹对应的介质厚度差为

$$\Delta e = \frac{\lambda}{2n} \tag{12.2.4}$$

由于劈尖角很小，有 $\theta \approx \tan\theta$，故相邻明条纹或暗条纹间距为

$$\Delta l \approx \frac{\lambda}{2n\theta} \tag{12.2.5}$$

故在给定介质的劈尖上，入射光波的波长越长，条纹越稀疏；入射光波的波长越短，条纹越密集。

根据光程差公式(12.2.1)，可得两相干光的相位差为

$$\Delta\varphi = \frac{2\pi\delta}{\lambda} = \frac{4\pi ne}{\lambda} + \pi \tag{12.2.6}$$

为计算简单起见，设劈尖上下表面两束反射光强度相同，均设为 I_0，利用干涉光强公式 $I = I_1 + I_2 + 2\sqrt{I_1 I_2}\cos\Delta\varphi$，可得劈尖干涉光强公式为

$$I = 4I_0\cos^2\left(\frac{\Delta\varphi}{2}\right) = 4I_0\cos^2\left(\frac{2\pi ne}{\lambda} + \frac{\pi}{2}\right) \tag{12.2.7}$$

在进行计算机模拟时，为了能够比较在同一劈尖上，不同波长的入射光波干涉条纹所呈现的区别，程序中首先设定蓝、黄、红三种单色光的波长，折射率及劈尖角也事先设定好，由于劈尖干涉通常是在读数显微镜下观察的，故观察范围尽量与实际情况相符，这里设定为 xm＝0.02，接下来调用指令 linspace 求出此范围内的空间点数值，在计算出相应的介质厚度后，就可以通过(12.2.7)式计算光强分布了。

这里要注意的是，由于要调用 image 指令来画出入射光的干涉图像，而其颜色要通过指令 colormap(C)控制，按照 MATLAB 的规定，其中参量 C 可以用一个三维矩阵作为颜色的索引，并规定 C(:,:,1)为红色，C(:,:,2)为绿色，C(:,:,3)为蓝色，且要求 C 矩阵中的值在 0 和 1 之间，所以计算劈尖光强分布时要遵守这个规定，否则就会出错。依此规定，将光强振幅约化为 1，其中光强 I_1 的计算语句表示为：I1＝cos(2 * pi * n * e/lambda(1)＋pi/2).^2，这样光强数值就始终在 0 和 1 之间变化，语句 C(:,:,3)＝I1 则表示用蓝色表示 I_1 的光强分布。从物理学角度看，可以理解为这里计算的是相对光强。以此类推，每次均先计算一种波长的光入射时的相对光强，用 image 画出干涉图样，由 colormap 控制颜色，再调用 subplot 指令一列三行依次列出。由于 MATLAB 没有直接规定黄光的索引，所以在画黄光干涉图样时，计算出与黄光对应的相对光强分布后，利用三原色原理将其同时赋值于 C(:,:,1)和 C(:,:,2)，然后再调用 image(C)，则黄光的干涉条纹就可以画出了。

程序运行后，从图 12.2.2 可以看出劈尖干涉条纹的分布规律：劈棱由于半波损失始终为暗纹，波长越长条纹越稀疏。读者只要略加修改，便可用此程序模拟空气劈的干涉情况，也可进一步仿照范例 12.3，动画演示空气劈中一块平板玻璃移动时条纹的变化情况。

图 12.2.2

[程序实现]　程序文件名为：wedge.m。

```
clear all
lambda=[450,550,650]*1e-9;                    % 入射光波波长
n=1.5;                                        % 劈尖折射率
theta=pi/20000;                               % 劈角设定
xm=0.02;                                      % 劈尖长度设定
x=linspace(0,xm,1000);
e=x*tan(theta);                               % 计算薄膜厚度
I1=cos(2*pi*n*e/lambda(1)+pi/2).^2;          % 计算蓝光相对光强
C=zeros(1,length(x),3);                      % 颜色设定及绘图
C(:,:,3)=I1;
figure
subplot(3,1,1)
image(C);
axis off
title('蓝光劈尖干涉条纹','FontSize',12)
I2=cos(2*pi*n*e/lambda(2)+pi/2).^2;          % 计算黄光相对光强
C=zeros(1,length(x),3);                      % 颜色设定及绘图
C(:,:,1)=I2;
C(:,:,2)=I2;
subplot(3,1,2)
image(C);
axis off
title('黄光劈尖干涉条纹','FontSize',12)
I3=cos(2*pi*n*e/lambda(3)+pi/2).^2;          % 计算红光相对光强
C=zeros(1,length(x),3);                      % 颜色设定及绘图
C(:,:,1)=I3;
subplot(3,1,3)
image(C);
axis off
title('红光劈尖干涉条纹','FontSize',12)
```

[范例 12.3]　牛顿环干涉光强分析

在一平板玻璃上，放置一块曲率半径很大的平凸透镜，构成一个上表面为球面、下表面为平面的空气薄层，当单色平行光束垂直照射平凸透镜时，由于透镜下表面所反射的光和平面玻璃片上表面所反射的光发生干涉，将呈现干涉条纹。由于这一现象是牛顿在 1675 年制作天文望远镜时偶然将物镜放在一平板玻璃上发现的，故称为牛顿环。试研究这种装置的干涉特征。

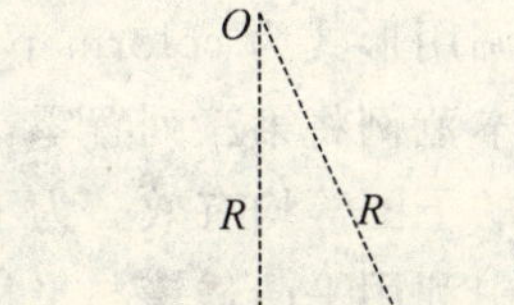

图 12.3.1

[解题分析]　如图 12.3.1 所示，牛顿环干涉装置是分振幅法产生干涉的一种典型装置，由于平凸透镜和平面玻璃空隙的气体薄层形成了一个空气隙，当一束单色光垂直入射到平凸透镜上表面时将形成等

厚干涉条纹，根据其几何特征，等厚轨迹是以接触点为圆心的一系列同心圆，所以干涉条纹的形状也是明暗相间的同心圆环。

下面求出决定干涉条纹特征的光程差、相位差与干涉条纹半径 r，光波波长 λ 和平凸透镜的曲率半径 R 之间的关系。

对于形成牛顿环干涉处的空气层厚度 e，两相干光的光程差为

$$\delta = 2e + \frac{\lambda}{2} \tag{12.3.1}$$

由图 12.2.1 的几何关系可得 $r^2 = R^2 - (R-e)^2 = 2eR - e^2$，由于 $R \gg e$，可以略去 e^2，故得

$$e = \frac{r^2}{2R} \tag{12.3.2}$$

这样两相干光的相位差为

$$\Delta\varphi = \frac{2\pi\delta}{\lambda} = \frac{2\pi r^2}{\lambda R} + \pi \tag{12.3.3}$$

因此，两相干光的干涉光强为：$I = I_1 + I_2 + 2\sqrt{I_1 I_2}\cos\Delta\varphi$。为简单起见，设平凸透镜玻璃和平面玻璃的反射率均为 15%，这样透过透镜凸面的 85% 的光强在平板玻璃面再反射时其反射强度为入射强度的约 13%，因此可近似认为两束反射光光强相等，设为 I_0。这样，牛顿环干涉的光强为

$$I = 4I_0\cos^2\left(\frac{\Delta\varphi}{2}\right) = 4I_0\cos^2\left(\frac{\pi r^2}{\lambda R} + \frac{\pi}{2}\right) \tag{12.3.4}$$

值得注意的是，若平凸透镜和平板玻璃没有完全相切，中间有一个厚度为 d 的缝隙，则表示光程差关系的(12.3.1)式应变化为

$$\delta = 2(e+d) + \frac{\lambda}{2} \tag{12.3.5}$$

光强公式也变化为

$$I = 4I_0\cos^2\left(\frac{\Delta\varphi}{2}\right) = 4I_0\cos^2\left(\frac{\pi r^2}{\lambda R} + \frac{2\pi d}{\lambda} + \frac{\pi}{2}\right) \tag{12.3.6}$$

编制程序时，设入射光波长为 550nm，为使模拟效果更好，平凸透镜的曲率半径稍作夸张，设为 18m，观测干涉条纹的范围设为 rm $=10^{-2}$m。程序中，先用指令 meshgrid 求出干涉光相遇处的数据点，然后用 (12.3.3) 和(12.3.4) 式求出整个干涉区域各个干涉光相遇点的相位差及相应的光强值。由于 MATLAB 显示的图形是矩形的，为了与实际观测情况一致，超出观测范围 rm 的部分用语句：I(sqrt(r2)>rm)=0，设这部分光强值为 0。然后调用 image 和 colormap 指令画出牛顿环干涉图像。本范例与劈尖干涉范例中调用 colormap 指令时有所不同，调用形式为 colormap([C,C,C])，其中第一列表示红色，第二列表示绿色，第三列表示蓝色，本范例将第三列置零，以模拟黄光入射产生的干涉条纹，这个设定对调用的一个 figure 中所有的子图等均有效。为了能模拟牛顿环装置中平凸透镜上下平移时干涉条纹的变化情况，程序中利用平凸透镜与平板玻璃间有空气隙时光强分布的(12.3.6)式，先通过一个 for 循环让间隙逐渐增大；循环结束调用指令 pause 暂停一下，再进行下一个 for 循环，让间隙再逐渐减小。两次循环次数一样，增减的步长一样，两次循环结束，此光学系统重新回到平凸透镜与平板相切的状态，此过程动态演示了牛顿环干涉装置在平凸透镜上下平移过程中，干涉条纹收缩、扩

张，中央光斑明暗交替变化的情况，与实验观测情况完全一致，非常直观。图12.3.2为牛顿环干涉装置中，平凸透镜与平板玻璃相切时计算机模拟的干涉图像。

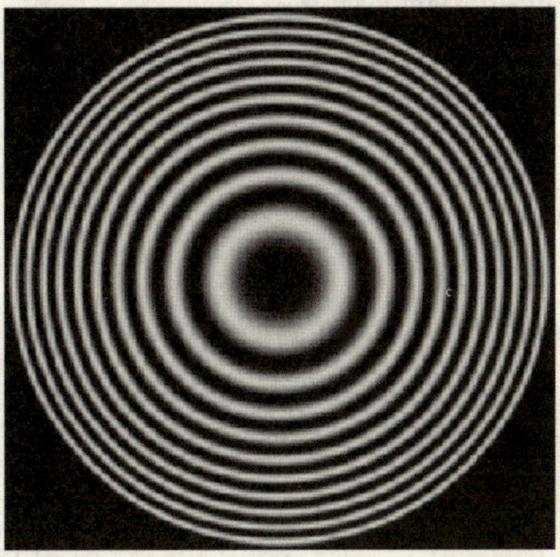

图 12.3.2

[程序实现] 程序文件名为：ntring.m。

```
clear all
lambda=550e-9;                          % 设定入射光波长
R=18;                                   % 设定牛顿环曲率半径
rm=1e-2;                                % 设定计算干涉条纹的区域
r=-rm:0.0001:rm;
[X,Y]=meshgrid(r);                      % 计算所用坐标值
r2=X.^2+Y.^2;
phi=2*pi*r2./(lambda*R)+pi;             % 计算相位差
I=4*cos(phi./2).^2;                     % 计算光强
I(sqrt(r2)>rm)=0;                       % 设定观察视野
C=linspace(0,1,64)';
figure
h=image(16*I);                          % 画干涉图像(加强)并取句柄
colormap([C,C,C*0]);                    % 设定颜色(黄色)
axis off equal
title('牛顿环干涉光强分布图','FontSize',14)
pause(2)
d=0;
for i=1:20                              % 以下模拟平凸透镜远离平板玻璃
    d=d+0.001;
    I=4*cos(phi./2+2*pi*d./lambda).^2;
    I(sqrt(r2)>rm)=0;
    set(h,'CData',16*I)
    drawnow
end
```

```
pause(2)
for i=1:20                                  % 以下模拟平凸透镜移向平板玻璃
    d=d-0.001;
    I=4*cos(phi./2+2*pi*d./lambda).^2;
    I(sqrt(r2)>rm)=0;
    set(h,'CData',16*I)
    drawnow
end
```

[范例 12.4]　单缝衍射光强分析

一束单色平行光垂直投射到一个宽度可调的狭缝上，狭缝后置一透镜，接收屏位于透镜焦平面上。当狭缝宽度与光的波长可比拟时，光束会绕过缝的边缘向阴影区衍射，在接收屏上形成明暗相间的条纹，这种条纹称为夫琅和费单缝衍射条纹。试分析这种衍射的规律。

[解题分析]

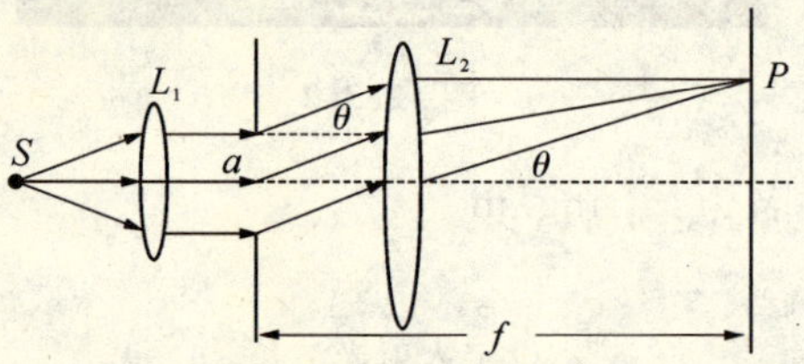

图 12.4.1

如图 12.4.1 所示，设单缝宽度为 a，按照惠更斯原理，受到限制的波面上的各点都是相干的子波波源，通过积分可以得屏幕上任意点的衍射光强分布。为了计算机模拟方便，这里用菲涅耳提出的波带法来求衍射光的强度分布。沿缝宽 a 方向，将受到限制的波面分成数目很大的 N 等分，即 N 个子波带。每个子波在屏 P 点处的振幅可认为近似相等，设为 E_0，对于衍射角 θ，任意两相邻子波的光程差均为 $\Delta=\dfrac{a}{N}\sin\theta$，则相位差为

$$\Delta\varphi=\frac{2\pi}{\lambda}\frac{a}{N}\sin\theta \qquad (12.4.1)$$

屏幕 P 点处子波的合振动，相当于 N 个同方向、同频率简谐振动的叠加，因此 P 点处的光振幅为

$$E=E_0\frac{\sin N\dfrac{\Delta\varphi}{2}}{\sin\dfrac{\Delta\varphi}{2}}=E_0\frac{\sin\left(\dfrac{\pi a}{\lambda}\sin\theta\right)}{\sin\left(\dfrac{\pi a}{\lambda N}\sin\theta\right)} \qquad (12.4.2)$$

因为 $I=E_0^2$，因此其光强为

$$I=I_0\frac{\sin^2\left(\dfrac{\pi a}{\lambda}\sin\theta\right)}{\sin^2\left(\dfrac{\pi a}{\lambda N}\sin\theta\right)} \qquad (12.4.3)$$

用 MATLAB 做计算机模拟时，设入射光波长为 650nm，单缝与屏幕距离为 1m，将缝宽所在的波面分成了 1000 个子波带。设定光谱的范围后，用 linspace 求出屏幕上的子波相遇的

点。为了研究缝宽与入射光波长的关系，设定了两种缝宽，一个与光波波长可以比拟，一个远大于波长，置于矩阵 a=[1e−5,1e−3]中。程序通过 for 循环，对这两种缝宽，按（12.4.1）和（12.4.3）式，分别计算其在屏幕上所有子波相遇点的相位差和光强。对于求出的光强数值，通过指令 subplot，先调用指令 image 及 colormap，绘出模拟的单缝衍射图样，再调用 plot 绘出光强分布曲线。

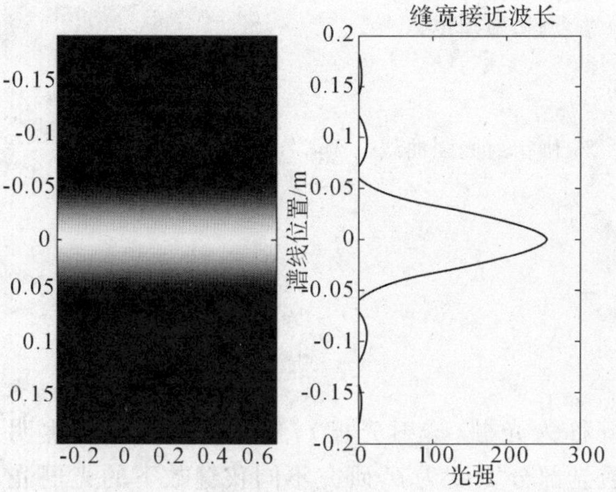

图 12.4.2

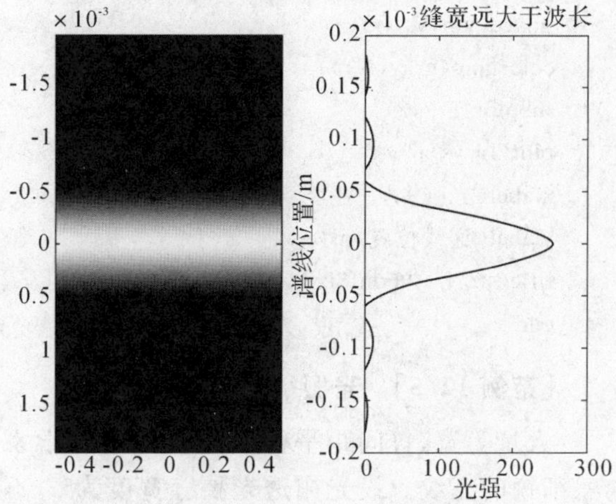

图 12.4.3

图 12.4.2 是缝宽与波长相近时的衍射图样及光强分布图，其中央明条纹的宽度约为 0.1m，远大于缝宽 10^{-5}m，说明衍射现象明显。图 12.4.3 是缝宽远大于波长时的衍射情况，从图中可以看出，中央明纹宽度与缝宽均为 10^{-3}m，这时衍射现象实际已经不存在，光线按直线传播，这与衍射中的衍射反比律是一致的。只有在狭缝与光波波长可以比拟时才有衍射现象，而当狭缝远大于波长时，光表现为直线传播的特性。通过计算机模拟非常方便、直观地再现了光传播过程中能否出现衍射的情况。

[程序实现]　主程序的文件名为：sslit.m。

```
clear all
lambda=650e−9;             % 设定入射波长
f=1;                       % 设定屏缝距离
Ns=1000;                   % 分割波带数
str{1}='缝宽接近波长';
str{2}='缝宽远大于波长';
a=[1e−5,1e−3];             % 设定不同缝宽
for j=1:2
ym=3 * lambda * f/a(j);    % 设定屏幕范围
ys=linspace(−ym,ym,Ns);
for i=1:Ns
    sinTHE=ys(i)/f;                          % 衍射角
    phi=2 * pi * a(j) * sinTHE/(lambda * Ns);  % 相位差
    num=sin(Ns * phi/2);
    deno=sin(phi/2);
```

```
    I(i,:)=(num./deno).^2;                    % 计算光强
end
N=255;
Ir=I/max(I)*N;                                % 最大光强对应最大灰度级(白色)
figure
subplot(1,2,1)
image(ym,ys,Ir);                              % 画衍射图像
colormap(gray(N));
subplot(1,2,2)
plot(Ir,ys);                                  % 画衍射光强曲线
xlabel('光强');
ylabel('谱线位置/m');
title(str{j},'FontSize',12)
end
```

[范例 12.5] 光栅衍射的分析

大量等宽、等间距平行狭缝组成的光学系统称为光栅(透射光栅),光透过光栅将产生明亮、细锐的亮纹。设光栅透光狭缝宽度为 a,不透光部分宽度为 b,研究不同狭缝数下的光栅光谱及光栅光谱的缺级现象。

[解题分析] 光波的衍射问题原则上讲,应该用惠更斯-菲涅耳原理积分求解,但是考虑到积分计算比较复杂,在做计算机模拟时,这里仍然用矢量叠加的方法求解。

多狭缝的光栅衍射结果,是单缝衍射和缝间干涉的合效应。按照叠加的概念,我们先将单缝做子波叠加,对于每个缝宽为 a 的单缝,将其分割成 N 个子波,每个子波振幅近似相等,设为 E_0,则在衍射角 θ 方向,其叠加结果按范例 12.4 中对单缝衍射效应的分析,应该为

$$E_1 = E_0 \frac{\sin\left(\frac{\pi a}{\lambda}\sin\theta\right)}{\sin\left(\frac{\pi a}{\lambda N}\sin\theta\right)} \tag{12.5.1}$$

设光栅共有 M 个宽度相同的狭缝,缝间距为 b,经过上述合成之后的这 M 条光束,以衍射角 θ 在屏幕上相遇叠加,其合成效果可以视为振幅均为 E_1 的 M 个同方向、同频率简谐振动的叠加,设光栅常数为 $d=a+b$,则相邻两狭缝光线的光程差为 $\Delta = d\sin\theta$,相位差为 $\Delta\varphi = \frac{2\pi d\sin\theta}{\lambda}$。利用简谐振动叠加的结果,对 M 条相干光束有

$$E = E_1 \frac{\sin M\frac{\Delta\varphi}{2}}{\sin\frac{\Delta\varphi}{2}} = E_1 \frac{\sin\left(\frac{M\pi d}{\lambda}\sin\theta\right)}{\sin\left(\frac{\pi d}{\lambda}\sin\theta\right)} \tag{12.5.2}$$

将单缝衍射叠加结果的 E_1 代入,则光栅衍射的最终合振幅为

$$E = E_0 \frac{\sin\left(\frac{\pi a}{\lambda}\sin\theta\right)}{\sin\left(\frac{\pi a}{\lambda N}\sin\theta\right)} \frac{\sin\left(\frac{M\pi d}{\lambda}\sin\theta\right)}{\sin\left(\frac{\pi d}{\lambda}\sin\theta\right)} \tag{12.5.3}$$

而光强为 $I = E^2$,因此有

$$I = I_0 \frac{\sin^2\left(\frac{\pi a}{\lambda}\sin\theta\right)}{\sin^2\left(\frac{\pi a}{\lambda N}\sin\theta\right)} \frac{\sin^2\left(\frac{M\pi d}{\lambda}\sin\theta\right)}{\sin^2\left(\frac{\pi d}{\lambda}\sin\theta\right)} \tag{12.5.4}$$

光栅衍射规律由此即可得知。

在用 MATLAB 做计算机模拟时，设光波波长为 650nm，光栅与屏幕距离为 5m，将每个缝分割成 900 个子波带，缝宽 a 设为固定的 2×10^{-2}m，光栅的缝数分别设为 2 个、5 个和 8 个，置于矩阵 M=[2,5,8]中，为了研究缺级现象，光栅常数与缝宽比 d/a 分别设为 5、4、3。

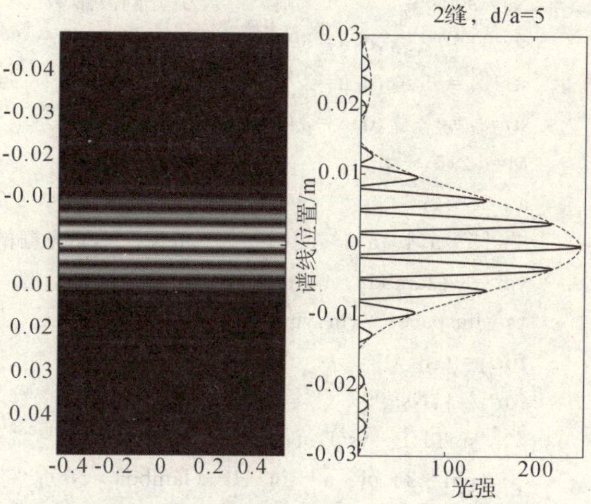

图 12.5.1

设定屏幕范围后，用指令 linspace 求出屏幕上相干处的数据点，利用 for 循环，按照(12.5.4)式分别求出三种不同缝数及不同 d/a 情况下的光强分布。对于求出的光强数值，调用子图指令 subplot，利用指令 image 和 colormap，绘出模拟的光栅衍射图样，最后再调用指令 plot 绘出光强分布曲线。结果见图 12.5.1、图 12.5.2 和图 12.5.3。

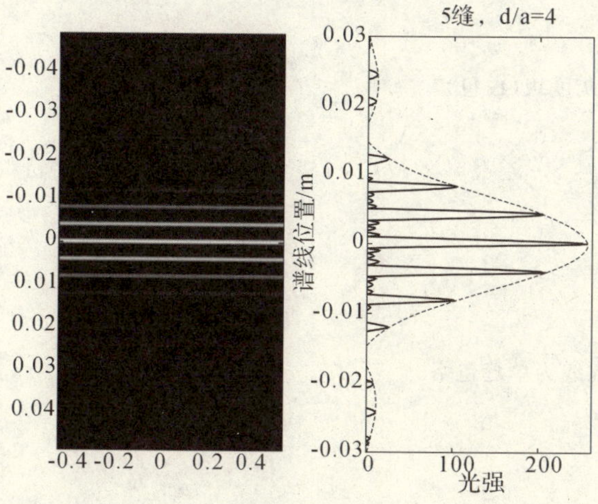

图 12.5.2

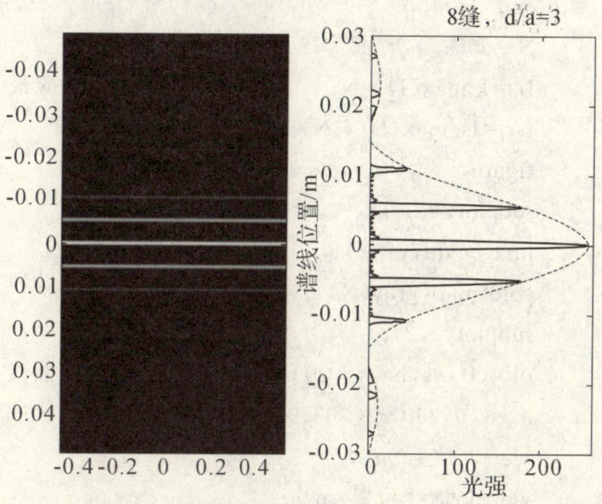

图 12.5.3

模拟直观地显示出，光栅衍射保留着单缝衍射和缝间干涉的特征，是两者的合效应；当缝数逐渐增大时，光谱线距离拉大，谱线变得细锐，除了主极大外，在相邻主极大之间还有一些光强较弱的次极大，这些次极大是难以区分的，因此各主极大谱线是在一个光强不为零的昏暗背景下呈现出来的；光栅常数与缝宽比 d/a 为整数倍的主极大缺失，即在 $k=\frac{d}{a}k'$，$k'=1,2,3,\cdots$ 时相应的 k 级主极大与衍射极小相遇而消失，出现所谓的缺级现象。

读者还可以试着改变入射光波长、缝宽等参数，看衍射条纹会有什么变化。

[程序实现] 主程序的文件名为：grating.m。

```
clear all
lambda=650e-9;              % 设定入射波长
f=5;                        % 设定屏缝距离
Ns=900;                     % 分割波带数
str{1}='2 缝,d/a=5 ';
str{2}='5 缝,d/a=4 ';
str{3}='8 缝,d/a=3 ';
M=[2,5,8];                  % 光栅缝数
a=2e-4;                     % 设定缝宽
d=[5*a,4*a,3*a];            % 设定不同光栅的常数
ym=3*lambda*f/a;            % 设定屏幕范围
ys=linspace(-ym,ym,Ns);
for j=1:3
for i=1:Ns
    sinTHE=ys(i)/f;                             % 衍射角
    phi=2*pi*a*sinTHE/(lambda*Ns); % 相位差
    num=sin(Ns*phi/2);
    deno=sin(phi/2);
    v=pi*d(j)*sinTHE/lambda;
    Is(i,:)=(num./deno).^2;        % 单缝光强
    I(i,:)=(num./deno).^2.*(sin(M(j)*v)./sin(v)).^2;        % 光栅光强
end
N=255;
Ir=I/max(I)*N;              % 最大光强对应最大灰度级(白色)
Isr=Is/max(Is)*N;
figure
subplot(1,2,1)
image(ym,ys,Ir);            % 画衍射图像
colormap(gray(N));
subplot(1,2,2)
plot(Ir,ys,Isr,ys,':');     % 画衍射光强曲线,虚线为单缝包络
axis([0,260,-0.03,0.03])
xlabel('光强');
ylabel('谱线位置/m');
title(str{j})
end
```

第13章 量子物理基础

13.1 概念及规律

13.1.1 黑体辐射的规律

黑体:在任何温度下对任何波长辐射只吸收不反射的物体。黑体是一种理想模型。

单色辐出度:热力学温度为 T 的黑体,在单位时间内,单位面积、波长 λ 附近单位波长范围内所辐射的电磁波能量。单色辐出度是热力学温度和波长的函数,用 $M_\lambda(T)$ 表示。

辐射出射度:在单位时间内,从热力学温度为 T 的黑体的单位面积上,所辐射出的各种波长的电磁波能量的总和。它只是热力学温度的函数,用 $M(T)$ 表示,其值由单色辐出度 $M_\lambda(T)$ 对所有波长积分求得,即

$$M(T) = \int_0^\infty M_\lambda(T)\mathrm{d}\lambda$$

斯特藩-玻尔兹曼定律:黑体的总辐射能力(辐射出射度)与黑体的热力学温度的四次方成正比,即

$$M(T) = \int_0^\infty M_\lambda(T)\mathrm{d}\lambda = \sigma T^4$$

其中,$\sigma = 5.670\times10^{-8}\,\mathrm{W\cdot m^{-2}\cdot K^{-4}}$,称为斯特藩-玻尔兹曼常数。

维恩位移定律:黑体单色辐出度峰值波长与温度成反比,即

$$\lambda_m T = b$$

其中,$b = 2.897\times10^{-3}\,\mathrm{m\cdot K}$,称为维恩常数。

普朗克公式:普朗克提出,黑体是通过谐振子以不连续的形式辐射能量的,对频率为 ν 的谐振子,其能量为 $\varepsilon = nh\nu$, $n = 1,2,3,\cdots$ n 称为量子数,并由此导出在给定热力学温度情况下,用波长表示的黑体辐射公式

$$M_\lambda(T)\mathrm{d}\lambda = \frac{2\pi hc^2}{\lambda^5}\frac{\mathrm{d}\lambda}{\mathrm{e}^{hc/k\lambda T}-1}$$

若用频率表示,则有

$$M_\nu(T)\mathrm{d}\nu = \frac{2\pi h\nu^3}{c^2}\frac{\mathrm{d}\nu}{\mathrm{e}^{h\nu/kT}-1}$$

这个公式称为普朗克黑体辐射公式。其中,$k = 1.38\times10^{-23}\,\mathrm{J\cdot K^{-1}}$ 为玻尔兹曼常数,$h = 6.63\times10^{-34}\,\mathrm{J\cdot s}$ 为普朗克常数,$c = 2.998\times10^8\,\mathrm{m\cdot s^{-1}}$ 为真空中光速。

13.1.2 爱因斯坦光量子假设

光量子假设:爱因斯坦认为,光不仅在发射和吸收过程中具有粒子性,在空间传播时同样具有粒子性。光束是以光速运动的粒子流,每一粒子称为光子,每一个光子的能量为 $h\nu$ 。

光电效应方程:爱因斯坦用光量子理论成功地解释了光电效应,并得到正确的光电效应

方程

$$h\nu = \frac{1}{2}mv^2 + W$$

其中，$h\nu$ 为光子能量，$\frac{1}{2}mv^2$ 为光电子的最大初动能，W 为金属逸出功。

光的波粒二象性：光同时具有波动和粒子的性质称为光的波粒二象性，表现为

$$能量：\varepsilon = h\nu, \quad 动量：p = \frac{h}{\lambda}$$

13.1.3 康普顿效应

光被物质散射时，散射光中除了有波长不变的射线外，还有波长变长的射线出现，这种现象称为康普顿效应。其散射公式为

$$\Delta\lambda = \lambda - \lambda_0 = \frac{2h}{m_e c}\sin^2\frac{\theta}{2}$$

其中，λ_0 为入射波波长，λ 为散射波波长，h 为普朗克常数，c 为真空中光速，m_e 为电子质量，θ 为散射角。

13.1.4 氢原子的波尔理论

波尔提出了三条假设，由此解释了氢原子光谱的规律。

定态假设：电子在原子中，可以在一些特定的圆轨道上运动而不辐射能量，这时原子处于稳定状态（定态）并具有能量。

量子化假设：电子的稳定轨道必须满足角动量 L 等于 $\frac{h}{2\pi}$ 整数倍的条件，即

$$L = n\frac{h}{2\pi}$$

其中，$n = 1,2,3,\cdots$ 叫做主量子数。

量子跃迁假设：电子从一个稳定态 E_n 跃迁到另一稳定态 E_m 时，才以发射或吸收光子的方式交换能量，发射和吸收的光子频率为

$$\nu = \frac{E_n - E_m}{h}$$

13.1.5 德布罗意波

德布罗意将实物粒子与光做了对比后认为，微观粒子除了粒子性之外也同样具有波动性。一个具有能量 E 和动量 P 的运动粒子的频率和波长分别为

$$\nu = \frac{E}{h}, \quad \lambda = \frac{h}{P}$$

这种和实物粒子相联系的波称为德布罗意波或物质波，相应的波长称为德布罗意波长。

13.1.6 不确定关系

海森伯提出，用描述经典粒子运动状态的坐标和动量来描述微观粒子时，存在一个不确定量，其关系为

$$\Delta x \cdot \Delta p_x \geqslant \frac{\hbar}{2}, \quad \Delta y \cdot \Delta p_y \geqslant \frac{\hbar}{2}, \quad \Delta z \cdot \Delta p_z \geqslant \frac{\hbar}{2}$$

其中，$\hbar=\dfrac{h}{2\pi}$ 也是普朗克常数，或称为约化普朗克常数。

在能量和时间的关系中，则有

$$\Delta E\cdot\Delta t\geqslant\frac{\hbar}{2}$$

13.1.7　波函数和薛定谔方程

波函数：描述微观粒子运动状态的物理量是波函数 $\Psi(r,t)$，它通常以复数的形式表达，其物理意义是：波函数的绝对值的平方 $|\Psi(r,t)|^2$ 与 t 时刻在空间 (x,y,z) 处单位体积内出现粒子的概率成正比。波函数的标准条件是单值、有限和连续，另外还必须是归一化的。

薛定谔方程：波函数所满足的方程称为薛定谔方程，它是微观粒子运动所遵循的基本方程，其地位与经典力学中的牛顿运动定律相当。

在低速情况下，在势场 $V(r)$ 中，微观粒子运动的定态薛定谔方程为

$$\nabla^2\Psi+\frac{2m}{\hbar^2}(E-V)\Psi=0$$

量子力学的根本问题就是求解各种条件下的薛定谔方程，如氢原子的量子力学求解就是一个典型的例子。

13.2　范例解析

[范例 13.1]　黑体辐射规律的研究

根据量子物理中的普朗克公式分析黑体辐射的规律，并验证维恩位移定律和斯特藩-玻尔兹曼定律。

[解题分析]　从 17 世纪到 19 世纪，经典物理学取得了极大的成功，因此到了 20 世纪初，一些物理学家乐观地认为：经典物理学大厦已经建成，“物理学的真理不得不到小数点之后第六位去寻找”。可是迈克尔逊-莫雷实验对绝对参考系的否定，瑞利和金斯用经典的能量均分原理来研究热辐射现象时，出现的所谓“紫外灾难”等问题，也使物理学家感到困惑，当时一流的物理学家不得不承认，在物理学晴朗的天空还有两朵小小的令人不安的乌云。其实物理学大厦远没建成，此后的相对论、量子力学等理论的诞生，完全颠覆了人们对时间、空间的认识，突破了人们对物质世界自以为是的看法。20 世纪初物理学开拓性的发展，对人类文明作出了巨大贡献，至今仍焕发着勃勃生机。

下面我们简单讨论一下黑体辐射的问题。任何物体，在任何温度下都要辐射电磁波，另外还要吸收、反射其他物体辐射来的电磁波，而反射和辐射又是无法分辨的，为了能够抓住主要问题的主要因素，忽略次要因素，在研究辐射问题时必须建立一个描述辐射问题的理想模型，于是人们设想一种理想的物体，它能吸收一切外来的电磁辐射，但没有任何反射，这样就相当于忽略了反射的干扰。在这样一个模型下，只有辐射和吸收问题得到简化。黑体模型与质点模型忽略物体形状、刚体模型忽略物体形变是一个道理。

在研究黑体辐射时，是用单色辐出度和辐射出射度来描述其辐射能力的，所谓单色辐出度就是在单位时间内，单位面积、波长 λ 附近单位波长范围内，热力学温度为 T 的黑体所辐射的电磁波能量，用 $M_\lambda(T)$ 表示。所谓辐射出射度就是在单位时间内，从热力学温度为 T 的黑体

的单位面积上，所辐射出的各种波长的电磁波能量的总和，用 $M(T)$ 表示，其值由单色辐出度 $M_\lambda(T)$ 对所有波长积分求得，即

$$M(T)=\int_0^\infty M_\lambda(T)\mathrm{d}\lambda \tag{13.1.1}$$

人们首先通过实验总结出了黑体辐射的规律，一个是斯特藩-玻尔兹曼定律：黑体的总辐射能力(辐射出射度)与黑体的热力学温度的四次方成正比，即

$$M(T)=\int_0^\infty M_\lambda(T)\mathrm{d}\lambda=\sigma T^4 \tag{13.1.2}$$

其中，$\sigma=5.670\times10^{-8}\mathrm{W}\cdot\mathrm{m}^{-2}\cdot\mathrm{K}^{-4}$，称为斯特藩-玻尔兹曼常数。

另一个是维恩位移定律：黑体单色辐出度峰值波长与温度成反比，即

$$\lambda_m T=b \tag{13.1.3}$$

其中，$b=2.897\times10^{-3}\mathrm{m}\cdot\mathrm{K}$，称为维恩常数。

但是在黑体辐射的理论研究中却遇到了极大的困难，瑞利和金斯利用经典的电磁理论和经典的统计理论，导出一个单色辐出度的表示关系式，但是这个公式却给出一个非物理的推论，就是随着频率的增高(波长变短)，黑体的辐射能力将趋于无限大，这就是通常所说的“紫外灾难”，黑体辐射的实验和经典物理理论出现了巨大分歧。1900 年，为了解决这个问题，德国物理学家普朗克提出了一个与经典物理概念完全不同的假设：黑体是通过谐振子以不连续的形式辐射能量的，对频率为 ν 的谐振子，其能量为 $\varepsilon=nh\nu$，$n=1,2,3,\cdots$，n 称为量子数，并由此导出在给定热力学温度情况下的黑体辐射公式

$$M_\lambda(T)\mathrm{d}\lambda=\frac{2\pi hc^2}{\lambda^5}\frac{\mathrm{d}\lambda}{\mathrm{e}^{hc/k\lambda T}-1} \tag{13.1.4}$$

普朗克的这一极具创意的想法不仅解决了黑体辐射的问题，同时也揭开了微观世界大幕的一角，并由此导致了量子力学的创立。

普朗克公式比较复杂，通过对(13.1.4)式求微分取极值的方法，可以验证其与维恩位移定律相符；利用关系式(13.1.2)，将普朗克公式代入，通过积分可以验证其与斯特藩-玻尔兹曼定律相符，不过都很繁复，一般教材中往往一带而过。通过计算机技术不仅可以很轻松地将复杂的普朗克公式图形化，而且可以避开复杂的手工计算，从而来验证两个辐射的实验定律。

MATLAB 进行计算机分析黑体辐射规律的程序分为两个部分，首先是图形绘制，先将 4 个辐射体温度值置于一个温度 T 矩阵中以备画图时调用。根据普朗克公式(13.1.4)可知，尽管从理论上讲波长范围是 0～∞，但波长取 0 时辐射公式无意义；另外随着辐射波长变长，辐射能量迅速降低，因此在做数值化处理时，辐射波长的上限可以通过上机实验来确定，取其为一个有限值。本程序将波长范围设置为：lambda=[0.05:0.001:30]*1e-6，然后通过指令 meshgrid(T,lambda)，处理温度和波长数值，再调用事先编制好的函数文件 radiance.m，这个函数文件就是数值化的普朗克公式。之后的工作就很简单了，将图形画出；变化复杂的黑体辐射规律瞬间变得一目了然了。

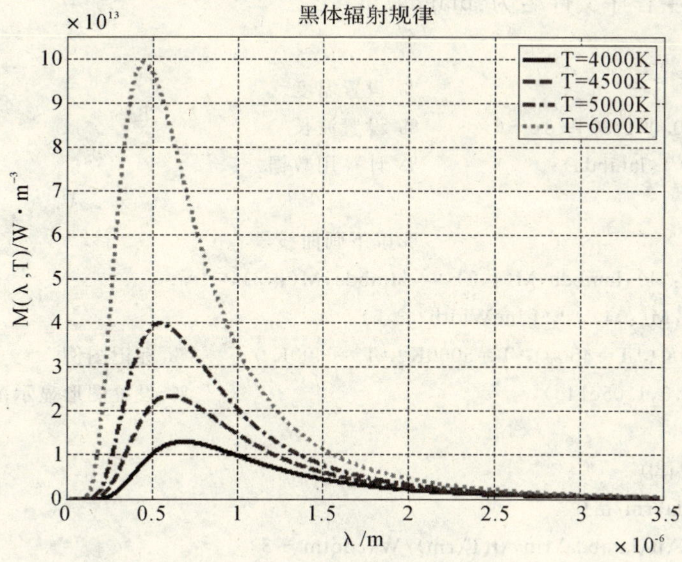

图 13.1.1

程序的第二部分将辐射体温度设为 8800K，利用语句 M＝radiance(T，lambda)再一次调用函数文件 radiance. m。其后，在程序中通过调用指令 m＝max(M)，确定辐出度函数的峰值，通过指令 n＝find(M＝＝m)确定该峰值对应的下标，这个下标对于波长序列，就对应(13. 1. 3)式中的 λ_m 了，通过语句 b＝lambda(n) ＊ T 就可验证维恩位移定律了；然后再根据(13. 1. 2)式，调用指令 i＝trapz(M. ＊1e－9)对普朗克给出的单色辐出度函数进行积分，这里要注意的是，trapz 函数积分时缺省的步长为 1，若调用时步长不为 1，则相应的积分参量要乘上你所设定的步长。最后通过语句 sigma＝i＊T^－4 确定斯特藩常数。图示及一些标识在其他范例中反复出现，这里不多解释，请读者自己上机运行，了解其使用方法。程序运行结果见图 13. 1. 1 和图 13. 1. 2。

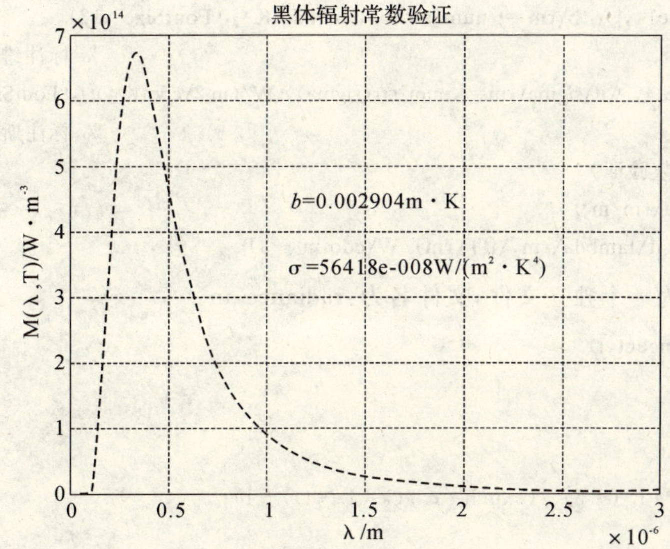

图 13.1.2

[程序实现] 主程序文件名为：planck.m。

```
clear all
T=[4,4.5 5,6]*1e3;                         % 设置温度
lambda=[0.05:0.001:30]*1e-6;               % 设置波长
[t,l]=meshgrid(T,lambda);                  % 计算用数据
M=radiance(t,l);
Figure                                     %以下画曲线
plot(lambda,M(:,1),lambda,M(:,2),'--',lambda,M(:,3),'-.',...
        lambda,M(:,4),':','LineWidth',2.5)
legend('T=4000K','T=4500','T=5000K','T=6000K');        % 标记图例
axis([0,3.5e-6,0,1.05e14])                             % 设置图形显示范围
grid on
title('黑体辐射规律')
xlabel('\it\lambda\rm/m')
ylabel('\itM\rm(\it\lambda\rm,\itT\rm)/W\cdotm^-3')
figure                   % 以下验证黑体辐射常数
T=8800;
M=radiance(T,lambda);
m=max(M);
n=find(M==m);
b=lambda(n)*T;           % 求维恩常数
i=trapz(M.*1e-9);        % 求斯特藩常数
sigma=i*T^-4;
plot(lambda,M,'--r','LineWidth',1.5)
axis([0,3e-6,0,7e14])
grid on
hold on
text(1.1e-6,4.5e14,['\itb\rm=',num2str(b),'m\cdotK'],'FontSize',12)
                                                          % 标注维恩常数
text(1.1e-6,3.5e14,['\it\sigma\rm=',num2str(sigma),'W/(m^2\cdotK^4)'],'FontSize',12)
                                                          % 标注斯特藩常数
title('黑体辐射常数验证')
xlabel('\it\lambda\rm/m')
ylabel('\itM\rm(\it\lambda\rm,\itT\rm)/W\cdotm^-3')
```

其中函数文件为一个独立文件，文件名为：radiance.m。

```
function f=radiance(t,l)
k=1.38e-23;
h=6.63e-34;
c=3e8;
f=2*pi*h*c^2*l.^(-5)./(exp(h*c./(k*l.*t))-1);
```

[范例 13.2]　粒子散射过程研究

关于原子的结构，在历史上人们曾提出各种不同的模型，1911 年卢瑟福在 α 粒子散射实验基础上提出的核式结构模型，即原子是由带正电的原子核和核外作轨道运动的电子组成，此经典模型在当时得到了公认，试分析 α 粒子在重核固定不变情况下的散射规律。

[解题分析]　1903 年，汤姆逊提出一种原子结构模型。他假定，原子中的正电荷和原子的质量均匀分布在半径为 10^{-10} m 的球体范围内，而原子中的电子则浸于此球中。卢瑟福是 J. J. 汤姆逊的学生，曾经相信老师提出的这个模型。为了验证这个模型，在卢瑟福的建议下，盖革和马斯顿于 1900 年进行了 α 粒子的散射实验。α 粒子是放射性物体中发射出来的快速粒子，它具有氦原子那样的质量，是电子质量的 7300 倍，它带两个单位的正电荷。后来证明 α 粒子就是氦原子核。他们用铅块包围 α 粒子源，发射的 α 粒子经一细通道后，形成一束射线，以约为光速 1/15 的速度打在金箔上，被散射的 α 粒子朝各个方向运动。实验发现：绝大多数 α 粒子穿透金箔后沿原来方向运动（即散射角 $\theta = 0°$），或沿散射角很小的方向运动（散射角 θ 约为 2°～3°）。但是在每 8000 个 α 粒子中，约有一个 α 粒子的散射角大于 90°，甚至有散射角接近 180°的情况。按照汤姆逊模型是不可能出现散射角大于 90°的情况的，实验事实违背了卢瑟福做 α 粒子散射实验的初衷，结果出乎意料。最终，卢瑟福放弃了老师的“葡萄干蛋糕模型”，于 1911 年提出原子核的有核模型。他认为，原子的中心有一带正电的原子核，它几乎集中了原子的全部质量，电子围绕这个核旋转，核的尺寸与整个原子相比是很小的。按照这个模型，原子核是很小的，绝大多数 α 粒子穿过原子时，因受原子核的作用很小，故它们的散射角很小。只有少数 α 粒子能进入到距原子核很近的地方，这些 α 粒子受核的作用较大，故它们的散射角也较大。极少数 α 粒子正对着原子核运动，故它们的散射角可接近 180°。

卢瑟福的原子有核模型正确地解释了 α 粒子的散射实验。但这个模型又与经典物理有着深刻的矛盾，并且不能说明氢原子光谱的规律。针对上述矛盾，1913 年，波尔在卢瑟福有核模型的基础上提出三条假设，即波尔的氢原子理论，由此便可以说明氢原子光谱了。

按照经典物理，α 粒子与金原子之间的库仑力为

$$f = \frac{2Ze^2}{4\pi\varepsilon_0 r^2} \tag{13.2.1}$$

根据牛顿定律，α 粒子矢量形式的运动方程为

$$\frac{\mathrm{d}^2\vec{r}}{\mathrm{d}t^2} = \frac{2Ze^2}{4\pi\varepsilon_0 m r^3}\vec{r} \tag{13.2.2}$$

其中金的 Z 是 79，电子质量为 $m_e = 9.1\times10^{-31}$ kg，α 粒子的质量 $m = 7300m_e$。设归并常数：$a_0 = \dfrac{Ze^2}{2\pi\varepsilon_0}$。

为便于求解，仍建立直角坐标系，令金原子位于坐标原点，则（13.2.2）式在直角坐标系中变为

$$\frac{\mathrm{d}^2x}{\mathrm{d}t^2} = \frac{a_0}{m}\frac{x}{(x^2+y^2)^{3/2}} \tag{13.2.3}$$

$$\frac{\mathrm{d}^2y}{\mathrm{d}t^2} = \frac{a_0}{m}\frac{y}{(x^2+y^2)^{3/2}} \tag{13.2.4}$$

在用计算机求数值解时，设 $y_1 = x$，$y_2 = \dfrac{\mathrm{d}x}{\mathrm{d}t}$，$y_3 = y$，$y_4 = \dfrac{\mathrm{d}y}{\mathrm{d}t}$，则方程（13.2.3）和

(13.2.4)可化为 4 个一阶微分方程

$$\frac{dy_1}{dt} = y_2 \tag{13.2.5}$$

$$\frac{dy_2}{dt} = \frac{a_0}{m}\frac{y_1}{(y_1^2 + y_3^2)^{3/2}} \tag{13.2.6}$$

$$\frac{dy_3}{dt} = y_4 \tag{13.2.7}$$

$$\frac{dy_4}{dt} = \frac{a_0}{m}\frac{y_3}{(y_1^2 + y_3^2)^{3/2}} \tag{13.2.8}$$

编程时，令 α 粒子沿 x 轴方向入射，然后给定 15 组对称的初始条件，通过 for 循环利用指令 ode45 调用函数 alphafun. m，逐一将这些初始条件下的散射情况求解出，这里要注意的是 for 循环之前的语句：options＝odeset('reltol',1e－13,'abstol',1e－14)，在 MATLAB 求解微分方程时，相对误差 reltol 的缺省值是 1e－3，绝对误差 asbtol 的缺省值是 1e－6，因为 α 粒子散射是在原子内部进行的物理过程，α 粒子与原子核的距离小于上述缺省值，如不进行重新设定，是不可能求出正确解的，在函数文件 alphafun. m 中将实际的库仑力放大 4 个数量级也是出于同样的考虑。最后在 for 循环内通过指令 comet，将每一次求出的数值解以动画的形式表现出来，由于拷贝图形时 comet 指令不能保留相应的轨迹，故编程时在 comet 指令后，用指令 plot 再补画了一次 α 粒子的轨迹。图 13.2.1 给出了程序所设初始条件下，最终模拟出的 α 粒子散射规律。

[程序实现] 主程序的文件名是：alpha. m。

```
clear all
ep0=8.85e-12;                 % 真空中的电容率
e=1.6e-19;
me=9.1e-31;
z=79;
a0=2*z*e^2/(4*pi*ep0);  % 归并常数
c=3e8;
figure
y0=[-0.10,c/15,0,0;
    -0.10,c/15,8e-13,0;
    -0.10,c/15,-8e-13,0;
    -0.10,c/15,3.5e-7,0;
    -0.10,c/15,-3.5e-7,0;
    -0.10,c/15,1e-6,0;
    -0.10,c/15,-1e-6,0;
    -0.10,c/15,1.5e-6,0;
    -0.10,c/15,-1.5e-6,0;
    -0.10,c/15,3e-6,0;
    -0.10,c/15,-3e-6,0;
    -0.10,c/15,5.5e-6,0;
    -0.10,c/15,-5.5e-6,0;
```

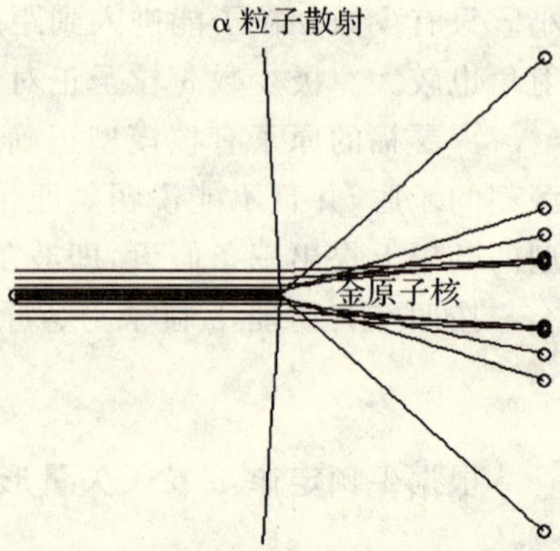

图 13.2.1

```
    -0.10,c/15,8e-6,0;
    -0.10,c/15,-8e-6,0]; % 初始条件
line(0,0,'marker','.','markersize',25,'color','y');    % 画原子核
text(0.02,0,'金原子核','fontsize',8);
xlabel('x');
ylabel('y');
hold on
axis([-0.12,0.12,-8.2e-5,8.2e-5]);
axis off
title('\alpha 粒子散射','FontSize',14)    % 以下画 α 粒子散射动画
options=odeset('reltol',1e-13,'abstol',1e-14);
for i=1:15
    [t,y]=ode45('alphafun',[0:1e-10:1e-8],y0(i,:),options,a0,me);
    comet(y(:,1),y(:,3))
    plot(y(:,1),y(:,3),'r')  % 补画轨迹
end
```

其中函数文件为独立文件，文件名为：alphafun. m：

```
function ydot=alphafun(t,y,flag,a0,me)
ydot=[y(2);
    a0*1e4/(7300*me)*(y(1)./sqrt(y(1).*y(1)+y(3).*y(3)).^3);
    y(4);
    a0*1e4/(7300*me)*(y(3)./sqrt(y(1).*y(1)+y(3).*y(3)).^3)];
```

[范例 13.3]　电子双缝衍射研究

分析电子在通过双缝时所呈现的波粒二象性，并模拟其可能出现的衍射条纹分布情况。

[解题分析]　在经典物理中通过干涉和衍射研究，为光的波动性提供了有力证据，而在近代物理中，又通过黑体辐射、光电效应和康普顿效应等研究为光的粒子性提供了有力证据。在实验事实面前，人们接受了光具有波粒二象性这一事实。但像电子这类微观物质，似乎只有粒子性的特征，不过在 1924 年，法国人路易·德布罗意在博士论文中却大胆提出，不仅光具有波粒二象性，所有具有动量和能量的微观粒子也与光一样具有波动性，它的能量与频率、动量与波长之间的关系，和光子的能量、动量公式类似

$$\nu=\frac{E}{h} \tag{13.3.1}$$

$$\lambda=\frac{h}{P} \tag{13.3.2}$$

这就是所谓的物质波或德布罗意波。由于普朗克常数 h 非常之小，实物粒子的波长应该非常之短。

这里作一个估算：通过电场施加的电压 U 对一个电子加速，在经典物理范围内，其动能满足 $E_k=\frac{p^2}{2m}=eU$，由此可得德布罗意波长 $\lambda=\frac{h}{\sqrt{2meU}}$，当加速电压为 100V 时，德布罗意波长仅为 0.12nm，与 X 射线相当，可见只有在微观尺度下物质的波动性才可能显现出来。

物质波又是一个富于创造性的理论，而这一大胆的假设当时完全没有实验作为支撑，仅仅是依据光的特性通过类比得到的。不过物理学是讲究实证的科学，随后的1927年，美国物理学家戴维逊和革末设计实验观测到了电子衍射现象，首次证实了德布罗意假设。几乎是同时，英国物理学家G. P. 汤姆逊也独立观察到电子透过多晶薄片时产生的衍射现象。

微观粒子也具有波粒二象性，由假想变成现实，从此人们打开了一扇通往微观世界的玄妙之门。如果能够像光波一样也能观察到电子通过狭缝的衍射实验，其说服力将毋庸置疑。根据光学知识我们知道，能够产生干涉、衍射的狭缝要具有能够和波长相比拟的尺寸，物质波非常短，狭缝的制备很困难。直到1961年，约恩孙才制备出长50μm，宽0.3μm，缝间距1.0μm的多缝，用50kV的电压加速电子，终于观察到具有说服力的单缝、双缝……多缝衍射图样。

下面我们就模拟这一过程，如图13.3.1所示，设一束波长为λ的物质波，投射到一个缝宽为a，缝间距为b，$d=a+b$的双缝装置上，若仅从波动的角度分析，缝间干涉光强为

$$I = 4I_{10}\cos^2\left(\frac{\Delta\varphi}{2}\right) \tag{13.3.3}$$

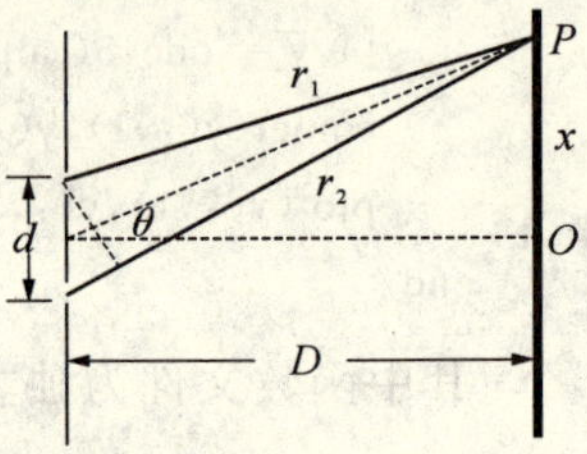

图13.3.1

这里，$\Delta\varphi = \frac{2\pi\Delta r}{\lambda}$，为两束相干波的相位差，$\Delta r = r_2 - r_1$，为两束相干波的光程差。如图所示，由于$D \gg d$，$\Delta r = d\tan\theta \approx d\sin\theta$，而$\sin\theta = \frac{x}{D}$，所以，$\Delta r \approx \frac{d}{D}x$，因此两束相干波的相位差：$\Delta\varphi = \frac{2\pi\Delta r}{\lambda} = \frac{2\pi d}{\lambda D}x$，于是缝间干涉公式变为

$$I = 4I_{10}\cos^2\left(\frac{\pi d}{\lambda D}x\right) \tag{13.3.4}$$

根据光学知识，除了双缝干涉外，两波相遇时单缝衍射效应还要对其调制

$$I = I_{20}\frac{\sin^2\left(\frac{\pi a}{\lambda}\sin\theta\right)}{\left(\frac{\pi a}{\lambda}\sin\theta\right)^2} \tag{13.3.5}$$

将$\sin\theta = \frac{x}{D}$代入，则单缝衍射效应公式变为

$$I = I_{20}\frac{\sin^2\left(\frac{\pi a}{\lambda D}x\right)}{\left(\frac{\pi a}{\lambda D}x\right)^2} \tag{13.3.6}$$

波经过双缝后在屏幕上呈现的是双缝干涉与单缝衍射的合效应，综合(13.3.4)式和(13.3.6)式，最终双缝衍射光强分布公式为两者的乘积

$$I = I_0\cos^2\left(\frac{\pi d}{\lambda D}x\right)\frac{\sin^2\left(\frac{\pi a}{\lambda D}x\right)}{\left(\frac{\pi a}{\lambda D}x\right)^2} \tag{13.3.7}$$

这就是本范例模拟物质波双缝衍射所依据的基本公式，按照量子物理的理解，物质波为几率波，所以(13.3.7)式在描述物质波时，应该理解为电子出现在位置x处的几率。在用MATLAB进行数值模拟及可视化分析时，为简单起见，令$I_0 = 1$，即只分析相对强度；为了不

纠缠细节，在程序中令 $k_1=\frac{\pi d}{\lambda D}=2$，$k_2=\frac{\pi a}{\lambda D}=\frac{1}{3}$，读者可以调整其取值，以取得最好的视觉效果。

程序中先设定两组电子数，以模拟少量电子经过双缝和大量电子经过双缝衍射时的区别，将屏幕区域设定后，电子可能出现的坐标用随机数产生函数 rand 来求出，先将数量较少的电子数代入(13.3.7)式表示的物质波几率表达式：I1=cos(2*x).^2.*(sin(x./3).^2./(x./3).^2)，求出此时电子在屏幕上出现几率的矩阵，然后用语句 r1=rand(1,n(1))产生一组 0～1 之间的随机数，表示由电场加速发射出的电子落在屏幕上的概率，如果没有双缝的限制，这些电子最终要在屏幕上均匀分布，但当这些随机运动的电子遇到双缝后，相当于要做一次筛选：一个电子是否出现在任一个随机的坐标点，决定于该电子在此处出现的几率是否小于(13.3.7)式所求出的数值，因此在程序中要做一个逻辑判断：k=r1<=I1，若是，则将此点用函数plot绘出；之后程序再计算大量电子经过双缝的衍射情况，并绘出衍射图形。图 13.3.2给出了大量电子经过双缝时的衍射图像，屏幕上总体呈现与光波衍射相仿的强度分布，有缝间干涉，也有单缝的调制效应，但粒子是一颗一颗出现的，传统意义上强度大的地方粒子出现的几率大，反之亦然。物质波的波粒二象性由此可见一斑。

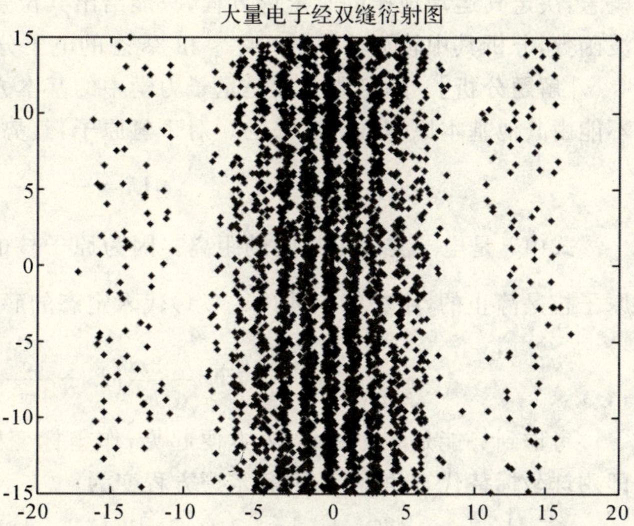

图 13.3.2

[程序实现] 主程序文件名为：eslit.m。

```
clear all
n=[3500,35000];                                  % 设置电子数
xm=20;                                           % 设置物质波叠加范围
ym=15;
rand('state',0);
x=2*xm*(rand(1,n(1))-0.5);                       % 少量电子坐标的随机选取
y=2*ym*(rand(1,n(1))-0.5);
I1=cos(2*x).^2.*(sin(x./3).^2./(x./3).^2);       % 波强分布(物质波几率)
r1=rand(1,n(1));                                 % 电子出现在屏幕上的随机值
k=r1<=I1;                                        % 做逻辑判断
figure(1)
plot(x(k),y(k),'.')
title('少量电子经双缝衍射图','FontSize',14)
x=2*xm*(rand(1,n(2))-0.5);                       % 大量电子坐标的随机选取
y=2*ym*(rand(1,n(2))-0.5);
```

```
I2=cos(2*x).^2.*(sin(x./3).^2./(x./3).^2);    % 波强分布(物质波几率)
r2=rand(1,n(2));
s=r2<=I2;                                      % 做逻辑判断
figure(2)
plot(x(s),y(s),'.')
title('大量电子经双缝衍射图','FontSize',14)
```

[范例 13.4]　氢原子的电子云图模拟

根据量子物理的理论，在微观世界中物质以几率波的形式存在，电子不再具有严格的轨道概念，决定其运动规律的薛定谔方程，只能给出其位置的分布几率。试根据已经求出的氢原子波函数，分析其中较为简单的 1s、2s 和 3s 态的电子分布规律。

[解题分析]　薛定谔方程是量子力学中的基本方程，像经典力学中的牛顿方程一样，它是不能由其他基本原理推导出来的。对于氢原子，其势能函数为

$$U=-\frac{e^2}{4\pi\varepsilon_0 r} \tag{13.4.1}$$

式中 r 是电子与原子核间的距离。因为原子核的质量比电子的质量大得多，所以可认为原子核是静止的，将势能函数(13.4.1)代入定态的薛定谔方程 $\nabla^2\Psi+\frac{2m}{\hbar^2}(E-V)\Psi=0$ 中，有

$$\nabla^2\Psi+\frac{2m}{\hbar^2}\left(E+\frac{e^2}{4\pi\varepsilon_0 r}\right)\Psi=0 \tag{13.4.2}$$

考虑到势能是 r 的函数，为方便起见，作坐标变换 $x=r\sin\theta\cos\varphi$，$y=r\sin\theta\sin\varphi$，$z=r\cos\theta$，即用球坐标替代直角坐标，则薛定谔方程变为

$$\frac{1}{r^2}\frac{\partial}{\partial r}\left(r^2\frac{\partial\Psi}{\partial r}\right)+\frac{1}{r^2\sin\theta}\frac{\partial}{\partial\theta}\left(\sin\theta\frac{\partial\Psi}{\partial\theta}\right)+\frac{1}{r^2\sin^2\theta}\frac{\partial^2\Psi}{\partial\varphi^2}+\frac{2m}{\hbar^2}\left(E+\frac{e^2}{4\pi\varepsilon_0 r}\right)\Psi=0 \tag{13.4.3}$$

采用分离变量法求解，即设

$$\Psi(r,\theta,\varphi)=R(r)\Theta(\theta)\Phi(\varphi)$$

经过一系列数学换算后，得到三个独立函数 $R(r)$、$\Theta(\theta)$、$\Phi(\varphi)$ 所满足的三个常微分方程

$$\frac{\mathrm{d}^2\Phi}{\mathrm{d}\varphi^2}+m_l^2\Phi=0 \tag{13.4.4}$$

$$\frac{1}{\sin\theta}\frac{\mathrm{d}}{\mathrm{d}\theta}\left(\sin\theta\frac{\mathrm{d}\Theta}{\mathrm{d}\theta}\right)+\left[l(l+1)-\frac{m_l^2}{\sin^2\theta}\right]\Theta=0 \tag{13.4.5}$$

$$\frac{1}{r^2}\frac{\mathrm{d}}{\mathrm{d}r}\left(r^2\frac{\mathrm{d}R}{\mathrm{d}r}\right)+\left[\frac{2m}{\hbar^2}\left(E+\frac{e^2}{4\pi\varepsilon_0 r}\right)-\frac{l(l+1)}{r^2}\right]R=0 \tag{13.4.6}$$

在求解(13.4.6)式时，为了使 $R(r)$ 满足标准条件，氢原子的能量必须满足量子化条件

$$E_n=-\frac{me^4}{8\varepsilon_0^2h^2}\frac{1}{n^2} \tag{13.4.7}$$

式中 $n=1,2,3,\cdots$，称为主量子数。此式就是所谓的能级公式。

求解(13.4.4)和(13.4.5)式时，要使方程有确定的解，电子绕核运动的角动量必须满足量子化条件

$$L = \sqrt{l(l+1)}\ \frac{h}{2\pi} \tag{13.4.8}$$

式中 $l = 0, 1, 2, \cdots, (n-1)$，称为角量子数，分别称为 $s, p, d, f, \cdots$态。

另外，角动量 L 在外磁场方向的投影必须满足量子化条件

$$L_z = m_l \frac{h}{2\pi} \tag{13.4.9}$$

式中 $m_l = 0, \pm 1, \pm 2, \cdots, \pm l$，称为磁量子数。

对于氢原子的 1s、2s 和 3s 态，分别对应 $n=1$、$l=0$，$n=2$、$l=0$ 和 $n=3$、$l=0$，其磁量子数均为 0，这时电子具有对称分布，其波函数为 $\Psi = R(r)$，故只需考虑方程(13.4.6)即可。

具体求解过程请读者参考有关量子物理的教材，这里只是把求解的结果列出

$$R_{10} = \frac{2}{a^{3/2}} \mathrm{e}^{-\frac{r}{a}} \tag{13.4.10}$$

$$R_{20} = \frac{1}{\sqrt{2}\, a^{3/2}}\left(1 - \frac{r}{2a}\right)\mathrm{e}^{-\frac{r}{2a}} \tag{13.4.11}$$

$$R_{30} = \frac{2}{3\sqrt{3}\, a^{3/2}}\left[1 - \frac{2r}{3a} + \frac{2}{27}\left(\frac{r}{a}\right)^2\right]\mathrm{e}^{-\frac{r}{3a}} \tag{13.4.12}$$

上述 s 态的径向波函数中，$a = 0.5292 \times 10^{-10}$ m，为波尔半径。由于波函数要满足归一化条件：$\int_0^\infty [R_{nl}(r)]^2 r^2 \mathrm{d}r = 1$，再考虑到概率密度应为无量纲函数，由此即可确定电子在 1s、2s 和 3s 态径向的几率密度了。

在编制程序前，首先将几率密度做无量纲化处理，如将 1s 态的几率密度表示为：$P_{1s} = |R_{10}|^2 r^2 a = 4\left(\frac{r}{a}\right)^2 \mathrm{e}^{-\left(\frac{r}{a}\right)} = 4\rho \mathrm{e}^{-\rho}$，其中 $\rho = \frac{r}{a}$。2s 和 3s 态的几率密度依此类推。

在用 MATLAB 进行可视化分析的程序中，分别开了两个图形窗口，先是分别模拟了三个态的电子云分布图，然后将三个态的几率密度函数分布曲线描绘出来。

在第一部分中首先设置一个比较大的整数，表示电子可能的空间位置数。然后利用语句 r1=5 * rand(1,n)，将 1s 态径向的随机分布求出，由于此态具有球对称特征，我们这里模拟的是波函数在 xy 平面的"云图"，因此其在 2π 空间范围随机分布用语句 theta=2 * pi * rand(1,n)表示，将随机化处理过的径向位置坐标代入 1s 态的几率分布函数，P1=4 * r1.^2. * exp(-2 * r1)求出径向几率分布序列。先预设一个 0～1 之间的随机数：m=rand(1,n)，由于预设的电子随机位置要受到径向几率分布的限制，因此要做一个逻辑判断：k1=m<=P1，即一个电子是否出现在任一个随机的坐标点，决定于该电子在此处出现的几率是否小于 P_{1s} 所决定的数值，若是，则通过一个极坐标与直角坐标的转换：[x1,y1]=pol2cart(theta,r1)，再调用绘图指令在第一个子图中将电子出现的点画出，最终这些满足 P_{1s} 分布的电子呈现一个所谓的 1s 态的"云图"；2s 和 3s 态的电子云图，均按此方法依次画出。程序运行结果见图 13.4.1。

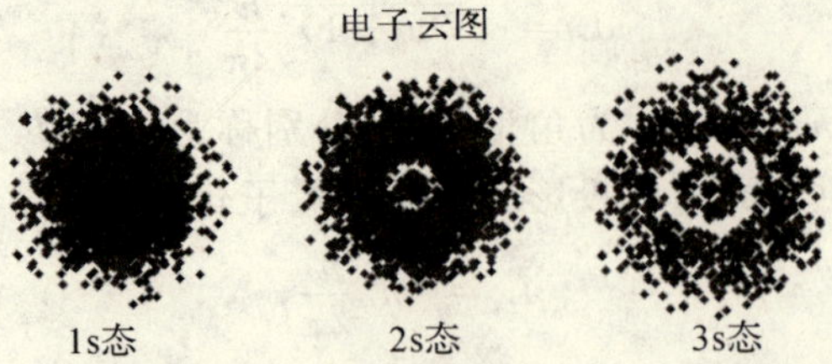

图 13.4.1

程序的第二部分比较简单，利用绘图指令将三个态的几率分布曲线同时绘出，其结果见图 13.4.2，读者可将几率分布曲线与对应的电子云图做一个比较，由此就可以对量子物理抽象的概念有一个比较直观的初步认识了。

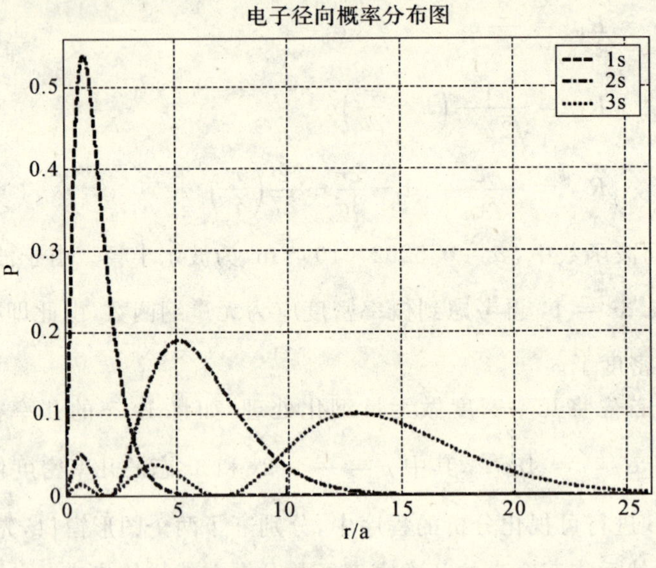

图 13.4.2

［程序实现］　主程序文件名为：ecloud.m。

```
clear all
n=15800;                          % 设置电子可能的空间位置数
rand('state',0);
r1=5*rand(1,n);                   % 1s 态径向的随机位置
theta=2*pi*rand(1,n);             % 角度随机分布
P1=4*r1.^2.*exp(-2*r1);           % 1s 态径向几率密度
m=rand(1,n);                      % 电子在空间出现的随机值
k1=m<=P1;                         % 做逻辑判断
[x1,y1]=pol2cart(theta,r1);       % 坐标转换
figure                            % 以下画电子云图
subplot(1,3,1)
plot(x1(k1),y1(k1),'.')           % 画 1s 态电子云图
axis equal off
```

```
text(−2,−7,'1s 态','FontSize',12)
r2=12 * rand(1,n);                              % 2s 态径向的随机位置
P2=r2.^2/2. * (1−r2/2).^2. * exp(−r2);   % 2s 态径向几率密度
[x2,y2]=pol2cart(theta,r2);
k2=m<=P2;
subplot(1,3,2)
plot(x2(k2),y2(k2),'.')
axis equal off
text(−2,−16,'2s 态','FontSize',12)
title('电子云图','FontSize',14)
r3=25 * rand(1,n);                              % 3s 态径向的随机位置
P3=4 * r3.^2/27. * (1−2 * r3/3+2 * r3.^2/27).^2. * exp(−2 * r3/3);      % 3s 态径向几率密度
[x3,y3]=pol2cart(theta,r3);
k3=m<=P3;
subplot(1,3,3)
plot(x3(k3),y3(k3),'.')
axis equal off
text(−2,−30,'3s 态','FontSize',12)
figure                                          % 以下画概率密度分布曲线
r=[0:0.01:30];
P1s=4 * r.^2. * exp(−2 * r);                    % 计算 1s、2s、3s 径向几率密度
P2s=r.^2/2. * (1−r/2).^2. * exp(−r);
P3s=4 * r.^2/27. * (1−2 * r/3+2 * r.^2/27).^2. * exp(−2 * r/3);
plot(r,P1s,'--',r,P2s,'-.',r,P3s,':','LineWidth',2)     % 画几率分布曲线
axis([0,26,0,0.56])
grid on
legend('1s','2s','3s')
xlabel('r/a')
ylabel('P')
title('电子径向概率分布图','FontSize',14)
```

参 考 文 献

[1] 马文蔚. 物理学(第五版)[M]. 北京:高等教育出版社,2006.

[2] 张三慧. 大学物理学[M]. 北京:清华大学出版社,2003.

[3] 马文蔚,苏惠惠,解希顺. 物理学原理在工程技术中的应用[M]. 北京:高等教育出版社,2006.

[4] 舒幼生,胡望雨,陈秉乾. 物理学难题集萃[M]. 北京:高等教育出版社,2002.

[5] 彭芳麟,管靖,胡静,等. 理论力学计算机模拟[M]. 北京:清华大学出版社,2002.

[6] 胡守信,李柏年. 基于 MALAB 的数学实验[M]. 北京:科学出版社,2004.

[7] 陈怀琛. MATLAB 及其在理工课程中的应用指南[M]. 西安:西安电子科技大学出版社,2004.

[8] 刘正君. MATLAB 科学计算与可视化仿真宝典[M]. 北京:电子工业出版社,2009.

[9] Holly Moore. MATLAB 实用教程(第二版)[M]. 高会生,刘童娜,李聪聪,译. 北京:电子工业出版社,2010.

[10] 董键. Mathematica 与大学物理计算[M]. 北京:清华大学出版社,2010.